穿越奇點、探索未來，物理學家的超時空冒險記！

目錄

目錄

目錄

誰家吹笛畫樓中，
斷續聲隨斷續風。
響遏行雲橫碧落，
清和冷月到簾櫳。
唐・趙嘏

處處中秋此月明，
天涯何處亦群英。
須憐絕學經千載，
莫負男兒過一生。
明・王陽明

圖：繪畫：張京

前言

修訂版前言

自本書第 1 版於 2013 年出版以來，相對論天體物理學的研究取得了突出的成就，受到科學界和廣大群眾越來越多的關注。

最近幾年，諾貝爾獎評委會連續把物理學獎頒給這一領域的理論研究和觀測進展：2017 年把此獎授予重力波的首次直接探測；2019 年授予物理宇宙學的建立和太陽系外行星的探索；2020 年又授予了黑洞和時空理論的研究，以及黑洞的天文探測。這些發現和進展大都與愛因斯坦的廣義相對論有關。

隨著經濟和科學技術的快速發展，太空探索方面也取得了越來越多的成績，不僅建成了世界上最大的電波望遠鏡，而且加快了載人太空飛行及月球與行星探索的步伐。科學家們不僅成為了人類觀測宇宙的尖兵，而且加入了太陽系勘探、開發的行列。

鑑於本書主要介紹相對論天體物理的內容，所以此次做了相應的修訂和補充，特別是增加了重力波的理論與探測，潘洛斯對黑洞和時空奇點研究的貢獻，以及如何評價潘洛斯和霍金的成就。

趙崢

第 1 版前言

作者長期以來開設科普講座「從愛因斯坦到霍金的宇宙」，歷時二十餘載，並在一些院校和單位舉辦過不同形式的講座和公開課，重點介紹物理學和天文學領域的科普知識、科研前沿，以及科學發現的曲折歷程，目的在於擴充學生的科學視野，增強學生的創新能力。

本書總結歷次講座和公開課的核心，以演講集的方式呈現給讀者，內容主要包含：愛因斯坦與相對論、彎曲的時空、黑洞、宇宙的演化、量子力學的建立與爭論、原子彈與核能的和平利用、天文學的若干知識、對時間本質的探索等。其中涉及一般讀者感興趣的孿生子悖論、宇宙創生、時空隧道、時間機器、薛丁格的貓、量子力學的多次論戰、黑洞的神奇性質等問題。

在演講集中作者力圖把科學家們作為有血有肉的人展現在大家面前，通過科學家們千姿百態的人生經歷和科學發現，通過他們「山重水複」、「柳暗花明」的歷程，儘可能使讀者看到真實的歷史和鮮活的人物形象，從而了解到科學家不一定是完人，但都是創造歷史的偉人。

當前世界正處在發展、變革極大的時代，年輕人有著施展才華的無限機遇，也面臨著各種無法預料的風險和挑戰。

前言

曾子勉勵過年輕人：

士不可以不弘毅，

任重而道遠。

清代詩人趙翼也說：

江山代有才人出，

各領風騷數百年。

本書書名源於乾隆的一副對聯：

境自遠塵皆入詠，

物含妙理總堪尋。

這副對聯位於頤和園萬壽山，銅亭附近的一座石牌坊上。

趙崢

第一講

愛因斯坦與物理學的革命

圖 1-1 青年愛因斯坦

我們現在開始講第一講，《愛因斯坦與物理學的革命》，就是簡單介紹愛因斯坦在相對論和量子力學建立時的貢獻。

請大家看一下圖 1-1，這張照片跟大家通常看到的那個頭髮亂糟糟、滿臉皺紋、叼個菸斗的愛因斯坦不太一樣。

大家都覺得，那個腦袋聰明得不得了！其實那個頭髮亂糟糟的腦袋已經不太行了，行的是什麼呢？行的是圖 1-1 中的腦袋，是他發表狹義相對論的時候、26 歲左右的腦袋。

年輕人往往有個印象 —— 重大成就都是老人發現的，其實不完全是這樣。一般來說，有重大發現的以中、青年人居多，很多還是青年人，他們在二十多歲、三十多歲時就做出了重大貢獻。到了四、五十歲以後，雖然學問深厚，但是創新的貢獻不多了。畢竟年老了以後，奇思妙想少了，衝勁減弱，人的創新能力也就大大下降了。

1. 量子力學的誕生

兩朵烏雲

現在來談 20 世紀初的這次物理學革命。當時有一件很有意義的事情，就是 1900 年 4 月 27 日，英國皇家學會為迎接新世紀的來臨，開了一次慶祝會。在這次慶祝會上，德高望重的物理學權威克耳文勳爵（編按：即威廉·

湯姆森，William Thomson）發表了一場著名的演說，說：「物理學的大廈已經建成，未來的物理學家只需要做些修修補補的工作就行了。」這是因為那時牛頓力學已經完美地建立起來，隨後發展成拉格朗日的分析力學；牛頓光學也有所發展，後來又被物理光學所取代；電磁學也有了進展；熱學也是。所以物理學家們充滿了信心，認為物理學已經大致完成了。

但是另一方面，克耳文還有一雙慧眼。他說，現在還存在兩個問題。而且他認為這兩個問題比較重要。於是他接著說：「現在明朗的天空還有兩朵烏雲，」一朵與黑體輻射有關，另一朵與邁克生實驗有關。直到現在我們仍經常談起「兩朵烏雲」，因為克耳文這些話太有名了。在克耳文講了這段話不久，就從這兩朵烏雲裡面誕生了量子力學和相對論。

當年的年底就從第一朵烏雲中誕生了量子力學，是由普朗克提出來的。五年之後從第二朵烏雲中誕生了相對論，是由愛因斯坦提出來的。愛因斯坦在那一年把普朗克的量子力學發展成光量子理論，也就是今天的光子理論。克耳文說的「兩朵烏雲」非常有名。今天我們還可以看到一些物理學上的困境，不斷地有人說這又是一朵烏雲，那又是一朵烏雲，其實全都不對。這說明了，這些預測的人都還沒有抓住問題的本質。

黑體輻射之謎

我們現在來看看第一朵烏雲。第一朵烏雲是黑體輻射。1870 年，普法戰爭。法國戰敗以後，支付給普魯士一大筆戰爭賠款，並且把阿爾薩斯和莫瑟爾省兩個省割讓給普魯士。這兩個省對普魯士至關重要，因為這兩個省靠著普魯士的魯爾區，魯爾區產煤，沒有鐵；而法國這兩個省有鐵，沒有煤，現在都歸了普魯士。同時普魯士又得到了一大筆戰爭賠款。當時普魯士的統

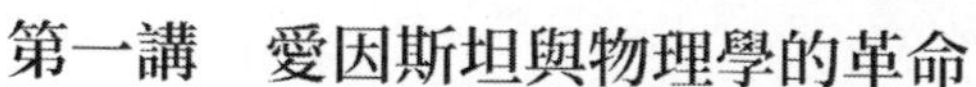

治層還是有所作為的，希望他們的國家富強起來。他們就用這筆錢來發展鋼鐵工業，力圖建立德意志帝國，把普魯士從一個以生產馬鈴薯為主的國家，變成一個以生產鋼鐵為主的國家。但是，煉鋼需要控制爐溫，爐溫怎麼控制呢？不能塞一個溫度計進去，那一下就燒化了。怎麼辦呢？就在高爐上開一個小孔，觀察從小孔射出來的熱輻射，根據這種熱輻射在不同波長的能量密度分布，可以得到一些實驗點，就是圖 1-2 上這一個一個的圓圈點。將這些圓圈點連起來可以形成一條實驗曲線，根據這條實驗曲線就可以判定爐溫。比較著名的是維恩位移定律，這個定律指出，熱輻射的能量密度取極大值處的波長，也就是實驗曲線的最高點處的波長 λm 與溫度的乘積是一個常數。

$$T\lambda_m = b \tag{1.1}$$

用這個式子可以很容易地定出爐溫。這種熱輻射叫作黑體輻射。

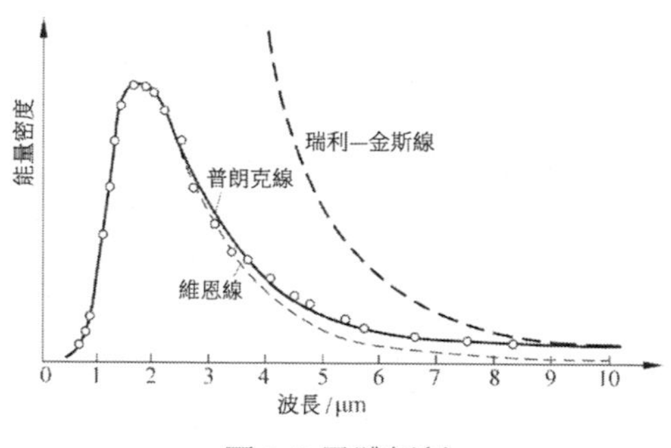

圖 1-2 黑體輻射

為什麼黑體輻射會表現出這樣一條曲線呢？當時物理學家們都搞不清楚。那個時候原子論還沒有被大家普遍接受。當時在解釋這種黑體輻射的時候，認為每一個原子都像一個諧振子，不承認原子論的人也可以從別的角度來看這個輻射源，反正它都像一個一個的諧振子。它吸收輻射，振動就加劇；它放出輻射，振動就變緩慢。

當時英國正在開展工業革命，也在發展鋼鐵工業。英國的瑞利和金斯根據這樣的一種物理構想，得到了一條曲線。這條曲線在長波波段與實驗點符合得很好，但短波波段是無窮大，這就是著名的紫外災變。德國的維恩使用的模型跟他們的模型不太一樣，但也得到了一條曲線，它在短波波段與實驗點符合得不錯，而在長波波段偏離了實驗點。這就是當年克耳文談到的黑體輻射困難。不過克耳文的原話實際上不是談黑體輻射，而是談固體比熱。但固體比熱問題大家一般不熟悉，也不好理解。談到黑體輻射時，你可以簡單告訴別人是怎麼回事。實際上黑體輻射和固體比熱說的是同一個問題。

普朗克的突破 —— 量子假設

那時德國的理論物理學家普朗克，也在研究這個問題，但始終不能得到一個很好的結果。有一次，他偶然發現，假如認為諧振子放出輻射和吸收輻射是一份一份的，不是連續的，那麼就可以得到一條曲線，這條曲線跟實驗點很好地相符。但是輻射怎麼可能是一份一份的呢？當時已經知道熱輻射與光輻射本質相同，它們都是電磁波，都是連續的，怎麼可能變成「一份一份」不連續的呢！所以他對自己的這個發現很猶豫，一方面覺得很驚喜，另一方面也很擔心。因為他當時已經是教授了，萬一鬧出笑話就不太好。

有一次他在學校裡向學生報告介紹自己的這個發現。他講得非常保守，以致於有一些學生聽完了以後覺得今天白來了一趟，普朗克教授什麼也沒有講出來。但是，在跟兒子出去散步的時候，普朗克說：「你爸我呀，現在有個發現，這個發現如果被證明是正確的，將可以跟牛頓的成就相媲美。」可見他對這個發現是很重視的。因為物理學是一門實驗的科學，測量的科學。理論再好，如果不能跟實驗相符，便會被否定。反之，理論非常牽強，但是能夠解釋實驗，大家就可以接受。所以大家抱著強烈的懷疑接受了普朗克的這個理論。物理學家們普遍覺得他這個理論儘管可疑，但跟實驗一致，勉強可以接受。

當時，普朗克是這麼認為的：「熱輻射從原子裡射出來的時候是一份一份的，吸收的時候也是一份一份的，但是輻射脫離原子之後，在空間中傳播的時候還是連續的，不是一份一份的。」他這樣解釋自己的觀點，但大家都聽不懂。有一個記者就問他，說：「普朗克教授，您一會兒說輻射是連續的，一會兒又說它是不連續的，那麼它到底是連續的還是不連續的？」普朗克說：「有一個湖，湖裡頭有很多的水，旁邊有一個水缸，裡頭也有水，有人用小碗把缸裡的水一碗一碗地舀到湖裡，你說這水是連續的還是不連續的？」 我認為這個回答清楚地闡明了他對這個問題的看法。

爭論：量子還是光量子？

五年之後，德國的《物理年鑑》，收到了一個年輕人的論文，是解釋光電效應的。這個年輕人叫愛因斯坦，當時大家完全沒有聽說過他。這篇文章說：光輻射在脫離原子以後依然是一份一份的。普朗克看後，不同意這個觀點，但是這個理論能夠解釋光電效應。普朗克表現出大家風範，一方面同意發表這篇論文，另一方面寫信給愛因斯坦，還很虛心地向他請教，問他：這是怎麼回事？

愛因斯坦當時是個無名小卒，拿到普朗克這封信的時候，他都不敢相信這真是大物理學家普朗克給他寫的。他一想：一定是他「那幾個小丑」朋友在搗蛋，跟他開玩笑，冒充普朗克給他寫了這封信。此時他的夫人正在洗衣服，把那封信搶過來一看，說：「這封信是從柏林寄出來的。」而那幾位朋友

當時居住在瑞士，她說:「他們不可能到柏林去給你發這封信，來捉弄你啊。」愛因斯坦仔細一看，竟然真是普朗克寫的！

後來普朗克還派他的助手勞厄來拜訪愛因斯坦，跟愛因斯坦討論這個問題。普朗克一直認為愛因斯坦對量子的解釋是不對的。愛因斯坦隨後又連續寫了幾篇論文，包括相對論的論文，都是普朗克審的，普朗克都同意發表了，而且都予以讚美。只有這一篇論文，普朗克的態度有所保留。普朗克在給維恩的信裡提到：「當然了，愛因斯坦的這個觀點肯定是錯誤的。」但是他還是支援愛因斯坦這篇論文的發表。直到 1913 年，普朗克推薦愛因斯坦擔任德國普魯士科學院院士的時候，他為其寫的推薦信裡，還說愛因斯坦做出了很多偉大的成就等等。之後他又說：「當然了，我們也不能對一個年輕人有太多的苛求，我們還是應該允許他有一些錯誤。比如他對光量子的解釋好像就是不太對的，但是，這絲毫掩蓋不了他的光輝……」

沒有過幾年，諾貝爾獎評委會開始評獎，大家都認為應該頒獎給愛因斯坦，理由是什麼？有很多人認為是相對論，但有一些人說相對論根本看不懂啊，萬一是錯的怎麼辦呢？於是大家討論了半天，最後達成協議，以愛因斯坦解釋光電效應和在物理學其他方面的成就授予他諾貝爾物理學獎，不提相對論。而且評委會的祕書在給愛因斯坦寫信通知他獲獎時還寫道：「當然了，這次給你授獎，沒有考慮你在相對論（即狹義相對論）和重力論（即廣義相對論）方面所作出的貢獻。」也就是說，沒有因為他發現相對論而頒獎給他。也可能有一些人還準備頒第二次獎給他，但後來評委會不願讓一個人得兩次獎。諾貝爾科學獎真正得過兩次的只有兩個人，一個是居禮夫人，另一個是巴丁。

2. 愛因斯坦的成長歷程

家裡來的大學生

好，我們現在來看看這個愛因斯坦是怎樣一個人。他是個猶太人，父母都很喜歡音樂。他父親開了個工廠，有幾百個工人，是一個小企業家。他的堂叔是這個廠的工程師。是個在慕尼黑經營的家庭企業。愛因斯坦出生不久，他們家就搬到了慕尼黑。小時候的愛因斯坦很晚才學會說話，一直到3歲的時候才能清楚表達自己的意思，所以大人都覺得這孩子是不是智力出了問題。小愛因斯坦也不太關心大人們在談論什麼，他時常獨自待著研究自己的東西。有一次他父親帶給他一個指南針，他高興得不得了，就整天研究那個指南針。他通常不管別人在做什麼，提的問題也常常跟大人們正在談論的東西沒有關係，而是他自己的所思所想。不過，小愛因斯坦喜歡看課外書。當時德國的猶太家庭有一個習慣，中產階級以上的猶太家庭一般都會在週末的時候，接待一位貧窮的猶太大學生到自己家度週末。他們家也來了一位醫學院的學生。這名學生來了以後，愛因斯坦很喜歡他，雖然跟父母不常談話，但是他跟這個年輕人聊了很多。這個年輕人發現愛因斯坦愛看書，就把各種各樣的書都帶來給愛因斯坦看，科普的、數學的，甚至哲學的。他很高興，翻看了很多，也不知道看不看得懂，總之他很專心致志地看，所以他的知識很豐富。也許這個大學生的出現，啟蒙了愛因斯坦的智力。

不受學校歡迎的學生

小愛因斯坦在學校裡是不大受歡迎的，有幾個原因，其中之一是他的功

課一般。對此老師倒不會對他有什麼意見，但他還有兩個「短處」：第一，他是猶太人，德國那時有種族歧視，由於猶太人有錢，因此對猶太人是既看不起又羨慕；第二，他是無神論者，不相信上帝，這在當時是個嚴重的問題。所以校方覺得這個孩子比較煩人。另外，小愛因斯坦看的課外書多，又愛胡思亂想，常問一些老師答不出來的問題，讓老師覺得很沒面子。當時德國是軍國主義教育，老師常是居高臨下地對待學生，彷彿什麼都懂：「啊，這個你還不會！」結果小愛因斯坦問的問題，老師答不出來。於是老師們覺得很下不了臺，就比較不喜歡他。

小愛因斯坦上中學以後，他們家生意出了問題，全家遷往義大利，投奔愛因斯坦家族的親友，只把小愛因斯坦一個人留在慕尼黑，安排他進入一所不錯的中學讀書。在那裡老師們仍然不喜歡他，覺得這個小猶太人功課普通，不相信上帝，還總問老師答不出來的問題，有損老師的面子和學校的聲譽。最後愛因斯坦覺得在學校裡壓力太大，待不下去了，於是他就找到那個經常替他們家看病的家庭醫生，開了一份患神經衰弱的診斷證明，準備休學半年緩解一下壓力。可他的證明還沒拿出來，老師就跟他說校長找他。校長一見面就勸他退學，他一聽退學，嚇了一跳。該怎麼跟父母交代？後來一想，也好，以後就再也不用來這所學校了。於是他愉快地接受了校長的建議，退學去義大利投奔自己的父母。

阿勞中學——孕育相對論的土壤

在義大利待了一段時間以後，他還是想上大學。愛因斯坦的父親希望他回德國讀書，因為他的母語是德語，而且德國的科學技術比義大利先進。但他非常討厭德國的教育方式，不想回去。他父親最後同意了，並建議他去瑞士，瑞士有德語區和法語區。於是他就去投考了蘇黎世聯邦理工學院的師範系，這是一個培養大學和中學數學、物理老師的科系。第一年他沒有考上，沒考上的原因之一是他中學課程沒有學完，當然他功課也很普通。

愛因斯坦只好準備第二年再考，於是他在瑞士的阿勞州立中學上了一年補習班。愛因斯坦一生對學校都沒有好印象，他認為學校的教育都過於呆板，束縛著學生的思想。他後來回憶說：「我很幸運，我屬於少數沒有被束縛死的人之一。」愛因斯坦唯獨讚美的就是他上補習班的阿勞中學。瑞士的中學跟德國的中學風格非常不一樣，給學生充分的自由，學習上的自由、生活上的自由，老師非常平等地與學生進行討論。

所以愛因斯坦沒有任何壓力，度過了愉快的一年，而且思考了一些問題，包括最早引導他走向相對論的那個追光悖論。這個思考實驗就是那時候產生的，因為那時他有了充分的時間。要是學習壓力太大，學生根本沒有時間去思考。但愛因斯坦在阿勞中學有充分的可以自由支配的時間。當時人們已經認識到光是電磁波。有一次他想，假如一個人追上光，跟光一起跑，能看到什麼呢？大概能看到一個不隨時間變化的波場。可誰也沒見過這種狀況，這是怎麼回事呢？這個思考實驗使他認識到光相對於任何人都是運動的，不可能靜止。這個思考實驗伴隨了他十年，最後把他引向相對論的建立。

不平常的大學生涯

上了一年補習班後，愛因斯坦考上了蘇黎世聯邦理工學院師範系。那時他非常高興，他很喜歡物理，但聽課後卻大失所望。講課的物理教授是韋伯，這個韋伯不是命名為磁學單位的那個韋伯，而是個電工專家。他講的物

理全都是跟實務比較密切的，他不太重視理論。可是愛因斯坦對電工不感興趣，他感興趣的是比較深的理論問題。愛因斯坦問老師的一些理論問題，韋伯也不會，所以他對韋伯講的課沒有興趣。韋伯也對他印象不太好，覺得愛因斯坦不但不來聽課，而且一點禮貌都沒有，不叫他「韋伯教授」，居然叫他「韋伯先生」。那個「先生」應該是「Mr」那種稱呼，不是特別尊敬的男士之間的稱呼。

教授職位在當時是非常難得的，德國、英國以至整個歐洲，一個系通常就一個教授，這種體制絕對能夠保證教授的品質。當然也有弊病，老人不死，年輕人就無法升職。

在那樣的情況下，愛因斯坦就不去聽韋伯的課了。教數學的是閔考斯基，現在理工科的學生在相對論中都看到過閔考斯基這個名字，相對論中用到了閔考斯基時空。這位閔考斯基小時候是個神童，他們兄弟幾個都非常聰明。聰明到什麼程度呢？在上小學時，他們跟那位大數學家希爾伯特是同學。他們聰明到讓希爾伯特對自己都沒有信心了，回家跟父母說：我可能不行，他們幾個更聰明呢！結果，後來閔考斯基兄弟沒什麼太大的成就，希爾伯特反而成為數學大師。過去一百多年中兩個最傑出的數學大師，一個是希爾伯特，另一個是法國的龐加萊。而這位閔考斯基還是靠著他的學生愛因斯坦才出名的。當然，他後來研究愛因斯坦的相對論也有貢獻。由此可見，小時候聰明不一定是最重要的。

愛因斯坦不去聽課，每天躲在他租的小閣樓裡。因為國外的大學通常不提供那麼多宿舍，學生大都是在校外租當地居民的房子，學校附近的居民也靠出租房屋作為家庭收入的一部分。

愛因斯坦租了一個小閣樓，買了一些當時德國著名物理學家的著作，比

如赫茲、亥姆霍茲這些人的，每天躲在小閣樓裡看書。他也不是完全不去學校，一般是下午五點放學後他就走了。去做什麼呢？做兩件事情，一件就是跟同學們到咖啡館喝咖啡，互相討論，問：「你們課堂上聽了些什麼啊？」同時告訴他們自己看了些什麼書，彼此交流。另外一個就是到實驗室做實驗。德國大學和瑞士大學的實驗室都是開放的。瑞士在這點上跟德國是很相近的，學生可以隨時進來做實驗。

米列娃與格羅斯曼

那麼，愛因斯坦不去聽課有沒有問題呢？有，因為他需要有人幫他記筆記。不過沒有關係，他們班唯一的女生米列娃跟他關係很好，也愛聽他說話，願意幫他記筆記。但是米列娃功課很普通，到了考試的時候，單靠米列娃的筆記不行。他們班還有一個優秀的學生叫格羅斯曼，這是一位標準的好學生，每天西裝革履，領帶打得非常好，皮鞋擦得亮，功課又好，對老師又有禮貌，字也寫得漂亮，是愛因斯坦的好朋友。愛因斯坦考試前幾個星期就跟他借筆記，他都慷慨地借給愛因斯坦。當過學生的都知道，考試後借筆記不是什麼問題，考試前借筆記，那我自己怎麼看呢？所以格羅斯曼真是夠朋友，每次都借給愛因斯坦。愛因斯坦拿到筆記，讀了兩個星期，然後就去參加考試，一考就過。考過之後，他就跟別人發表感想：這門課簡直一點意思都沒有。他還是透過自學學到了很多東西，就這樣直到畢業。

生活的辛酸

畢業的時候，格羅斯曼和另外一個同學被閔考斯基留下來當數學助教，愛因斯坦想韋伯大概會把他留下來當物理助教了，結果韋伯不要他，也沒要

他們班的其他幾個學生，而是從工科系留了兩個同學。

愛因斯坦一時找不到工作，非常狼狽。曾有一個同學幫他找了一份在另外一座城市的、三個月的中學代課老師的工作，愛因斯坦還特地寫了一封感謝信，他當時的困境可想而知。他還在報上登廣告，說自己可以教數學、物理、小提琴，一個小時多少錢，也沒什麼人找他。

愛因斯坦當時倒楣的事不只是找不到工作，婚姻也出了問題。因為他與米列娃結婚的事遭到父母的堅決反對。為什麼呢？米列娃出身「不好」，不是猶太人，而是屬於被壓迫民族的塞爾維亞人。其次，米列娃有殘疾，她腿瘸，有一些先天性疾病。愛因斯坦的父母覺得這個女孩怎麼配得上自己的兒子呢！但是愛因斯坦呢，父母越不滿意他越要跟米列娃結婚，於是雙方就長期僵持著。婚姻碰壁，工作也沒有著落。

3. 愛因斯坦的奇蹟年

時來運轉

直到 1902 年，終於時來運轉了。先是在父親臨終時，愛因斯坦回義大利去看他。他父親還是很喜歡自己的孩子，既然兒子這麼堅持，就算了吧，同意了這門婚事。猶太人跟東方傳統的家庭差不多，父親是家長，父親同意了，母親不同意也沒辦法。所以，在他母親很不情願的情況下，愛因斯坦獲准跟米列娃結婚。

愛因斯坦要結婚了，可是沒有錢。這個時候格羅斯曼出面幫愛因斯坦找了份工作。格羅斯曼的父親有一個朋友，是伯爾尼發明專利局的局長。格羅

斯曼就跟他父親說：「你的朋友不是老想找聰明的人到他那裡工作嗎？我的同學愛因斯坦不就很聰明嗎？」從現在留下來的資料來看，在愛因斯坦的老師和同學當中，格羅斯曼是第一個認為他聰明的人。結果他父親真的和那位局長說了，局長就安排了面試。面試完，覺得這個年輕人還可以，於是局長說：來吧，給你安排一個工作，三等職員。這是最初等的職員，但是最初等的職員也有一份公務員的薪水。於是愛因斯坦就能跟米列娃結婚了，建立起穩定的家庭，他們很快有了兩個兒子。

愛因斯坦的科學研究是在去專利局之前開始的，到了專利局以後他的研究繼續開展，並開始發表論文。1901 年發表一篇論文，1902 年兩篇論文，1903 年一篇論文，1904 年一篇論文。論文數量很少，就這麼幾篇，而且這些論文沒有什麼特別重要的，都是些談毛細管之類的東西。但是這些研究對愛因斯坦來說是很重要的鍛鍊。1905 年是愛因斯坦的豐收年。

為什麼要用豐收年這個詞？這是因為物理學史上，牛頓曾有一個「豐收年」的說法。牛頓在劍橋大學畢業留校後不久，英國鼠疫肆虐，於是他躲回家裡去了。他 23 歲到 25 歲之間有一年半的時間，在他母親的莊園裡度過。按照牛頓後來的說法，他的力學三定律、萬有引力定律，以及微積分的構思、對光學的想法，全都是那時候產生的。所以那一年半時間，被稱作牛頓的豐收年。

愛因斯坦的豐收年

愛因斯坦於 1905 年陸續完成了 5 篇論文。除去一篇博士學位論文之外，其餘 4 篇是：3 月提交，6 月發表了光量子說，也就是解釋光電效應的論文；4 月他把博士學位論文提交了；然後 7 月發表了用分子運動論解釋布朗運動

的論文；9 月發表了狹義相對論，這篇論文並不叫狹義相對論，相對論的名字不是愛因斯坦取的。這篇文章叫《論運動物體的電動力學》；9 月提交、11 月發表了相關

$$E = mc^2 \tag{1.2}$$

論文。此外，還有一篇是 1905 年提交，第二年發表的。

現在來看這 5 篇論文，除去那篇博士學位論文以外，其他 4 篇都是可以得諾貝爾獎的，都是非常深奧的文章。很多人得諾貝爾獎，其實他們的貢獻究竟是什麼，一般人也不清楚。即使稍微知道一點，過兩年也就忘了，沒有什麼太大的意義。而愛因斯坦這幾篇論文都非常重要，影響深遠，不是一般獲諾貝爾獎的論文比得上的。

專利局 —— 科學發現的搖籃

愛因斯坦的這些傑出工作基本都是在發明專利局時完成的。當他有了成就以後，有的人就開始說：你看，我們的社會有多麼不公，愛因斯坦這麼偉大的人居然沒有一個學校願意要他，讓他在專利局浪費時間！

有了這種議論以後，他的朋友，數學大師希爾伯特說了一句很重要的話：「沒有比專利局對愛因斯坦更適合的工作單位了！」為什麼呢？就是這個單位事情少，非常清閒。當時德國的學校裡，老師都得教學，而且教學工作多且繁重。另外，還要安排科研任務和科研時間，但只能做學校規定的題目，不是自己想研究什麼就能研究什麼。

而愛因斯坦到專利局後，雖然有時要審查一些永動機之類的「發明」，會浪費掉一些時間，可也還有不少空閒時間。於是他把要看的東西攤放在抽屜裡，一看上司不在就拿出來鑽研，看到上司來了就把抽屜關上。有幾次局長注意到愛因斯坦在看工作以外的東西，但局長覺得這個年輕人喜愛思考，就不怎麼管他。這種寬容的態度和空閒的環境給愛因斯坦創造了研究的條件。當那位開明的局長聽說愛因斯坦發表布朗運動這篇論文，證明了分子的存在之後，還馬上給他加薪。

愛因斯坦大學畢業時，確實曾經向很多大學求職，但人家都不要他。當時愛因斯坦懷疑是韋伯搞的鬼，因為那時教授很少，一個大學就一個物理教授，瑞士也沒有幾所大學，各校的教授都互相認識。他到一所學校去求職，那裡的教授肯定會寫信問韋伯：「你的這個學生如何？」愛因斯坦猜想韋伯沒講他好話，但此事沒有任何證據。前些年有一所大學在整理檔案的時候，翻出了當年愛因斯坦的求職信，曾對記者說：「當年愛因斯坦到我們這裡求過職，但我們沒有錄用他。」

讚美阿勞中學

愛因斯坦有所成就以後，他曾經回顧在大學和中學受教育的時光。他讚美阿勞中學：「這個中學用它的自由精神和那些不依仗外界權勢的教師的淳樸熱情，培養了我的獨立精神和創造精神。正是阿勞中學，成為孕育相對論的土壤。」

4. 狹義相對論

現在來看狹義相對論，先簡單介紹一下狹義相對論的幾個重要成就。狹義相對論建立的基礎有兩個：一個是相對性原理，就是物理規律在所有的慣性系當中都一樣；另外一個是光速不變原理，光速在任何一個慣性系中都是

同一個常數 c，與觀測者相對於光源的運動速度無關。

同時的相對性

在這兩條原理的基礎上愛因斯坦建立起整個理論的框架。從這個框架能得出什麼結論呢？一個是「同時」這個概念是相對的，兩件事情是不是發生在同一個地點，這個概念是相對的。比如說有一輛電車開過去，電車上有人遞給售票員錢，售票員撕了張票給他，這兩個動作是否發生在同一地點？車上的人認為「是」，因為兩人都沒移動過，你給我錢我給你票。但車下的人認為「不是」，這個乘客給錢的時候車還沒開，撕票的時候開出去十幾米了，兩件事不是在同一地點。所以「同地」，即兩件事情是不是發生在同一個地點是相對的，這個概念大家都能接受。但是假如說有兩個搗亂的年輕人在車上放鞭炮，一個在車廂前面，一個在車廂後面，一同「轟」一聲炮響，最後警察來了，車上的人會說他們兩人「同時」放鞭炮，車下的人會怎麼認為呢？當然也會認為是「同時」點的。對不對？但是愛因斯坦的相對論卻告訴我們：當電車的速度接近光速的時候，車上的人認為車頭車尾「同時」發生的兩件事，車下的人就會認為不是在同一個時間發生的，這就是「同時」的相對性。

動鐘變慢

另外一個結論是運動中的鐘會變慢。如圖 1-3 所示，比如說我所在的這個參考系 S'，有一列鐘，我把它們都校準。你所在的參考系 S，也有一列鐘互相校準。這兩列鐘平行放置，相向運動。這兩列鐘相

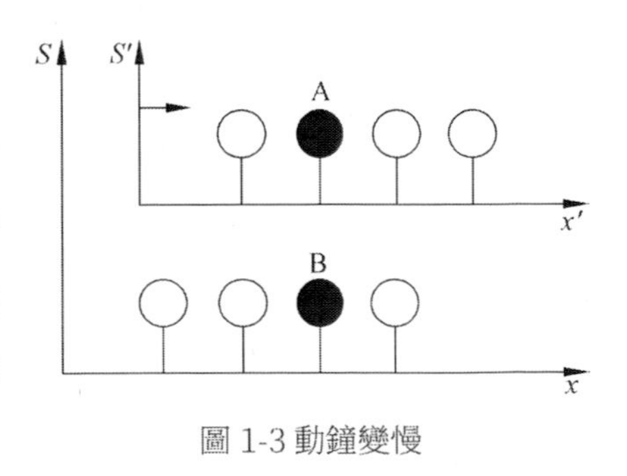

圖 1-3 動鐘變慢

對運動的時候，我的任何一個指定的鐘，跟你的每個鐘都只對一次，然後就跑過去了，你那列鐘的任何一個，也與我這列鐘的每一個只遭遇一次。那麼你會覺得我的指定鐘慢了。我也會覺得你的指定鐘慢了。如式（1.3）所示，當動鐘走過 dt' 時間，靜鐘走過的時間是 dt。這是相對論的一個結論：即動鐘變慢。

$$dt = dt'/\sqrt{1-v^2/c^2} \tag{1.3}$$

動尺縮短 —— 勞侖茲收縮

同樣地，如果雙方各有一把尺靜止時長度相同，平行放置，相對運動，如圖 1-4 所示。兩把尺這麼一下過去，我「同時」量你的尺就會覺得你的尺縮短了，你「同時」量我的尺也會認為我的縮短了。雙方都認為對方的鐘慢，對方的尺縮短。如式（1.4）所示，尺靜止時長度為 l_0，以速度 v 運動時，長度縮短為 l。這也是相對論的一個結論：即動尺縮短，又稱勞侖茲收縮（詳見本講附錄）。

$$l = l_0\sqrt{1-v^2/c^2} \tag{1.4}$$

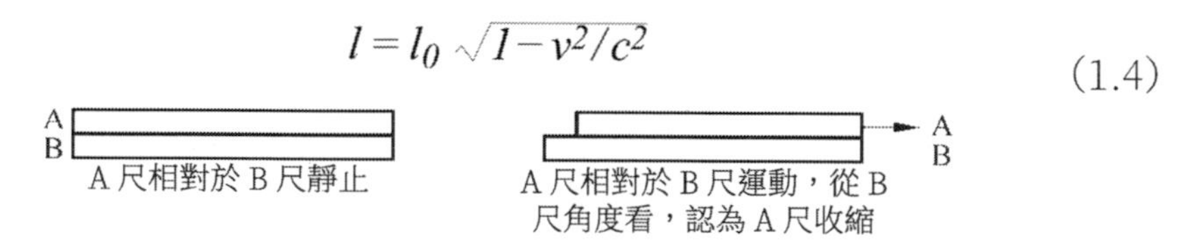

圖 1-4 動尺縮短

速度疊加

另外就是相對論是禁止超光速的，相對論的速度疊加公式不是我們通常用的、簡單的平行四邊形法則。比如說有一列火車（圖 1-5），它的速度是 v，

有一個人在火車頂上以速度 u' 跑，那麼總的速度是多少呢？相對於地面的速度是多少呢？有人以為就是 $u'+v$，但是相對論的公式是這樣一個公式：

$$u=\frac{u'+v}{1+\frac{u'v}{c^2}} \tag{1.5}$$

這個公式就保證了人和火車跑得再快，即使火車速度達到 $0.9c$，上面相對於火車跑的人的速度也達到 $0.9c$，但是加在一起不是 $1.8c$，而是 $0.9945c$，還是小於 c，再快也超不過光速 c。

圖 1-5 速度疊加

動質量算質量嗎？

相對論還有一個公式。愛因斯坦那個年代，有人提出了動質量的概念，如式（1.6）所示的動質量 m，有

$$m=\frac{m_0}{\sqrt{1-\frac{v^2}{c^2}}} \tag{1.6}$$

就是說一個物體靜止的時候質量是 m_0，如果它以速度 v 運動的時候，它的質量會增加為 m。不過，動質量這個概念現在有爭議。愛因斯坦等人主張使用動質量和靜質量的概念，但是朗道等人認為動質量的概念是不必要的，應該只用靜質量，只承認靜止的那個質量是真正的質量。

朗道是非常傑出的物理學家。現在有一批物理學家同意取消「動質量」這個概念，但這種觀點將會導致只有能量守恆，不存在質量守恆。為什麼

呢？比如說電子和正電子相撞湮滅了，變成沒有靜質量只有動質量的光子，但動質量又不算質量，靜質量又沒有了，這時候質量就不守恆了。所以會犧牲質量守恆這個概念，只剩下能量守恆。有人說，愛因斯坦本人也同意了「只有靜質量才是質量」這個觀點，但是他只是在給別人的私人信件中，很婉轉地說這個觀點是有道理的。愛因斯坦從來沒有公開寫過文章說只有靜質量才算質量，動質量概念應該取消。所以關於這個問題大家會看到有一些爭議，這也說明了科學還在發展。畢竟動質量的概念較為通用，很多書現在還會提到。

質能關係 —— 質量就是能量

還有就是 $E=mc^2$，這個公式是研製原子彈的理論基礎之一，它的意思是說任何一個物體都有兩種性質，一種是能量，另一種是質量。比如說我這裡有個茶杯，我說它有能量，但不是指杯中水的熱能 —— 水的熱能其實很少 —— 而是指水和茶杯總質量對應的固有能。這個固有能如果全部釋放出來，全部轉化為熱運動能和光能，可以炸掉一座城。上述的公式是研究核能的一個基礎。

動能表達

還有關於動能的概念，按照相對論，動能應該是動質量對應的能量減去靜質量對應的能量。可看下式

$$T = mc^2 - m_0c^2\left[\frac{1}{\sqrt{1-\frac{v^2}{c^2}}} - 1\right] = \frac{1}{2}m_0v^2 + \frac{3}{8}m_0\frac{v^4}{c^2} + \ldots \quad (1.7)$$

可是牛頓力學只承認展開的第一項。但當運動速度很高的時候，不能忽視後面這些高階項，應該加進來。

5. 神奇的相對論效應

孿生子悖論

最後講一下孿生子悖論，這個大家都很感興趣的問題。前面談到兩個人在慣性系中作相對運動。雙方都說對方的鐘慢了，我說你的鐘慢了，你說我的鐘慢了。這倆鐘是再也不碰面了。有人說讓其中一個鐘「回來」，可一回來它就要偏離慣性運動，不是慣性系中的鐘了。

最初相對論只在慣性系當中討論問題。但是，法國物理學家朗之萬討論了一個問題，就是雙胞胎兄弟的問題。比如說哥哥坐火箭去太空旅行，繞了一圈以後返回來。返回來後，哥哥好像覺得沒過幾年，而弟弟已經從年輕人變成一位老頭了。也就是說，去太空旅行的人感覺自己的時間似乎變慢了。這種事情是真的嗎？這叫孿生子悖論。為什麼是這樣子呢？曾經有很多人討論過這個問題。大家都知道，在相對論當中有個四維時空的概念。就是說除去三維空間以外，還加上時間那一維，就是四維時空。我們每一個人在三維空間中前後左右上下一固定，每個人都是一個點。但是在四維時空當中，由於時間在走，你就會描出一根線來。比如說有一個人他不動，指的是他的空間位置沒動，但是他必須跟時間一起走，他要隨時間發展往前走。有人說我不走，堅持為一個點，那不行。這是不以人的意志為轉移的，必須「與時俱進」。如果你在運動，那麼你空間座標也就變了。

比如說地球上的這個人，相對於太空航行的話，地球就算不動了，那麼他描出來的線就是 A 線，如圖 1-6 所示。太空航行的那個人呢，他先離開了地球，然後又返回來，就是 B 曲線。相對論把這種四維時空中的曲線叫作世

界線，每一個觀測者經歷的時間就是他世界線的長度。你看，留在地球上的人的世界線是 A，出去的人的世界線是 B，兩條世界線的長度顯然不一樣。哪個人的世界線長他就老，哪個人的世界線短他就年輕。

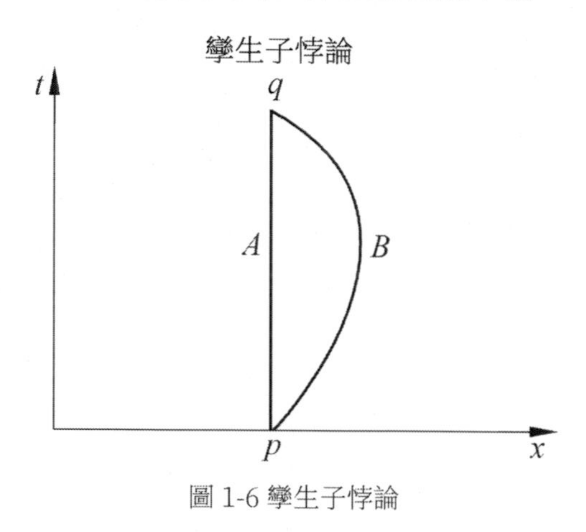

圖 1-6 孿生子悖論

A 線比 B 線短，似乎地球上這個人年輕。但不是說地球上這個人老嗎？那是怎麼回事呢？這就叫歐幾里得幾何。歐幾里得空間我們都知道，斜邊的平方等於兩條直角邊的平方和，可是閔考斯基空間是非歐幾里得空間。時間與空間座標的長度中間差一個負號，不都是正號，因此斜邊的平方等於兩條直角邊的平方差，導致 B 曲線反而比 A 線短，所以去太空旅行的那個人年輕，地球上這個人歲數比較大。有人問能年輕多少？

舉個例子，比如說有人去比鄰星旅行，比鄰星是除去太陽以外離我們最近的一顆恆星，有多遠呢？四光年，就是說光走四年就到了，很近。如果有人坐火箭去這顆星旅行，如果他是以三倍的重力加速度加速 —— 有人說以無窮倍的重力加速度加速行不行？當然不行，一下子就把人壓扁了。太空航行的飛行員加速時承受的重力很大，一般人承受不了。現在研究認為，三倍的重力加速度還勉強可以。所以就假設以三倍的重力加速度加速，加速到每秒

25 萬公里以後，就改為慣性運動，關閉航空引擎後，出現失重現象。待接近比鄰星後，再以三倍的重力加速度減速，直至在比鄰星附近的行星上降落。這時必須減速，因為不減速就撞上去了。返回時以同樣的方式返回。這樣的話，如果有個飛行員坐火箭去了比鄰星的行星一趟，火箭上的人覺得往返一共用了 7 年，而地球上的人覺得他走了多長時間呢？走了 12 年。地球上的兄弟 *A* 感覺自己已經比同胞兄弟 *B* 老了。

不過，這還不算老得很明顯。假如有人想到銀河系中心去旅行，我們的地球不在銀河系中心，位於偏離銀河系中心約 2.8 萬光年的宇宙中。銀河系的直徑有 10 萬光年的樣子，半徑是 5 萬光年。從地球到銀河系中心附近，距離大概有 3 萬光年。設想有人坐火箭到銀河系中心附近的一顆行星去旅行，然後再返回來。設想的方案是這樣：由於時間太長了，就採用兩倍的重力加速度，而且一直維持不變。如果用三倍的重力加速度加速，然後再失重，火箭中的人可能更受不了。假如長期是兩倍的重力加速度，可能感覺還好受一點。那麼就以兩倍的重力加速度加速，加速到距目的地中點的時候，再以兩倍的重力加速度減速到達那顆星。然後採用同樣的方式回來，這時飛船上的人經過了多少年呢？一共經過 40 年。20 歲的年輕人，回來時 60 歲，還不算太老。那麼地球上已過了多少年呢？地球上已過了 6 萬年！所以如果有人完成這樣一次旅行的話，地球上的人一定會開一個盛大的慶祝會，歡迎自己 6 萬年前的祖宗回來了。這些都有科學根據，是用相對論嚴格計算出來的。

太空飛船上看到的奇景

除了孿生子悖論之外，太空飛船上的飛行員還會看到什麼景象，感受到哪些相對論效應呢？

高速飛行的太空飛船上的飛行員還會看到兩種景象，一種是都卜勒效應造成的，另一種是光行差效應造成的。

由於都卜勒效應，飛船前方的星體射來的光會發生藍移，後方和側面星體射來的光會發生紅移。因此，飛行員覺得前方的星體顏色變藍，後方的星體顏色變紅。側面的星體由於橫向都卜勒效應，也會略微變紅。

光行差效應會使飛行員覺得側面的星體向正前方聚集，後面的星體移向自己的側面。總之，正前方好像是一個「吸引」中心，隨著飛船速度的增加，所有的星體都向那裡集中，後方的星體越來越少。從地球起飛，正在遠離太陽系的飛船上的飛行員，會覺得太陽系不在飛船的正後方，而在側後方，飛船越接近光速，太陽系看起來越遠離正後方，隨著飛船速度的增加，太陽系從自己的側面向側前方移動。當飛船的速度非常接近光速時，他將看到太陽系處於自己的側前方，飛船的後方已經沒有任何星體了。飛船正在逃離太陽系，而在飛行員看來，太陽系不是位於飛船的後方，而是位於側前方，這是多麼奇妙的情景啊！

圖 1-7 所示為當宇宙飛船向北極星飛去時，飛行員看到的景象。當飛船速度遠小於光速時，飛行員看到的天象與地面上的人看到的相同，北極星位於正前方，北斗、仙后等星座圍繞著它，南天的星座都看不到。當速度達到光速的一半時，飛行員前方的景象產生變化了，北極星周圍的星座都在向中央趨近，擠到虛線範圍以內，原來出現在飛船後面的天蠍座和天狼星（大犬座 α 星）也都進入前方的視野。當飛船速度加快到 $0.9c$ 時，南天的十字座和老人星等（這些位於南天的星，生活在地球北半球的人原本看不到）也出現在前方了。飛船速度再進一步趨近光速時，整個南天的星系就都擠到前面去了。

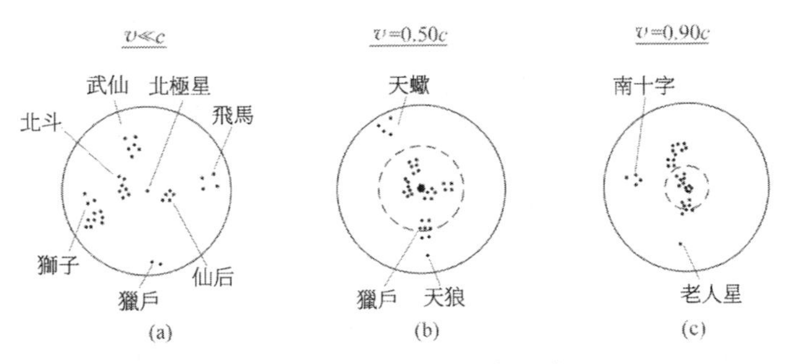

圖 1-7 飛船飛行員看到的景象

在本講附錄的圖 1-9 和圖 1-10 中，我們用打雨傘的人和接雨水的桶來比喻天文學中的光行差現象。從中容易理解，在運動觀測者看來，光線（即圖中的雨滴）的來源方向會向自己的正前方聚集。所以，高速飛行的飛船上的飛行員，會觀察到所有星系都向正前方匯聚的現象。

上述都卜勒效應和光行差現象與飛船引擎是否關閉，飛船是否作加速運動無關，只與飛船的運動速度有關。

飛行員除去看到上述兩種景象之外，還會感受到其他一些相對論效應，例如失重和孿生子悖論造成的效應。

當飛船關閉引擎、加速度為零時，飛行員會處於完全失重的狀態，這時飛船作慣性運動飛行（見第二講）。當飛船加速時，飛行員將感受到慣性力，飛船轉動時，他們將感受到慣性離心力和科氏力。由於等效原理，在飛船那樣狹小的空間區域內，飛行員無法區分這些慣性效應造成的力和萬有引力，因此加速度和轉動形成的慣性力，可以視作人造重力來加以利用。例如，在未來的太空航行中，可以製造人造重力來緩解長期失重為飛行員生理機能帶來的不利影響。

學生提問：老師，剛才的孿生子悖論，為什麼要用非歐時空處理呢？

斜邊的平方等於兩條直角邊的平方和或差，什麼時候用「和」，什麼時候用「差」？

答：凡是四維時空都要用非歐空間，因為時間那一項的正負號是跟空間相反的。如果你沒有用時間，全是空間座標的就都是加號，斜邊的平方就等於兩條直角邊的平方和。一旦是四維時空，把時間加進來了，就一定有一個減號，斜邊的平方就等於兩條直角邊的平方差。

學生提問：火箭上的人出去旅行，他會比地球上的人年輕；那在火箭上的人看來自己沒動，地球卻在外面轉了一圈回來了。對不對？難道不應該是留在地球上的人年輕，火箭上的人老？這個事情是不是應該是相對的？

答：不是相對的而是絕對的。因為火箭上的人確實感受到了加速，感受到了慣性力。感不感受到慣性力，是真加速和假加速的一個分界。火箭上的人真加速了，地球上的人沒有，所以這是絕對的結果。

第一講附錄　狹義相對論的創立

1. 相對論誕生前夜「乙太理論」帶來的實驗困難

1801 年，托馬斯．楊的雙縫干涉實驗表明，光是一種波動。大家都知道，水波的介質是水，聲波的介質是空氣或其他氣態、液態、固態的物質。光既然是波，應該有一種介質。人們想起了古希臘哲學家亞里斯多德的乙太理論。

亞里斯多德主張地球是宇宙的中心。月亮、太陽、水星、金星等天體都圍繞地球轉動，天體中離地球最近的是月亮。他認為「月下世界」由土、水、火、氣四種元素組成，它們組成的萬物都是會腐朽的。而比月亮離地球更遠的「月上世界」是永恆不變的，充滿了輕而透明的「乙太」。不過亞里斯多德認為，乙太只存在於「月上世界」。19 世紀的學者們則進一步認為：乙太充斥全宇宙。他們認為光就是乙太的彈性振動，也就是說光波的介質就是乙太。光能從遙遠的星體傳播到地球，表明乙太不僅透明而且彈性極好。

相對論誕生前夜，實驗觀測引發了與乙太理論有關的矛盾。

既然光波是乙太的彈性振動，那麼乙太相對於地球是否運動？當時哥白尼的「日心說」已經被普遍接受，地球不是宇宙的中心。如果認為乙太整體相對於地球靜止，就等於倒退回「地心說」，大家無法接受這種看法。科學界認為比較合理的設想是：乙太相對於牛頓所說的「絕對空間」靜止，因而在絕對空間中運動的地球，應該在乙太中穿行。這就是說，乙太相對於地球應該有一個「漂移」速度。

天文學上的「光行差」現象似乎證明了乙太漂移確實存在。然而，邁克生的精確實驗卻沒有測到乙太相對於地球的「漂移」速度。也就是說，作為介質的地球似乎帶動了周圍的乙太跟自己一起運動。光行差現象認為地球（介質）運動沒有帶動乙太，邁克生實驗又認為帶動了乙太，這一觀測上的重大矛盾，就是克耳文勳爵在 1900 年英國皇家學會迎接新世紀的慶祝會上所談的，物理學的兩朵烏雲中的一朵。

此外，斐索的流水實驗表明「流水」（運動介質）似乎部分地帶動了乙太，但又沒有完全帶動。

總之，光行差現象表明運動介質沒有帶動乙太，邁克生實驗表明運動介質完全帶動了乙太（即乙太相對於介質靜止），斐索實驗則表明運動介質部分地帶動了乙太，而又沒有完全帶動。這三個實驗的結論互相矛盾。

勞侖茲等眾多物理學家注意的是邁克生實驗與光行差現象的矛盾。愛因斯坦注意的則是斐索實驗與光行差現象的矛盾。應該說，這兩個矛盾都能引導人們去建立相對論。

光行差現象

所謂「光行差」效應（即光行差現象），是天文學家早就注意到的一種現

象：觀測同一恆星的望遠鏡的傾角，要隨季節作規律性變化（圖 1-8）。

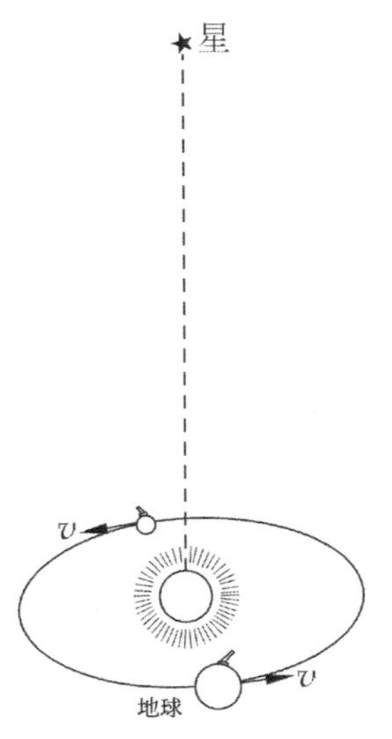

圖 1-8 光行差現象

此現象很容易理解。比如，不颳風的下雨天，空氣不流動，雨滴在空氣中垂直下落，站立不動的人應該豎直打傘，跑動的人則應該把傘向跑動的方向傾斜，因為奔跑時，空氣相對於人運動，形成迎面而來的風，所以雨滴相對於他不再豎直下落，而是斜飄下來（圖 1-9）。如果有人想接雨水，無風時他應該把桶靜止豎直放置（圖 1-10(a)）。如果他抱著桶跑，則必須讓桶向運動方向傾斜，雨滴才會落入桶中（圖 1-10(b)）。

圖 1-9 雨中打傘

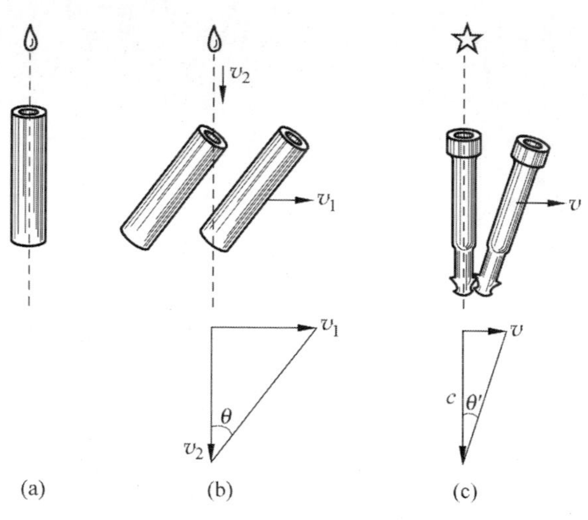

圖 1-10 接雨水的桶與觀星的望遠鏡

恆星距離我們十分遙遠（除太陽外，最近的恆星離我們也在 4 光年以上），從它們那裡射來的光，大致上可以看作平行光。星光在乙太中運動，就像空氣中的雨滴一樣。如果地球相對於乙太整體靜止，望遠鏡只需一直指向星體的方向看就可以了。然而地球在繞日公轉，地球上的望遠鏡就像運動者手中的雨傘和水桶一樣，必須隨著地球運動方向的改變而改變傾角（圖 1-10(c)），才能保證所觀測恆星的光總是落入望遠鏡筒內。

「光行差」現象早在 1728 年就已發現，1810 年又被進一步確認，此現象似乎表明地球在乙太中穿行。當時科學界認為乙太相對於「絕對空間」靜止，因此地球相對於乙太的速度也就是相對於「絕對空間」的速度。人們非常希望精確地知道這一速度，然而「光行差」效應的測量精準度不夠高，於是美國科學家邁克生試圖用干涉儀來精確測量地球相對於乙太的運動速度。

邁克生實驗引來的烏雲

邁克生干涉實驗如圖 1-11 所示，A 為光源，D 為半透明半反射的玻片。入射到 D 上的光線分成兩束，一束穿過 D 片到達反射鏡 M_1，然後反射回 D，再被 D 反射到達觀測鏡筒 T。另一束被 D 反射到反射鏡 M_2，再從 M_2 反射回來，穿過 D 片到達觀測鏡筒 T。把此裝置水平放置，v 為乙太漂移方向（與地球公轉方向相反）。DM_1 沿著乙太漂移的方向，DM_2 與乙太漂移方向垂直。

在邁克生干涉儀中運動的光波，就像在河中游泳的人一樣。如圖 1-12 所示，河水以速度 v 相對於河岸流動，河寬 $AB=l_0$。一個游泳的人從 A 出發以速度 u（相對於河水）游到下游 B' 點，再返身以同一速度 u 游回 A 點，AB' 的長度與河寬相等，即 $AB'=l_0$。再讓同一游泳者以速度 u（相對於河水）從 A 出發遊向對岸的 B 點，到達後再以同一速度游回出發點 A。但要注意，由於水往下游流，橫渡者的游泳方向不能垂直於河岸，那樣的話他將被河水往下衝，不可能恰好抵達 B 點，返回時也會出現同樣的情況。

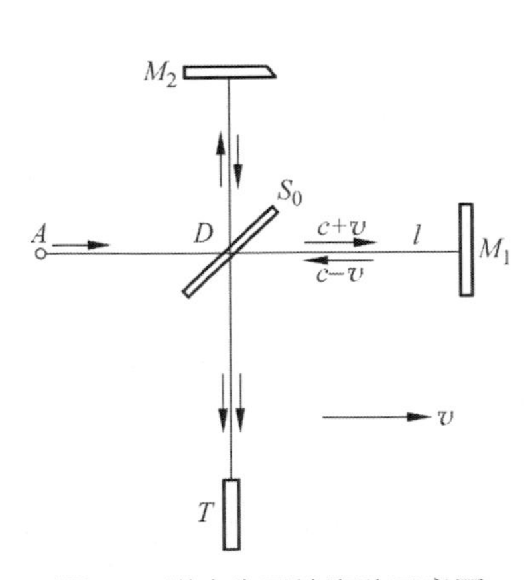

圖 1-11 邁克生干涉實驗示意圖

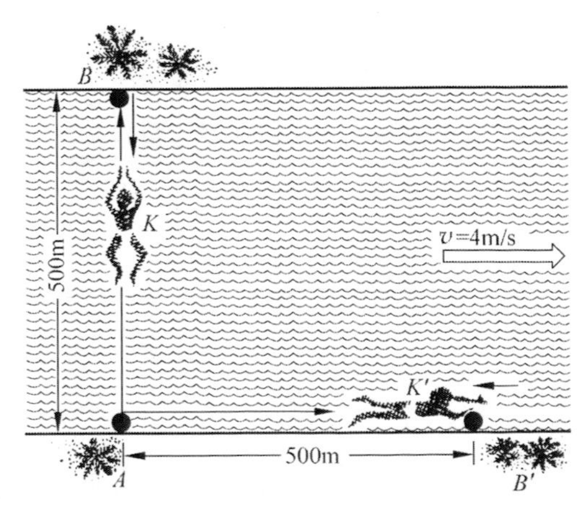

圖 1-12 在水中游泳的人

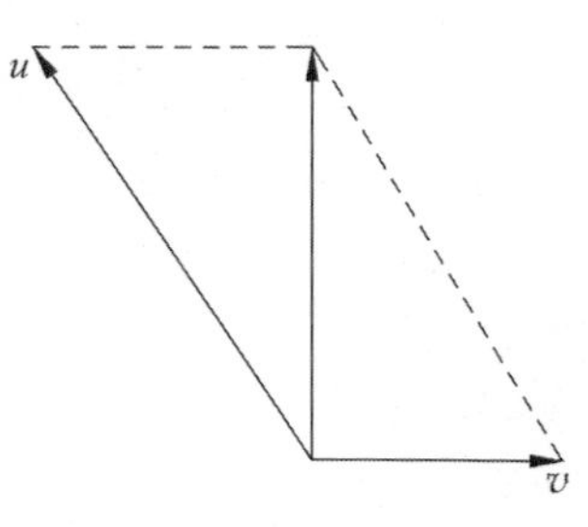

圖 1-13 渡河速度合成圖

為了從 A 游到 B，游泳者遊動的方向必須向上遊傾斜一個角度，如圖 1-13 所示。所以游泳者垂直渡河的速度應是 $u'=\sqrt{u^2-v^2}$。雖然游泳者橫渡的距離與向下遊遊動的距離都為 l_0，但兩種情況所需的時間卻不同，時間差為

$$\Delta t=\frac{l_0}{u+v}+\frac{l_0}{u-v}-\frac{2l_0}{\sqrt{u^2-v^2}} \tag{1.8}$$

邁克生干涉儀中的光波，就像上面所說的游泳者，河水好比漂移的乙太，河岸相當於地球。河水相對於河岸的流動可類比乙太相對於地球的漂移。雖然距離 DM_1 與 DM_2 相同，但光波經過這兩段距離所需的時間卻由於乙太的漂移而不同，用光波相對乙太的速度 c 取代 u，我們用同樣的分析可知二者的時間差為

$$\Delta t=\frac{l_0}{c+v}+\frac{l_0}{c-v}-\frac{2l_0}{\sqrt{c^2-v^2}}\approx\frac{l_0}{c}\left(\frac{v^2}{c^2}\right) \tag{1.9}$$

這就是說，光經過 DM_1 所需的時間比經過 DM_2 所需的時間要長。

邁克生把干涉儀在水平面上轉 90°，讓 DM_2 沿乙太漂移的方向，DM_1 則垂直乙太漂移方向。這時光經過 DM_2 的時間反而比經過 DM_1 的時間長。

儀器裝置轉動 90°的結果，將使到達觀測鏡 T 的兩束光所經歷的時間差了 $2\Delta t$，導致光程差改變

$$2c\,\Delta t\approx 2l_0\left(\frac{v^2}{c^2}\right) \tag{1.10}$$

這將引起這兩束光形成的干涉條紋產生相應的移動。遺憾的是，邁克生沒有測出干涉條紋的移動，在誤差精度內，條紋的移動是零。邁克生及其助

手曾採取多種措施提高實驗精度，但結果仍然是零。

「光行差」現象告訴人們，乙太相對於地球有漂移，邁克生實驗則沒有測到這種漂移。這就是相對論誕生前夜，物理學界遇到的一個大難題，即克耳文所說的烏雲中的一朵。

2. 相對論誕生前夜電磁理論引起的理論困難

相對論誕生的前夜，除去乙太理論導致的困難之外，物理理論還遇到了另一個困難：馬克士威電磁理論似乎與伽利略變換矛盾。

19 世紀下半葉，馬克士威從介質的彈性理論匯出了一組電磁場方程式，雖然今天我們知道從介質的振動去推導電磁場方程式既不正確也無必要，但馬克士威所得的結論還是正確的，他對電磁理論的貢獻仍是偉大卓越的。

從馬克士威電磁方程組出發，可以得到一個重要結論：電磁波以光速傳播，人們很快認識到光波實際上就是電磁波。在電磁理論中，真空中的光速是一個恆定的常數。所謂真空，就是只存在乙太，不存在其他介質的空間。伽利略相對性原理告訴我們，力學規律在一切慣性系中都是相同的（注意，伽利略論證的相對性原理，僅對力學規律而言，因此又被後人稱為力學相對性原理）。如果把這一相對性原理加以推廣，使之對電磁學規律也成立，那麼馬克士威電磁方程組就應在所有慣性系中都一樣，這就是說，光速在任何慣性系中都應相同，都應是同一個常數 c。按照牛頓的觀點，所有相對於絕對空間靜止或作等速直線運動的參考系都是慣性系，慣性系之間可以差一個相對運動速度 v。依照速度（向量）疊加的平行四邊形法則，電磁波（即光波）

的速度如果在慣性系 A 中是 c，那麼，在相對於 A 以速度 v 運動的另一個慣性系B中，就不應再是 c 了。當 c 與 v 反向時應是 $c+v$，而當 c 與 v 同向時，則應是 $c-v$。但是，馬克士威電磁理論明確無誤地告訴我們，光速在所有慣性系中都只能是 c，不能是 $c+v$ 或 $c-v$。那麼，問題出在哪裡呢？

回顧一下上面的討論，不難看出，我們用了以下一些原理：

① 馬克士威電磁理論，它要求真空中的光速只能是常數 c；

② 相對性原理，它要求包括電磁理論在內的所有物理規律在一切慣性系中都相同；

③ 伽利略變換，即作為速度疊加原理的平行四邊形法則，它被當作伽利略相對性原理的數學體現。

就是這三條原理導致了上述的矛盾。

挽救乙太理論的嘗試：勞侖茲—費茲傑羅收縮

相對論誕生之前，「乙太」理論在人們的頭腦中根深蒂固，雖然物理學理論遇到了重大困難，而且邁克生實驗與光行差實驗也暴露出深刻的矛盾，絕大多數人（包括勞侖茲、龐加萊這樣的物理學、數學大師）仍然不懷疑乙太的存在，不懷疑「光波是乙太的彈性振動」。

為了保留乙太理論，同時克服上述理論困難和實驗困難，當時最傑出的電磁學專家勞侖茲決定放棄相對性原理。他想保留馬克士威電磁理論，同時解決邁克生實驗與光行差實驗的矛盾。為此，他提出，乙太相對於絕對空間是靜止的。馬克士威電磁理論只在相對於乙太（即絕對空間）靜止的慣性系中成立。光波相對於乙太（絕對空間）的速度是 c，相對於運動系的速度不再是 c。他又提出一個新效應：相對於絕對空間運動的鋼尺，會在運動方向上

產生收縮

$$l = l_0\sqrt{1-\frac{v^2}{c^2}} \tag{1.11}$$

這一收縮被稱為勞侖茲收縮。式中 l_0 是鋼尺相對於絕對空間靜止時的長度，l 是鋼尺相對於絕對空間以速度 v 運動時的長度，c 是真空中的光速。勞侖茲等人認為這種「收縮」是物理學家以前不知道的一種新的物理效應。此效應可以解釋為何邁克生實驗觀測不到地球相對於乙太的運動。這是因為沿運動方向放置的干涉儀的臂長發生了勞侖茲收縮，縮短了光程，這一效應抵消了地球相對乙太運動帶來的光程改變。

$$\Delta t = \frac{l}{c+v} + \frac{l}{c-v} - \frac{2l_0}{\sqrt{c^2-v^2}} = 0 \tag{1.12}$$

他們認為勞侖茲收縮是物理的，會引起收縮物體內部結構和物理性質的變化。

需要說明的是，勞侖茲是 1892 年提出上述收縮假設的，愛爾蘭物理學家費茲傑羅聲稱自己早在 1889 年就提出了這一收縮假設，並開始在課堂上對學生講授。然而當時大家看到的費茲傑羅的有關論文最早是 1893 年發表的，晚於勞侖茲。費茲傑羅去世後，他的學生為了給自己的老師討個公道，翻查各種文獻，終於在英國出版的《科學》雜誌上查到了 1889 年費茲傑羅投給該刊的討論這一收縮的論文。由於費茲傑羅投稿給《科學》不久，該刊就停刊了，費茲傑羅以為自己的文章沒有登出來，事實上此文登在了該刊停刊前的倒數第二期上。看來，費茲傑羅發現這一收縮確實早於勞侖茲。所以勞侖茲收縮應該稱為勞侖茲—費茲傑羅收縮。

經典理論的改良：勞侖茲變換的提出

勞侖茲等人進一步認為，作為力學相對性原理數學體現的伽利略變換

$$\begin{cases} x^1 = x - vt \\ y^1 = y \\ z^1 = z \\ t^1 = t \end{cases} \tag{1.13}$$

應當放棄，而代之以新變換（龐加萊稱其為勞侖茲變換）

$$\begin{cases} x' = \dfrac{x - vt}{\sqrt{1 - \dfrac{v^2}{c^2}}} \\ y' = y \\ z' = z \\ t' = \dfrac{t - \dfrac{v}{c^2}x}{\sqrt{1 - \dfrac{v^2}{c^2}}} \end{cases} \tag{1.14}$$

式中，(x，y，z，t) 為一個指定的事件在相對於乙太（即絕對空間）靜止的慣性系中的空間座標和時間座標，(x’，y’，z’，t’) 為同一個事件在運動慣性系中的空間和時間座標。x’ 軸與 x 軸重合，y’ 軸與 y 軸、z’ 軸與 z 軸分別平行，運動方向沿 x 軸。v 是運動系相對於靜止系（絕對空間）的速度，c 是光速。這裡，除去公式上的數學差異外，物理上還有一個重要區別：式（1.13）表示的是任意兩個慣性系之間的變換，式（1.14）表示的是慣性系相對於絕對空間的變換。即式（1.13）中的速度 v 只是兩個慣性系之間的相對速度，與絕對空間無關。而式（1.14）中的 v 卻是慣性系相對於絕對空間的絕對速度。式（1.14）中的（x，y，z，t）特指相對於絕對空間靜止的慣性系的空間和時間座標。

從勞侖茲變換可以推出鋼尺收縮公式（1.11）。而且馬克士威電磁方程在勞侖茲變換下形式不變（不過，勞侖茲認為，用勞侖茲變換算得的、用運動

座標系標出的電磁量及其他物理量或幾何量，都沒有測量意義，因而不能看作是真實的量，只是一種表觀的量)。伽利略變換不具備這兩個優點。勞侖茲等人用式（1.11）和式（1.14）克服了邁克生實驗造成的困難，代價是拋棄了相對性原理。

需要補充說明，佛柯特早在 1887 年就提出了類似於勞侖茲變換的變換，但有錯誤。勞侖茲知道佛柯特的工作，但沒有留心。首先給出勞侖茲變換正確形式的是英國物理學家拉摩，他於 1898 年給出了這一變換。後來費茲傑羅也獨立給出了勞侖茲變換的正確形式；而勞侖茲本人則是在 1904 年發表這一變換的。上述事實表明，一個重要的科學結論，在條件趨近成熟的時候，往往會被許多學者分別獨立地多次發現。

3. 走向狹義相對論

愛因斯坦獨闢蹊徑

愛因斯坦沒有注意勞侖茲等人的工作，也沒有注意邁克生實驗，他主要抓住的是斐索實驗與光行差實驗的矛盾。光行差與邁克生實驗的矛盾表現在運動介質是否拖動乙太這一方面。光行差現象表明，作為介質的地球完全沒有拖動乙太；邁克生實驗則表明，似乎地球完全拖動了附近的乙太。斐索實驗研究了流水對光速的影響，其結論是作為介質的流水似乎部分地拖動了乙太，但又沒有完全拖動。這也與光行差現象認為運動介質完全不拖動乙太的結論相衝突。愛因斯坦意識到，解決上述矛盾最簡單的方法就是放棄乙太理論，不承認有乙太存在。

愛因斯坦深受奧地利物理學家兼哲學家馬赫影響。他閱讀過馬赫的著作《力學史評》，在這本書中，馬赫勇敢地批判占居主導地位的牛頓的絕對時空觀，認為根本就不存在絕對空間和絕對運動，也不存在乙太，一切運動都是相對的。愛因斯坦接受馬赫相對運動的思想，認為觀測不到的東西都不應該輕易相信其存在。哪個實驗證明了存在絕對空間？誰看見過乙太？因此乙太理論和絕對空間概念都應該放棄。他認為伽利略變換不等於相對性原理。他考慮了①馬克士威電磁理論（包括真空中的光速 c 是常數的結論），②相對性原理與③伽利略變換之間的矛盾，認為「馬克士威電磁理論」和「相對性原理」比伽利略變換更基本。他認識到，如果既堅持「相對性原理」又堅持「馬克士威電磁理論」，就必須承認真空中的光速在所有慣性系中都是同一個常數 c，即必須承認「光速不變」。他把「光速不變」看作一條基本原理，稱為「光速不變原理」。注意，「光速不變原理」不是說在同一慣性系裡真空中的光速處處均勻各向同性，是一個常數 c，而是說在任何慣性系中測量，真空中的光速都是同一個常數 c，光速與光源相對於觀測者的運動速度無關。

愛因斯坦得出光速不變原理不是偶然的，而是經歷了長時間的思考過程。

他在阿勞中學學習時就考慮過一個思考實驗：假如一個觀測者以光速運動，追光，這個觀測者應該看到一個不依賴於時間的波場。但是誰都沒有見過這種情況。這個有趣的問題表明，人似乎不可能追上光，光相對於觀測者似乎不會靜止，一定有運動速度，通常的速度疊加法則好像對光的傳播問題不適用。這個思考實驗不時浮現在愛因斯坦的腦海中。

此外，愛因斯坦知道，天文望遠鏡對雙星軌道的觀測（圖 1-14）支援光速與光源運動無關的觀點。如果光速與光源運動速度有關，雙星中向著我們

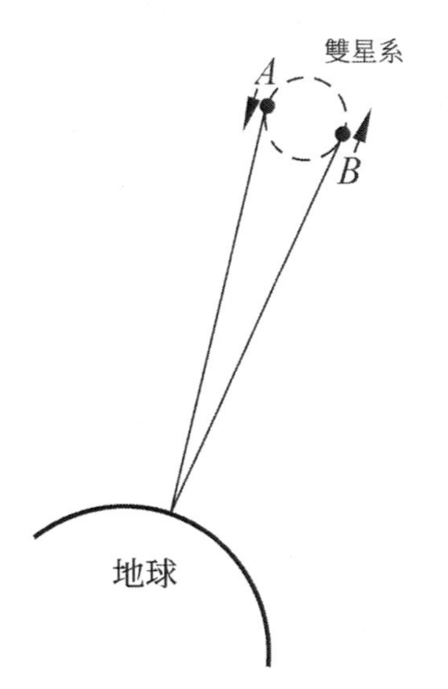

圖 1-14 對雙星軌道的觀測

運動（趨近）的那顆星和背離我們運動（遠離）的那顆星發出的光，飛向地球的速度將不同。這將導致兩顆星同時發出的光會一先一後到達我們眼中；或者說我們同時看見的這兩顆星的影像，產生的時間不是同一時刻。如果真是這樣，我們看到的雙星軌道應該產生畸變。但天文觀測沒有發現這種畸變，雙星軌道是正常的橢圓。這支持了光速與光源運動速度無關的看法。

經過長時期的思考後，愛因斯坦終於解開了這個難解之謎。他認識到速度疊加法則並非物理學的根本原理，這個法則也不等價於「相對性原理」的數學表達。「光速的絕對性」（即光在所有慣性系中的速度都是同一個常數 c）才是一條應該堅持的基本原理，他稱其為「光速不變原理」，並把「光速不變原理」和「相對性原理」一起，作為自己的新理論（相對論）的基石。

愛因斯坦是在長時間的反覆思考之後，才得出這一原理的。早在他的相對論論文發表一年多之前，他就認識到相對性原理和馬克士威電磁理論都是大量實驗證實的理論，都應該堅持。但這樣導致的「光速不變」結論似乎與建立在伽利略變換基礎上的速度疊加法則，以及人們的日常觀念相矛盾，愛因斯坦覺得「這真是個難解之謎」。

1905 年 5 月的一天，愛因斯坦帶著這一問題特地拜訪了他的好友貝索（「奧林匹亞」科學院的一名成員）。經過一下午的討論，愛因斯坦突然明白了，問題出在「時間」上，通常的時間概念值得懷疑。「時間並不是絕對確定的，而是在時間與訊號速度之間有著不可分割的聯繫。有了這個概念，前面的疑難也就迎刃而解了。」他認識到如果堅持把相對性原理和光速不變（即光速與觀測者相對於光源的運動速度無關）都看作公理，異地時鐘的「同時」將是一個相對的概念。5 周之後，愛因斯坦開創相對論的論文就寄給了雜誌社。

貝索是個一事無成者的典型。他一生都在聽課、學習，課聽了一門又一門，書學了一本又一本。他還喜歡與別人爭論，反駁別人的意見，但從不想自己去完成一件獨立的工作。這次與愛因斯坦的討論，大大地啟發了愛因斯坦，但他自己並未搞懂啟發了愛因斯坦什麼。當愛因斯坦感謝他在討論中幫助了自己時，他感到茫然。愛因斯坦在這篇建立相對論的劃時代論文的最後感謝了貝索對自己的幫助和有價值的建議。貝索對此十分激動，說：「阿爾伯特，你把我帶進了歷史。」

愛因斯坦 1922 年在日本京都的一次演講中曾提到他與貝索的這次討論。討論使他認識到兩個地點的鐘「同時」，並不像人們通常想像的那樣，是一個「絕對」的概念。物理學中的概念都必須在實驗中可測量，「同時」這個概念也不例外。而要使「同時」的定義是可測量的，就必須對訊號傳播速度事先要有一個約定。由於真空中的光速在電磁學中處於核心地位，愛因斯坦猜測應該約定（或者說「規定」）真空中的光速各向同性而且是一個常數，在此基礎上來校準兩個異地的時鐘，即定義異地時間的同時。研究表明，在約定光速並承認光速的絕對性（光速不變原理）的基礎上定義的「同時」將是一個相對的概念。我們看到，定義兩個地點的鐘同時，必須首先約定光速各向同性，而且是一個常數。要在作相對運動的所有慣性系中，都用對光速的同一個約定來定義異地時鐘的「同時」，則必須假定光速是絕對的。愛因斯坦曾經與貝索等人一起閱讀過龐加萊的《科學與假設》，該書就議論過時間測量與光速的

內在聯絡。龐加萊猜測，要測量時間，要校準不同地點的鐘，可能首先要對光速有一個約定。與貝索的討論可能使愛因斯坦想起了龐加萊的觀點，不過愛因斯坦未明確指出這一點。此外，與貝索的討論還可能再次使愛因斯坦想到了他在阿勞中學讀書時考慮過的那個思考實驗：以光速運動的觀測者將看到光是不依賴於時間的波場，但從未有人見過這種情況，所以比較自然的想法是，光不可能相對任何觀測者靜止，對任何觀測者都一定作相對運動。

愛因斯坦能夠從紛亂的理論探討和實驗資料中，認識到應該把光速看作絕對的，並毅然提出這一全新的觀念，是極其難能可貴的。在光速不變原理和相對性原理的基礎上，他推出了兩個慣性系之間的座標變換關係，這個關係就是勞侖茲等人早已得出的變換公式（1.14）。不過，愛因斯坦是在不知道勞侖茲等人的工作的情況下，獨立推出這一公式的。更重要的是，愛因斯坦對公式（1.14）的解釋與勞侖茲完全不同。勞侖茲認為相對性原理不正確，認為存在絕對空間（乙太），變換式（1.14）中的速度v是相對於絕對空間的，因而，變換式（1.14）描述的是相對於絕對空間運動的慣性系與絕對空間靜止系之間的關係。愛因斯坦則認為，相對性原理成立，不存在絕對空間，不存在乙太，變換式（1.14）描述的是任意兩個慣性系之間的變換，v是這兩個慣性系之間的相對速度，根本與絕對空間的概念沒有關係，所以他贊同把自己的理論叫作相對論。

我們看到非常有趣的情況，相對論的最主要的公式勞侖茲變換，是勞侖茲最先給出的，但相對論的創始人卻不是勞侖茲而是愛因斯坦。應該說明，這裡不存在篡奪研究成果的問題。勞侖茲本人也認為，相對論是愛因斯坦提出的。在一次勞侖茲主持的討論會上，他對聽眾宣布，「現在，請愛因斯坦先生介紹他的相對論。」之所以如此，是因為勞侖茲一度反對相對論，他還曾

與愛因斯坦爭論過相對論的正確性。特別有趣的是，「相對論」這個名字不是愛因斯坦起的，而是勞侖茲起的。在爭論中，為了區分自己的理論和愛因斯坦的理論，勞侖茲給愛因斯坦的理論起了個名字 —— 相對論。愛因斯坦覺得這個名字與自己的理論還比較相稱，於是接受了這一命名。

建立狹義相對論最困難的思想突破

一般介紹相對論的文章都非常強調愛因斯坦之所以能建立相對論，關鍵是他堅持了「相對性原理」。在當時的情況下，愛因斯坦正確地認識到「相對性原理」是應該堅持的一條根本性原理，並認識到伽利略變換並不等價於「相對性原理」，然後能放棄後者而堅持前者，的確是十分不容易的。勞侖茲和大多數物理學家都沒有認識到「相對性原理」是最應該堅持的根本性原理。

但是，應該注意到，關於運動相對性的觀念自古以來各國都有。到了 17 世紀，伽利略已經通過對話的形式正確地給出相對性原理的基本內容。牛頓雖然認為存在絕對空間，同時認為轉動是絕對運動，但他還是認為各個慣性系是等價的。應該說，牛頓在他的理論中應用了相對性原理。

到了 1900 年前後，雖然勞侖茲等人考慮放棄相對性原理，但由於馬赫對牛頓絕對時空觀的勇敢批判，深受馬赫影響的愛因斯坦因而意識到應該堅持「相對性原理」。

然而，僅僅認識到堅持「相對性原理」，還不足以建立相對論。龐加萊已經正確地闡述了「相對性原理」，並認識到了真空中的光速可能是一個常數，甚至認識到光速可能是極限速度，但是他仍未能建立相對論。這是因為建立相對論還必須實現觀念上的另一個更為重要的突破：認識到光速的絕對性，即「光速不變原理」。

愛因斯坦曾明確指出，狹義相對論與（伽利略和牛頓建立的）經典力學都滿足相對性原理，「因此，使狹義相對論脫離經典力學的並非相對性原理這一假設，而是光在真空中速度不變的假設。它與狹義相對性原理相結合，用眾所周知的方法推出了同時的相對性，勞侖茲變換及有關運動物體與運動時鐘行為的規律。」

這就是說，承認相對性原理，又承認光速絕對性，必將導致時間觀念發生根本變化：「同時」這個概念不再是「絕對」的，而是「相對」的了。同時的相對性與人們的日常觀念嚴重衝突，非常不易被接受。所以認識到「光速的絕對性」，進而認識到「同時的相對性」，是建立相對論過程中最困難也最重要的物理思想突破。

愛因斯坦是相對論的唯一締造者

1905 年前後，許多人都已接近相對論（狹義相對論）的發現，在愛因斯坦的論文發表之前，費茲傑羅和勞侖茲早已提出勞侖茲收縮，佛柯特、拉摩、費茲傑羅、勞侖茲早已給出勞侖茲變換，拉摩已經給出了運動時鐘變慢的公式，勞侖茲已經給出了質量公式（1.6），龐加萊已經正確地闡述了相對性原理，並推測真空中的光速可能是常數，而且可能是極限速度。此外，在一些特殊的情況下，質能等價也已有人探討。

但是，提出「光速不變原理」的人是愛因斯坦，而不是其他人。正是「光速不變原理」，而不是「相對性原理」，形成了相對論與經典力學的分水嶺。另外，只有愛因斯坦拋棄了乙太理論，從而徹底拋棄了「絕對空間」，因而最徹底地堅持了「相對性原理」。而且首先正確闡述相對論，認識到它是一個時空理論，並給出完整理論體系和幾乎全部結論的也是愛因斯坦，而不是別

人。所以說，愛因斯坦是相對論的唯一發現者。

事實上，在相對論發表之後，勞侖茲和龐加萊都曾反對它。勞侖茲後來接受了相對論，龐加萊則至死都未發表過贊同相對論的言論。

勞侖茲抱著絕對空間和乙太概念不放，甚至主張放棄相對性原理。龐加萊雖然堅持相對性原理，主張放棄絕對空間，但他沒有放棄「乙太」。而承認「乙太」，實質上還是承認絕對空間的存在。

有一點需要解釋一下。在相對論誕生之前，龐加萊於 1900 年在《時間的度量》一文中曾經談到：「光具有不變的速度，尤其是，光速在所有方向都是相同的。這是一個公理，沒有這個公理，便不能試圖度量光速。」這句話中「光具有不變的速度」，似乎是指「光速不變原理」。但從上下文看，龐加萊這句話是針對測量光速說的。眾所周知，測量光速並不需要「光速不變原理」，但需要用「光速各向同性而且是一個常數」這一約定。他在這裡強調的是同一個參考系中光速是點點均勻且各向同性的，即光速是一個常數 c。而「光速不變原理」指的不是這一點，而是指光速在不同慣性系中相同。龐加萊從來沒有在任何一個地方明確指出過「不同慣性系中的光速相同」。而且，承認「光速不變原理」就將直接導致「同時相對性」的概念，龐加萊也沒有在任何地方談到過「同時的相對性」。因此不能根據這句話，認為龐加萊在相對論發表之前就已認識到了「光速不變原理」。

1900 年前後，龐加萊已是一位舉世聞名的數學大師，愛因斯坦不過是一名初出茅廬的青年學者。龐加萊為相對論的誕生做了許多重要的基礎性工作。他正確指出時間的測量依賴於對訊號傳播速度的約定。具體來說就是他認為「測量時間」需要首先「約定」（或者說「規定」）光速，他建議約定真空中的光速各向同性而且是一個常數。龐加萊正確地闡述了相對性原理，指

出了勞侖茲理論的不足。一些學者認為相對論應是龐加萊與愛因斯坦共同建立的。

愛因斯坦與龐加萊只在學術會議上見過一次面。青年愛因斯坦當時非常渴望龐加萊支持相對論。那次會面回來後，愛因斯坦很沮喪，告訴他的朋友:「龐加萊根本不懂相對論。」事實上，龐加萊直到去世也未發表過贊同「相對論」的意見。

龐加萊對愛因斯坦的評價不太高。他去世前不久，應蘇黎世聯邦理工學院的邀請，對愛因斯坦申請教授職位發表了以下意見:「愛因斯坦先生是我所知道的最有創造思想的人物之一，儘管他還很年輕，但已經在當代第一流科學家中享有崇高的地位。……不過，我想說，並不是他的所有期待都能在實驗的時候經得住檢驗。相反的，因為他在不同方向上摸索，我們應該想到他所走的路，大多數都是死路一條。不過，我們同時也應該希望，他所指出的方向中會有一個是正確的，這就足夠了。」後來的研究表明，歷史與這位數學大師開了一個極大的玩笑：愛因斯坦在 1905 年指出的所有方向都是正確的。

有學者指出，勞侖茲與龐加萊都曾非常接近相對論的發現。但是勞侖茲只有近距離的眼光，沒有遠距離的眼光，他只重視實驗與觀測，缺乏哲學思考；龐加萊只有遠距離的眼光，缺乏近距離的眼光，他只重視數學和哲學思考，但忽視實驗與觀測。愛因斯坦兩者兼有；既重視實驗與觀測，又重視哲學思考。最終，勞侖茲與龐加萊都沒有發現相對論，只有愛因斯坦發現了它。

不過，愛因斯坦也承認許多人已經接近了狹義相對論的發現。他後來說：「如果我不發現狹義相對論，5 年之內就會有人發現。」

第二講　彎曲的時空
——廣義相對論

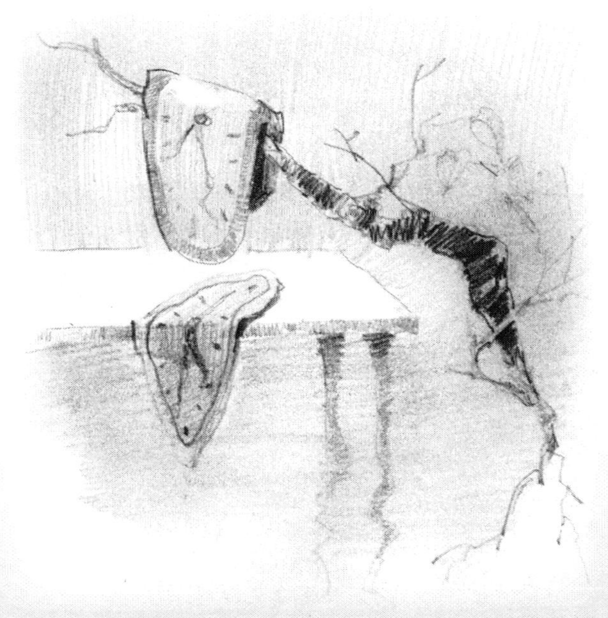

圖：繪畫：張京

這一講介紹愛因斯坦一生最得意的成就 —— 廣義相對論。

首先要說明，相對論這個名字不是愛因斯坦起的，而是勞侖茲起的。因為勞侖茲在愛因斯坦之前就提出了勞侖茲變換，但他完全是根據絕對空間得到的。愛因斯坦的理論出來以後，得到的慣性系之間的座標變換公式與勞侖茲變換相同，但是物理解釋卻很不一樣。勞侖茲為了在辯論的時候分清楚兩人的理論，就給愛因斯坦的理論取了個名字叫「相對論」，愛因斯坦覺得這名字可以用，就接受了。「相對論」這個名字就留下來了。但當時所說的相對論指的是狹義相對論，就是上一講的那一部分內容，是討論高速運動的物體會有什麼特點的理論。

1. 狹義相對論的困難

牛頓的力學完成的時候，物理學界都感到一片明朗，好像什麼問題都搞清楚了，所以英國的一位詩人 —— 波普，寫了一首詩讚美牛頓，說：

自然界與自然界的規律隱藏在黑暗中，

上帝說：「讓牛頓去吧！」

於是一切成為光明。

可是相對論出來以後，這些感到光明的人大部分都感到困惑，聽不懂相對論，當時能夠聽懂相對論的人是鳳毛麟角。連一般人都弄不懂，就有人開始懷疑。但是大部分的物理學家們，通常不敢有什麼意見。因為相對論出來以後，就有幾位著名的物理學家說它是對的，比如德國的普朗克、能斯特、勞厄，法國的居禮夫人、朗之萬，還有英國的愛丁頓，這些人都是很棒的物

理學家，他們都說相對論正確，而且予以很高的評價。所以那些自己覺得相對論不對的人，也不敢任意批評，但相當懷疑相對論的正確性。另一位詩人就把波普的詩給續了一段：

但不久，魔鬼說：「讓愛因斯坦去吧。」

於是一切又回到黑暗中。

愛因斯坦的相對論到底有沒有問題呢？當時的情況是這樣，凡是覺得它有問題的人，說的那些問題其實都不是問題，都是自己沒有弄懂相對論造成的。但是相對論真的有問題。愛因斯坦本人意識到了他的相對論有問題。

慣性系無法定義

那麼愛因斯坦覺得他的相對論有什麼問題呢？他的相對論建立在相對性原理和光速不變原理這兩條原理的基礎之上，它用到一個很基本的概念，就是慣性系。他知道自己的理論建立在慣性系的基礎上，可是慣性系卻無法定義。

為什麼無法定義呢？牛頓認為存在一個絕對空間，牛頓說凡是相對於絕對空間靜止或者作等速直線運動的參考系就是慣性系。現在沒有絕對空間了，那麼慣性系就不好定義了。最初的一些人，甚至後來的很多人都認為，似乎可以用牛頓第一定律來定義慣性系：如果一個不受力的質點，在參考系中保持靜止或者等速直線運動的話，這個參考系就是一個慣性系。也就是說用牛頓第一定律來定義慣性系。很多人認為可以，其實不行。

愛因斯坦很快就意識到了這個定義不行。為什麼不行呢？如果人家問你：你怎麼知道這個質點沒有受力呢？得先定義「沒受力」這件事。有人可能會說，沒有與其他物體碰在一起就是沒受力啊！這不一定，像電磁力可以作用

在帶電或磁的物體上，但卻是看不見的。較為正確的一個定義是說，在慣性系當中，一個質點保持靜止或者等速直線運動狀態，它就「不受力」。但是這種定義方式，定義「慣性系」要用到「不受力」這個概念，定義「不受力」又要用到「慣性系」這個概念，成了一個邏輯迴圈，所以是不行的。愛因斯坦意識到慣性系的定義有了問題，這使相對論的基礎變得可疑了，必須解決這個問題。

愛因斯坦反覆思考慣性系如何定義，百思不得其解。有的人可能一輩子就研究這個定義了。但愛因斯坦的思路確實跟別人不一樣。他開始想別的辦法了。愛因斯坦想：慣性系既然不好定義，我就乾脆不要慣性系了。我把相對性原理推廣，推廣到任意參考系。不是說物理規律在所有的慣性系當中都一樣，而是說物理規律在所有的參考系中都一樣。不要慣性系，定義慣性系的困難自然就不存在了。他這個想法很好。但是，不要慣性系，馬上就有一個問題。慣性力怎麼辦？所有的非慣性系都存在慣性力，比如說一個轉動的參考系，它有慣性離心力，有科氏力。一個加速系中的所有物體，都會受到反方向的慣性力。這些慣性力怎麼處理？愛因斯坦覺得這仍然是個問題。

萬有引力定律放不進相對論的框架

愛因斯坦注意到，自己的「相對論」還存在另外一個問題，就是萬有引力定律寫不進相對論的框架。當時只知道兩種力，電磁力和萬有引力，電磁學是跟相對論一致的，但萬有引力卻放不進相對論的框架，愛因斯坦覺得很遺憾。所以他也一直考慮這個問題，想把萬有引力定律加進相對論的框架。努力了一段時間，但始終加不進去。

不過，愛因斯坦很快就注意到，萬有引力和慣性力有相同的地方。什麼

地方呢？就是都與質量成正比。別的力不一定和質量成正比，只有萬有引力和慣性力這兩種力是跟質量成正比的。他覺得這兩種力好像有點什麼關係。他覺得自己所認為的相對論的兩個困難，一個與慣性系有關，另一個與萬有引力有關。這兩個困難莫非本質上是同一困難？於是他開始把這兩個困難放在一起考慮。

當時已有人對慣性力的起源作過一些猜想。大家都知道，除去慣性力以外所有的力都起源於相互作用，都有對應的反作用力。但是慣性力不起源於相互作用，它不滿足牛頓第三定律，不存在對應的反作用力。

有絕對空間嗎？

為什麼會有慣性力呢？牛頓認為存在一個「絕對空間」，當一個物體相對於絕對空間加速的時候，就會受到慣性力，如果它不相對於絕對空間加速就不會受到慣性力。牛頓是在存在絕對空間的前提下來解釋慣性力的。後來奧地利有一位物理學家馬赫，這人是個普通的物理學家，他的貢獻主要是空氣動力學中的「馬赫數」，。馬赫雖然對物理學的具體貢獻不是太大，但他對愛因斯坦有重大影響。他批判過牛頓，認為牛頓說的絕對空間根本就不存在，所有的運動都是相對的。愛因斯坦在大學剛畢業時看過馬赫的書，「馬赫說得對，所有的運動都是相對的，根本就不存在絕對空間。」所以愛因斯坦不願意放棄相對性原理。馬赫的這一思想引導他建立了狹義相對論。

牛頓的水桶實驗

牛頓當時為了論證絕對空間的存在，也為了論證慣性力起源於相對於絕對空間的加速，曾經提出過一個思考實驗，叫水桶實驗。如圖 2-1 所示，他

設想有一個桶，裡面裝有水。桶靜止，水也靜止的時候，水面是平的（見圖 2-1(a)）；然後讓水桶以角速度 ω 轉起來，剛開始的時候由於桶壁的摩擦力小，水沒有帶動起來，桶轉水不轉，水面還是平的（圖 2-1(b)）；然後水慢慢被帶動起來了，跟桶一塊轉，這時候水面就成凹的了，這是第三種情況（圖 2-1(c)）；第四種情況，桶突然停止，水還在轉，這時候水面仍然保持凹形（圖 2-1(d)）。為什麼呢？牛頓說三、四這兩種情況水受到了慣性離心力，而一、二這兩種情況水沒有受到慣性離心力。

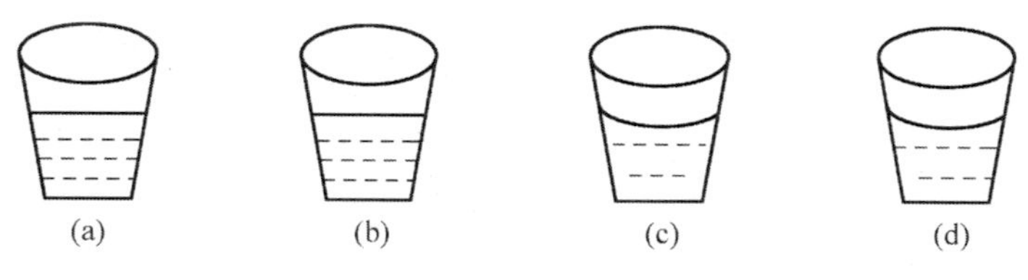

圖 2-1 水桶實驗

一、三這兩種情況水相對於桶都是靜止的，但情況一水沒有受到慣性離心力，情況三受到了慣性離心力。二、四這兩種情況水相對於桶都是轉動的，但情況二水未受到慣性離心力，情況四卻受到了慣性離心力。看來是否受到慣性力跟水相對於桶的轉動無關。

牛頓說，這個實驗表明，是否受到慣性力跟水相對於桶的轉動無關。那麼跟什麼有關呢？牛頓說，水桶實驗表明存在一個絕對空間，只有相對於絕對空間的加速才是真加速，相對於絕對空間的轉動才是真轉動，才會受到慣性離心力。當時的物理學家都知道牛頓的水桶實驗。牛頓用水桶實驗論證了絕對空間的存在，同時也說明了轉動是一種絕對運動。

馬赫對牛頓的反駁

倘若馬赫跳出來說：「牛頓錯了。」他就要處理這個實驗得到的結果。馬

赫反駁牛頓，說根本沒有絕對空間，所有的運動都是相對的，那慣性力怎麼起源的呢？馬赫說水是否受到慣性力，跟水相對於桶的轉動關係不大，他沒說完全沒有關係，只說關係不大。他認為，慣性力是宇宙中所有作相對加速的物質施加的作用。比如說，水如果相對於宇宙中所有物質轉動的話，就相當於水不動，宇宙中所有物質反著轉，那麼這些反向旋轉的物質都對水施加一種作用，水就會受到慣性離心力。桶有沒有影響？有，但桶的質量跟整個宇宙的質量相比是可以忽略的，所以桶對水的影響可以忽略。因此他認為，慣性力起源於相對於宇宙中所有物質的加速或者轉動，起源於作相對加速運動的物質施加的作用。愛因斯坦看過馬赫的書後，覺得馬赫是對的。按照馬赫的思路，慣性力也起源於相互作用，這種相互作用跟萬有引力有些相似，都與物質的成分和結構無關，只與它們的質量有關。馬赫的思想加深了愛因斯坦的猜測：萬有引力和慣性力之間可能有內在關係。

2. 等效原理

引力質量與慣性質量相等

這時候愛因斯坦進一步思考了一個問題，就是質量定義的問題。牛頓的《自然哲學之數學原理》是一部很完備的書，裡面沒有太多漏洞，邏輯關係非常縝密。牛頓談到了質量的定義，說「質量就是物質的量，質量等於體積和密度的乘積」，「質量正比於重量」，這些是他的原話。所以，「質量是物質的量」其實指的是物質的萬有引力效應。牛頓在那本書的另外一個地方談到質量是跟物體的慣性成正比的，那是跟牛頓第二定律有關的。牛頓意識到了用

慣性效應來定義的質量和用引力效應來定義的質量可能不是一個東西。也就是說，質量有兩種，一種是慣性質量 m_I，另一種是引力質量 m_g。這個 g 代表引力，牛頓的萬有引力。

根據牛頓的判斷，他覺得這兩種質量不是一個東西。但實驗表明呢，這兩種質量可能是相等的。為什麼呢？大家來看自由落體定律。自由落體運動，按照牛頓的理論，是在萬有引力作用下的加速運動。萬有引力可以用引力場強 g 乘以引力質量得到：

$$F = G\frac{Mm_g}{r^2} = m_g g \tag{2.1}$$

牛頓第二定律是

$$F = m_I a \tag{2.2}$$

這兩個相等，就是

$$m_g g = m_I a \tag{2.3}$$

自由落體定律告訴我們，不管任何物體，加速度 a 都是等於 g 的，所有的物體不管質量，不管化學成分，它們的加速度都是一樣的。如果加速度 a 與 g 恆相等，那麼 m_I 與 m_g 就相等。所以自由落體定律告訴我們，引力質量和慣性質量是相等的。

但是這個實驗太粗糙了，於是牛頓又想用單擺實驗來檢驗它。大家通常看到的單擺公式都是

$$T = 2\pi\sqrt{\frac{l}{g}} \tag{2.4}$$

實際上你們注意，在用微分方程式推導的時候，質量 m 出現在方程的兩邊，一邊代表引力質量，另一邊代表慣性質量。只不過我們在講理論力學的時候，不區分這兩種質量，於是就抵消掉了。其實這兩個質量定義不一

樣。牛頓注意到了這一點。如果你把這兩個 m 保留的話，單擺週期公式就成為這樣的

$$T = 2\pi\sqrt{\frac{m_I l}{m_g g}} \tag{2.5}$$

如果這兩個質量對於不同的物體有差異，m_I/m_g 對各種物體不是同一個常數的話，單擺運動的週期，對不同物體就會有所不同。但牛頓沒有觀測到這種不同。他在千分之一的精度範圍內證明了引力質量等於慣性質量。

和愛因斯坦同時代的匈牙利物理學家厄特沃什（Loránd Eötvös），他用扭擺實驗在 10^{-8} 的精度之內沒有觀察到引力質量和慣性質量的差異。相對論發表以後，美國的迪克（Robert H. Dicke）做到 10^{-11}，俄羅斯的布拉金斯基做到 10^{-12}，都嚴格地證明了引力質量和慣性質量相等。在愛因斯坦那個時代，精度最高的是厄特沃什的實驗。愛因斯坦研究引力理論時，也知道這個實驗。

等效原理：萬有引力與慣性力等效

那時候愛因斯坦整天反覆思考著引力與慣性力的問題。他當時還在專利局工作。有一天，他坐在辦公桌旁思考：假如有一個人從樓上掉下來會是什麼感覺呢？他想這個人可能是失重的感覺，沒有重量。愛因斯坦後來說，這是他思想上的一次大的突破，這件事情引導他走向了廣義相對論。

很快，愛因斯坦就提出了等效原理。這個原理是什麼意思呢？就是萬有引力和慣性力是等效的，是無法區分的。他說，如果有一個升降機（圖 2-2），外邊是封閉的，裡面的人看不見外面。升降機停在地球的表面上，裡面的人具有重量。如果這個人拿著一個蘋果，一鬆手這個蘋果就落地。同樣的，假如他處在遠離所有星球的宇宙空間當中，在一個火箭裡面，雖然他沒有受到重力，但是火箭在以加速度 a 加速，他也同樣會感覺有重量，而且蘋果會落地。也就是說，如果這個升降機是封閉的。他無法區分自己究竟是在一個有引力的星球表面上靜止不動呢，還是在一個遠離星球的地方作加速運動。再有一種情況，假如電梯的繩子斷了，在地球重力場當中自由下落，自由落體，電梯裡的人就會有失重的感覺。假如他在遠離所有星球的地方作慣性運動的話，他是不是也會感受到失重？現在我們知道太空人就是這樣的，他會感受到失重。他無法區分自己究竟是在引力場中自由下落呢，還是在不存在引力的空間中作慣性運動。因此引力場和慣性場是等效的，是不能區分的，這叫等效原理。

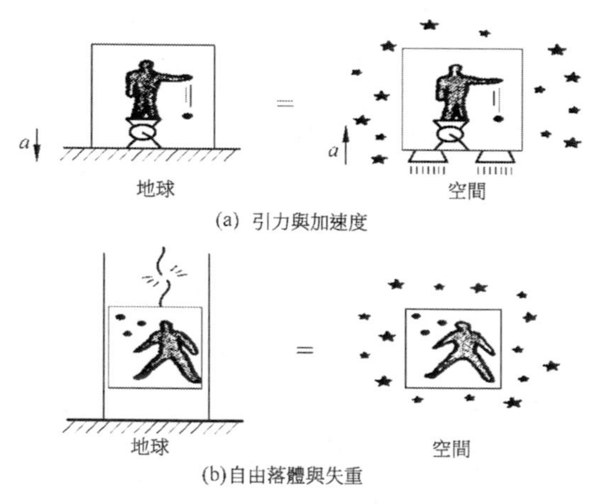

圖 2-2 愛因斯坦升降機

不過，引力場和慣性場的等效只在時空點的一點的鄰域成立。只有在升降機無窮小的時候，引力場和慣性場才是不能區分的。假如升降機有一定大小，例如我們通常的電梯都有一定的大小，如果你在電梯地板的每一點都擺一個重力儀的話，你就會感覺到力線有一個向地心的匯聚效應。而你要在太空航行的火箭上擺上重力儀的話，力線就是平行的，所以在空間不是無窮小

的情況下，還是能區分引力場和慣性力場的。這是學習等效原理最應該注意的一點。等效原理還分弱等效原理、強等效原理，由於時間關係我們就不說了。

思想的飛躍：引力可能是幾何效應

愛因斯坦到這個時候，物理上的思考已經開始有了眉目。他覺得:第一，為了克服慣性系定義的困難，可以把相對性原理推廣為廣義相對性原理，就是說不用慣性系了，認為在所有的參考系中物理規律都一樣。不過這時候會出現慣性力的困難。此時，他認識到了慣性力的困難跟萬有引力的困難可能是同一個困難。而且這個時候他思想產生了一次重大的飛躍，就是認為萬有引力可能不是真正的力，而是一種幾何效應。他為什麼會這麼想？因為對於自由落體定律，任何物體不管質量、化學成分和物質結構，下落規律都一樣。如果只看自由落體定律，還看不清楚的話，你還可以考慮斜拋物體。在真空當中以某一個角度斜拋一個物體，不管是個金球、鐵球還是個木頭球，如果拋射角度保持不變，球脫離彈射器時的初速也保持不變，那麼它們描出的軌跡就都一樣。跟它們的成分、質量、物理性質和化學性質都毫無關係。這跟所有的物理定律都不一樣，一般物理定律和化學定律都是跟物質的成分、結構、質量等有關的。但自由落體和斜拋物體是完全在單純的萬有引力作用下按照牛頓定律運動，這類運動的規律跟物質的成分和質量都沒有關係。這時愛因斯坦突然想到這類運動會不會是一種幾何效應，因為幾何效應肯定與物體的質量、成分無關。這是非常非常大膽的、思想上的飛躍。

所有的創新性的發現都不是靠著邏輯推理推出來的。邏輯推理推出的只會是已有結論的另一種表現形式，或者一些特殊情況下的例子。所有真正的

科學發現都是猜出來的，然後用實驗去驗證。

3. 神奇的黎曼幾何

愛因斯坦猜測萬有引力可能是時空彎曲的表現，那麼這時候他就要用到彎曲時空當中的幾何學了。於是愛因斯坦找他的同學格羅斯曼幫忙。格羅斯曼留在蘇黎世聯邦理工學院以後，主要研究數學，當時已是數學物理系主任。他查了一些資料後告訴愛因斯坦，現在有些義大利人正在研究黎曼幾何，可能這個東西對你有用。後來，格羅斯曼也參加了愛因斯坦的研究，所以愛因斯坦探索廣義相對論的早期論文有些是跟格羅斯曼合作的。

那時候已經有了黎曼幾何，其實愛因斯坦對黎曼幾何不是完全生疏的。愛因斯坦在專利局工作期間，與幾個年輕人自發組織了一個讀書俱樂部，他們取了個名字叫「奧林匹亞科學院」，就那麼三四個人，有學物理的，有學數學的，有學工程的，還有學哲學的。大家在一起讀一些科學、數學、哲學或其他方面的書，邊讀邊討論。他們經常在愛因斯坦家裡讀書。愛因斯坦的夫人米列娃常常坐在旁邊，但是她通常不發言，只是靜靜地聽他們討論。他們當時看過馬赫的《力學史評》，還看過龐加萊的《科學與假設》，龐加萊在這本書裡用科普的方式提到了一點黎曼幾何。

「平行公理」導致的疑難

為了讓大家更清楚地了解彎曲時空中的幾何學，我們簡單說幾句黎曼幾何的建立。我們先說歐幾里得幾何。西元前 300 多年，埃及被希臘人占領，當時埃及的國王是希臘人，姓托勒密。托勒密一世和二世國王非常喜歡

科學和建設，他們建了一個亞歷山大科學院，就在埃及北部的海港城市亞歷山大。還設立了科學基金資助科學家們進行研究。歐幾里得就在那個地方工作，他把古埃及人研究大地測量、研究尼羅河氾濫後平分土地、修建金字塔等積累的幾何知識總結成一本書，就是介紹歐幾里得幾何的名著《幾何原本》。我們無法確定歐幾里得之前的人的貢獻，但能確定是在他那個時候集其大成。

歐幾里得幾何裡面有很多公理。從這些公理可以推出所有的定理和推論。其中有個第五公理，就是平行公理。我們大家都知道，就是過直線外一點能引一條並且只能引一條直線跟原直線平行。很多人覺得這個公理有點長，是不是可以從其他的公理推出來。於是就有許多數學家試圖推導，推了一千多年、兩千年左右，所有的人都推不出來。或者有時候高興一下，說：「推出來了！只要假設三角形三內角之和是 180°就可以推出來。」但是，這是一個同等的假設，假設三角形三內角和為 180°，跟假設平行公理是一個事情，反正得假設一個，所以還是沒有證出來。很多人為此耗費了自己的畢生精力。

鮑耶與高斯的探索

最早對平行公理的研究做出突破性貢獻的人之一，是匈牙利年輕數學家鮑耶。鮑耶當時在一個數學系學習，他父親是高斯的同學。鮑耶在證明平行公理的時候使用了反證法，他想，假如過直線外的一點可以引兩條以上的直線跟它平行，那會怎麼樣呢？原本他想推出錯誤來，結果怎麼也推不出來。他突然靈機一動：是不是可以建立另外一種幾何，假定過直線外的一點可以引兩條以上的平行線，這樣就能建立一套完備的新幾何。他把自己的想法告

訴了父親，他父親一聽兒子在研究這個，非常難過，說：「我就是因為研究這個，最後幾乎一輩子一事無成啊！你可千萬別跟我一樣。」後來，他父親仔細看了鮑耶寫的東西，覺得兒子的研究也許還真有點道理，於是挺高興，就把這些東西寫信告訴高斯。高斯看了以後說：「我實在無法讚美你的兒子，因為讚美他就等於讚美我自己，其實你兒子的想法我前些年就有了。」 鮑耶聽了以後非常生氣，覺得高斯是想用自己的名望來篡奪他的研究成果，一氣之下不管了。他父親最後把兒子的成果作為附錄，附在自己出版的一本數學教科書後面。由此，世人才知道鮑耶的重大貢獻。

羅巴切夫斯基的奮鬥

不過最早提出並建立完整的新幾何的人，不是鮑耶，而是俄羅斯喀山大學的教授羅巴切夫斯基。他也在研究平行公理，也是用反證法，最後他也想到，會不會過直線外一點可以引一條以上的平行線，那樣的話是不是可以得到一種新幾何。他就把論文寄給聖彼得堡科學院，聖彼得堡科學院的院士們一看，這個教授簡直是胡說八道，過直線外一點怎麼可以引兩條平行線啊！不久，羅巴切夫斯基再度來信，又發來論文了。科學院的人議論紛紛，就做了一個決議，說是以後凡是羅巴切夫斯基先生有關這方面的論文，我們都可以不必審稿了，一律不要。羅巴切夫斯基只好把論文發表在喀山大學學報上，這些論文比鮑耶的工作還要早兩年。由於在國內得不到支持，羅巴切夫斯基後來就到歐洲去周遊交流，看看大家的反應怎麼樣。結果沒有一個人表態支持他。他到德國發表了演講，高斯聽了演講，沒有說什麼，當時高斯已經很老了。高斯只是建議德國科學院授予他通訊院士的稱號，但是沒有提他建立新幾何的事。高斯在自己的日記和給朋友的信中說：「我相信，當時在

場只有我一個人聽懂了羅巴切夫斯基先生在講什麼內容。」但是高斯不敢表態。為什麼呢？因為歐幾里得幾何受教會支持，哥白尼、布魯諾（Giordano Bruno）他們的前車之鑑，使高斯有所顧慮。所以他不表達意見。高斯去世以後，這些東西才被後人發現。羅巴切夫斯基從歐洲回去以後，因為德國人也承認了他的學術能力，後來他當上了喀山大學的校長，繼續研究新幾何。但是俄羅斯國內還是沒有人承認。羅巴切夫斯基晚年雙目失明，最後靠著口述，並由學生記載，把他的新幾何記錄下來，也就是雙曲幾何，又名羅氏幾何。

黎曼集其大成

過了些年以後，又有一個年輕的數學家黎曼提出：過直線外一點一條平行線也引不出來，以這條公理為基礎建立起另一套幾何，這就是黎氏幾何。黎曼又把歐式幾何、羅氏幾何、黎氏幾何綜合起來統一成黎曼幾何。他以上述研究報告在哥廷根大學求職，為的是爭取一個講師的位置。由此可見，哥廷根大學的數學水準有多高了！

什麼是黎曼幾何？

實際上，黎氏幾何是一種正曲率空間的幾何，在二維情況下，就是球面幾何（圖 2-3(a)）；羅氏幾何是一種負曲率空間的幾何（圖 2-3(b)），在二維情況下，就是偽球面和馬鞍面上的幾何；而歐幾里得幾何是一種零曲率空間的幾何，在二維情況下，就是平面上的幾何。它們描述不同曲率的空間，如表 2-1 所列，三種幾何都對。

2-1 三種幾何的對比

	空間曲率	平行線	三角形三內角之和	圓周率	例
黎氏幾何	正	無	>180°	<π	球面
歐氏幾何	零	一條	=180°	=π	平面
羅氏幾何	負	兩條以上	<180°	>π	偽球面

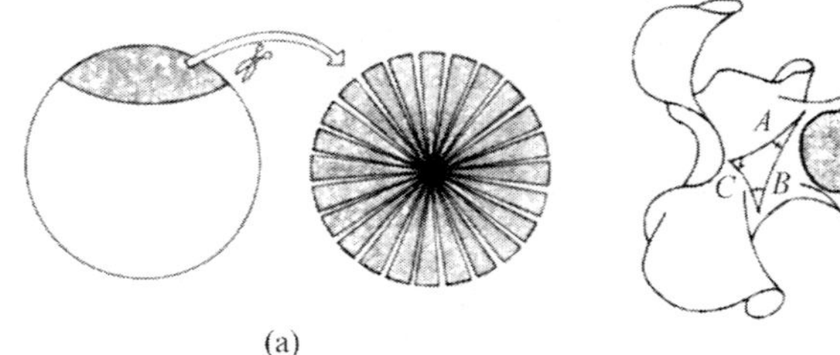

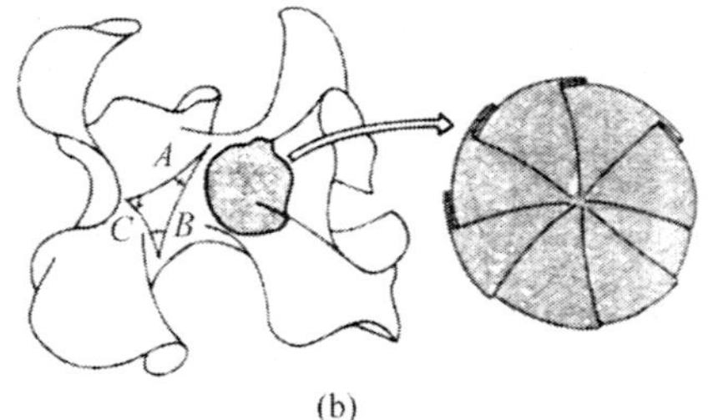

(a)　(b)

圖 2-3 正負曲率的空間

那麼在彎曲空間當中，怎麼定義直線呢？顯然沒有直線！但有短程線。所謂短程線就是兩點之間最短的線。因為偽球面和馬鞍面大家不那麼熟悉，我們以球面幾何為例來說明彎曲空間中的幾何（圖 2-4）。球面上的短程線就是大圓周，你用球表面上的兩點和球心這三點作一個平面，截出來的那個圓周——大圓周，就是短程線。

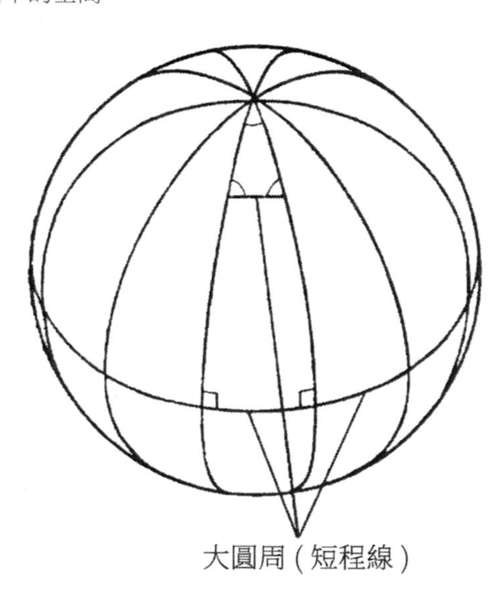

圖 2-4 球面上的大圓周和三角形的三內角

比如說，赤道是短程線，所有的經線都是短程線，但是除去赤道外所有的緯線都不是短程線，因為它們都不是大圓周（圖 2-4）。地球表面兩點之間最短的距離是沿大圓周的，所以從中國飛

往美國和加拿大的飛機，並不是直接向東橫越太平洋。它是起飛以後往東北方向，穿過俄羅斯的西伯利亞，一直飛到白令海峽的北邊，貼著阿拉斯加的北部沿海飛過去，再進入加拿大，進入美國。有人說：「這不是繞了一個大圈嗎？」不是繞了個大圈，那其實是最近的路線。黎氏幾何，過直線外的一點引不出一條平行線是指什麼呢？是指在一個大圓周之外，你不能再作一個大圓周跟它不相交。譬如說，赤道是個大圓周，還能在赤道外再作一個大圓周跟它不相交嗎？根本不可能。補充一點，在黎氏幾何中三角形三內角之和是大於 180°的。

4. 廣義相對論的建立

愛因斯坦重力場方程式

在愛因斯坦的時代，黎曼幾何已經有了。愛因斯坦在格羅斯曼的幫助下熟悉了黎曼幾何，但是剛開始摸索的時候並沒有得到正確的方程式。後來他到了德國，與希爾伯特進行了幾次討論以後，終於找到了正確的方程式。這就是廣義相對論的基本方程式 —— 愛因斯坦方程式，或叫重力場方程式，

$$R_{\mu\nu}-\frac{1}{2}g_{\mu\nu}R=\kappa T_{\mu\nu} \tag{2.6}$$

式中，左邊是時空曲率，右邊是物質的能量動量，常數 κ 實際上是 $8\pi G/c^4$，G 就是萬有引力常數，c 是真空中的光速。看起來簡單，實際上它是二階非線性偏微分方程式組，10 個二階非線性偏微分方程式組成的方程組，左邊表示時空彎曲，右邊表示物質的存在。這就是廣義相對論的最基本的

方程式。這個方程式解起來很困難，誰如果能求出來一個解，就可以以他的名字命名。到目前為止，有用的解沒有幾個，大部分解雖然數學上正確，但是物理上找不到對應，物理學家興趣不大。因為物理學是一門實驗和測量的科學。

萬有引力不是力

現在來解釋一下彎曲的時空。舉個例子，我拿著一枝粉筆，一鬆手它就掉下來了，按照牛頓第二定律和萬有引力定律，這是一個在萬有引力作用下的等加速直線運動。按照愛因斯坦的廣義相對論，萬有引力根本就不是什麼力，只是時空彎曲的表現，鬆手之前我用了力抓著粉筆，一鬆手這枝粉筆就沒有受到力了，就自由下落，它作的是慣性運動。

再看行星繞日的運動，行星繞日的運動可以用萬有引力定律和牛頓第二定律聯立起來，嚴格地計算出它的橢圓軌道。現在我們發射人造衛星，也全部用的是牛頓力學，因為牛頓力學計算起來簡單，而且在太陽引力場中足夠精確。如果你用廣義相對論的方程算，那就複雜多了。用牛頓第二定律和萬有引力定律的聯立，我們能夠非常準確地預報衛星在幾點幾分過什麼地方。按照牛頓力學，太陽用萬有引力吸引著地球，使地球依照牛頓第二定律，圍繞著它轉，走一個橢圓軌道，這是一種變速率運動。但是按照愛因斯坦的廣義相對論，這是慣性運動，因為萬有引力不是力，行星沒有受任何力，繞著太陽轉動是一種慣性運動，沒有受到任何力的自由運動。

如何理解彎曲時空

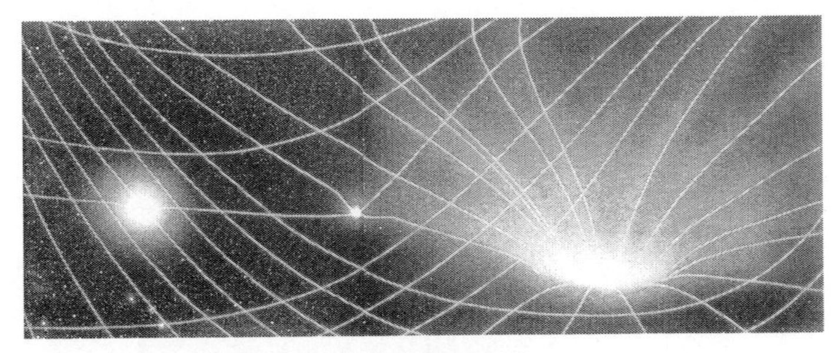

圖 2-5 彎曲的時空

圖 2-5 是一個示意圖，一顆恆星把周圍的空間壓彎了，這不是什麼真正的物理圖。我們可以打個比方，比如說四個人拉開一張床單，床單是平的，小玻璃球放在上面不動，你一滾它就作等速直線運動。但是如果床單中間放上一個鉛球，就把床單壓彎了。再將玻璃球放在上面，玻璃球不動行不行？不行。它會滾到鉛球那裡去。我們可以把鉛球想像成地球，這個玻璃球想像成粉筆，它滾過去了。按照牛頓公式的解釋，就是那鉛球（地球）用萬有引力吸引這個玻璃球（粉筆）；而按照愛因斯坦式的解釋，鉛球（地球）使周圍的空間彎了，在彎曲的空間當中，這個玻璃球（粉筆）就自然地滾過去了。同樣地，你可以把那個鉛球看作太陽，把玻璃球看作地球，橫著一丟，它就轉起來了。這個玻璃球（地球）為什麼不跑掉呢？也就是說行星為什麼不逃離太陽呢？按照牛頓力學的解釋，就是這個鉛球（太陽）用萬有引力吸引著玻璃球（地球），它跑不了；按照愛因斯坦的解釋，就是鉛球（太陽）讓周圍的空間彎了，在彎曲空間中，玻璃球（地球）作自由運動。也就是說，太陽讓周圍的時空彎了，在彎曲時空中，地球作自由運動，這個自由運動就是圍著太陽轉，所以它跑不了。這是一種較易懂的比喻。愛因斯坦認為，萬有引力不是真正的力，而是時空彎曲的表現。行星繞日的運動是彎曲時空中的慣

性運動。

伽利略的「錯誤」

順便談一下伽利略，很多人認為他犯了一個錯誤。伽利略當時在談論慣性運動的時候，對這個概念進行過解釋。伽利略認為什麼是慣性運動呢？他說靜止或者等速直線運動是慣性運動；再者，等速圓周運動也是慣性運動。人們長期認為後者是伽利略的一個錯誤。

如今，我們曉得等速圓周運動確實不是慣性運動，但是伽利略為什麼要說等速圓周運動是慣性運動？最重要的就是那時候，不管是日心說還是地心說，都認為行星在作圓周運動。比如日心說，太陽在中心，地球圍繞它旋轉，這是一個圓周運動。地球為什麼一直轉，它又沒有受到力？伽利略猜想這可能是一種慣性運動。今天看來伽利略的猜測本質上還是對的，在他的潛意識裡，意識到了行星繞日的運動可能是慣性運動。

彎曲時空中的直線 —— 短程線

我們都知道，在地球表面上一個不受力的物體作的慣性運動是等速直線運動，走的是直線。那麼在彎曲空間當中，它走的是什麼呢？走的是所謂短程線，就是兩點之間最短的距離。不過呢，廣義相對論的情況實際上要複雜，因為它用的是「偽」黎曼幾何，就是時間的一項跟其他幾項的正負號不一樣，所以行星繞日走的這些軌道反而是兩點之間最長的那條，但是習慣上都叫短程線，或者叫測地線，實際上是最長的一條。可能有人以為行星繞太陽轉動的橢圓軌道就是短程線。不是！因為相對論所說的短程線是四維時空當中的曲線（即世界線），不是三維純空間中的曲線。我們可以假定太陽在三

維空間中不動，是一個點。但是在四維時空中它會描出一根與時間軸平行的直線來，那麼行星繞日走的就是螺旋線。在四維時空當中，這根螺旋線是短程線，是作慣性運動的行星描出的世界線。如圖 2-6 所示。

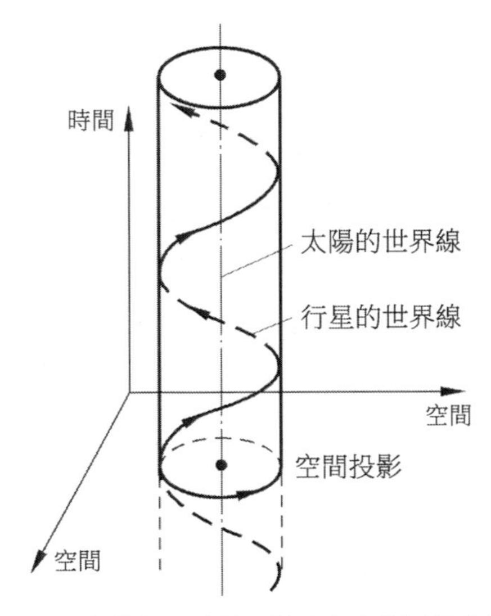

圖 2-6 太陽和行星在四維時空中的運動曲線

5. 廣義相對論的實驗驗證

現在我們來講一講廣義相對論的實驗驗證。愛因斯坦當年提出廣義相對論的時候就說：「有三個實驗可以證明我的廣義相對論是正確的。」

時鐘變慢與重力紅移

第一呢，他說，由於時空彎曲，鐘會走得比較慢，以前在狹義相對論中他說過運動的鐘會變慢，現在他又說還有一個新效應，就是鐘在時空彎曲的

地方也會變慢。時空彎曲得越厲害，鐘走得越慢。因此太陽表面的鐘會比地球表面的鐘走得慢。何以得知？可以在太陽表面放一個鐘，然後去看一下。但實際上你無法放那個鐘。怎麼辦呢？愛因斯坦說沒關係。其實，太陽表面本來就有鐘。他說每一種原子的光譜都有確定的光譜線。我們現在做化學分析不就是根據這些譜線的波長來判定化學元素嗎？他說：「每一種原子都有特定的光譜線，每一根光譜線就表示，在這個原子當中有一個以這種頻率在振盪著的鐘。」他說：「太陽表面有很多的氫，我們地球實驗室也有氫。我們可以把太陽光中的氫光譜，跟地球實驗室的氫光譜來比較，你就會發現由於太陽處的鐘變慢，太陽上的氫光譜的振動的頻率也要變慢。所以，太陽上的氫光譜的所有的光譜線會向紅端移動，頻率減小，波長增大。」大家對比過照片，發現果然如此。不過，用牛頓的萬有引力定律也能算出光譜線的紅移。為什麼？假使一個光子從太陽那裡跑過來，它得要克服重力位能。光子動能要減少，E 等於 $h\nu$，E 一旦減小，ν 也會減小。所以從牛頓力學來看，光譜線也會出現紅移。但是，對光譜線紅移的牛頓力學解釋和相對論解釋，在高階近似上是有差異的。

水星軌道近日點的進動

現在我們來談另外兩件事情。一件事是水星近日點的進動（圖 2-7）。牛頓力學算出來的行星繞日運動都是一些封閉的橢圓。但實際上我們看到的行星繞日運動都不是封閉的橢圓，它會進動，這樣一圈一圈地轉起來，近日點在不斷地前移。遠日點也在移，但是遠日點在天文觀測上不好確定，近日點的移動，容易確定。離太陽越近的行星，軌道進動越厲害。所以大家總以水星為例，以討論行星軌道近日點的進動。

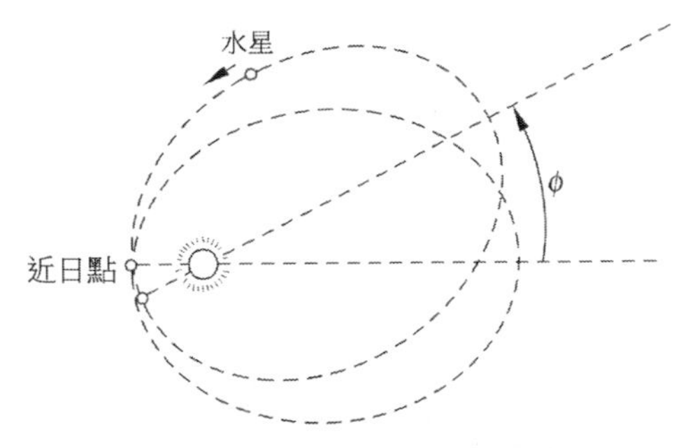

圖 2-7 水星軌道近日點的進動

在愛因斯坦的時代，已知水星繞太陽的軌道不是一個封閉的橢圓，人們用天文學上的「歲差」和其他行星的影響來解釋。當時觀測到水星軌道每一百年有 5600 弧秒的進動，把所有可能的影響因素都考慮進去以後，有 5557.62 弧秒的進動能得到解釋，但還有約 43 弧秒的進動無法解釋。最先研究這個問題的是勒威耶，就是預測並發現海王星的那個人。

海王星是法國的勒威耶和英國的亞當斯首先預測其位置，然後發現的。人們早就知道，除了地球以外還有五顆行星，就是金星、木星、水星、火星、土星五顆，這些是我們肉眼能看到的。天文望遠鏡出現以後又發現了天王星。後來發現天王星軌道的計算值跟實際觀測值有偏離。當時英國的亞當斯和法國的勒威耶都懷疑是不是有一顆比天王星離太陽更遠一點的行星對它有影響。亞當斯首先算出了結果，寄給了英國的格林威治天文臺，指出了這顆星的位置。格林威治天文臺的人一看，說：亞當斯？誰啊？從來沒聽說過。就放著不管了。勒威耶獨立算出來以後，就在科學雜誌上發表了自己的結果。英國天文臺的人看到勒威耶的文章後一想，我們的亞當斯不是也算過嗎？就把亞當斯的東西拿出來看。準備觀測一下，看是不是真的有一顆新的行星。正當英國人準備觀測的時候，勒威耶急於知道自己的預測對不對，就把他的論文寄給了柏林天文臺，因為法國的天文臺不如德國的好。柏林天文臺臺長拿到這封信後，立刻叫他的部下當天晚上就去觀測，結果一下就發現了海王星。這個報導一出來，英國人趕緊也去找，根據亞當斯的結論去找，也發現了海王星。所以海王星的發現，是萬有引力定律的一個偉大成就。因為它是用萬有引力定律預測的，首先準確地預測了它，把它算出來，然後由觀測證實。

勒威耶取得這個成就以後就想，水星軌道的進動，是不是因為有一顆比水星離太陽更近的行星造成的？他就反過來算出了這顆星的位置。他很高興又預測了一顆新行星。他給這顆新行星取名火神星，為什麼叫火神星呢？因為離太陽近，溫度高。於是有些人去觀測，但怎麼也找不到。一次，有個人真的看到了太陽表面上有個黑點在那兒動，以為發現了「火神星」，高興了一場，後來發現那顆「火神星」不過是個太陽黑子，不是行星。所以水星這個 43 弧秒的進動問題就留下來了。

幾十年以後，愛因斯坦的廣義相對論算出水星軌道正好就有 43 弧秒的進動。就是說，不考慮別的因素，水星繞太陽轉動的軌道就不是封閉的橢圓，一百年就有 43 弧秒的進動，水星軌道就不停地前移。愛因斯坦算出這一結果後特別高興，因為他事先知道有這個進動，他希望他的新理論能夠解釋這個進動，那麼就比牛頓的理論優越了。在給勞侖茲和其他朋友的信當中，愛因斯坦說：「我的新理論算出了水星軌道近日點的進動，我高興極了。你們知道我有多高興嗎？我一連幾個星期都高興得不知道怎麼辦才好。」水星軌道近日點進動是支援他的廣義相對論的最重要的實驗，因為它在二階近似上得到了精確的結果。

光線偏折

還有一個檢驗愛因斯坦理論的實驗 —— 光線偏折。按照廣義相對論，太陽的存在會造成時空彎曲。圖 2-8 中顯示，在地球上的人看來，一顆恆星射來的光，如果沒有太陽存在，走的是直線，光來自圖中黑星所示的它的真實位置。有太陽呢，時空彎曲會使星的影像出現在圖中白星所示的表觀位置。這叫光線偏折。不過根據萬有引力定律也能算出光線偏折，為什麼呢？一個光子路過太陽附近，在重力場中下落，它應該走一條拋物線，所以光子的路徑也應該彎曲，但兩種解釋的偏轉角不一樣，相對論預測的偏轉角是牛頓理論預測的偏轉角的兩倍。

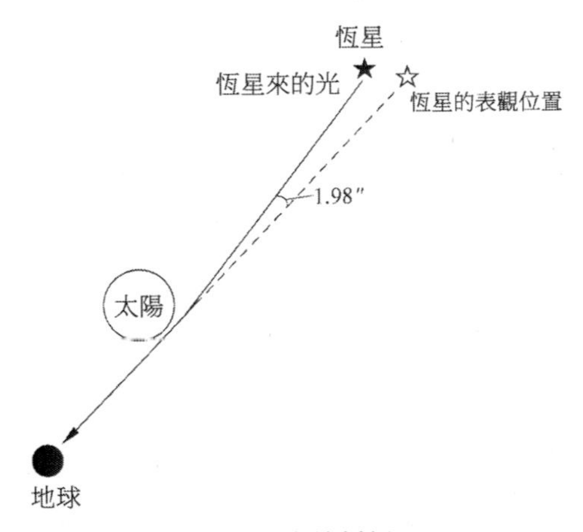

圖 2-8 光線偏折

在 1915 年發表廣義相對論時，第一次世界大戰正在進行，戰爭中，英國、法國和德國都死了很多的人，民族仇恨非常嚴重。為了減弱民族仇恨，增進英德人民之間的友誼，戰後英國人拿出了一筆錢，說是要資助一些項目，這些項目要能夠增進英德兩國人民之間的友誼。愛丁頓教授就跳出來申請這筆錢檢驗愛因斯坦的廣義相對論。他說廣義相對論是德國的愛因斯坦提

出來的，現在由我們英國人來檢驗，這不就能夠增進兩國人民的友誼嗎？他拿到了這筆經費。

不過觀測太陽附近的光線偏折有點困難，有太陽的時候，太亮了，根本拍不了。有什麼辦法能拍照呢？當時，1919 年剛好有日全食，愛丁頓帶了一個觀測組到西非的普林西比，還有一個助手帶了另一個組到巴西。愛丁頓在西非的普林西比，不巧碰上陰天。幸好在日全食結束前幾分鐘，來了一陣風把烏雲颳開了。他們立刻抓住這幾分鐘的時間連續拍了 15 張照片。

巴西那一組倒是遇上了好天氣，順利地拍下了照片。但成果卻令他們大失所望。日全食時那裡是豔陽天，按理說應該得到很好的觀測結果，但是因為天氣太好，陽光把儀器晒得太熱了，以致照片變形。不過，他們把照片變形造成的誤差排除後，也得到了可用的結果。

沒有太陽的情況怎麼拍呢？地球繞著太陽轉，日全食的時候，太陽背後的星空，半年之後地球轉到太陽的另一邊時，就在夜間出現。所以你幾個月後就可以在夜間拍照片，拍那個不存在太陽的星空。兩組照片一比較，就可以得出偏轉角了。

結果出來了，兩個小組測得的偏轉角與廣義相對論都符合得很好，都得到了與廣義相對論預測一致的結果。愛丁頓在報告中說：「根據牛頓的理論，偏轉角是 0.875 弧秒；根據愛因斯坦的理論，偏轉角是 1.75 弧秒。兩個組觀測到的偏轉角分別是 1.61 弧秒和 1.98 弧秒，實驗觀測支援了愛因斯坦的廣義相對論。」有人問愛因斯坦：「您有什麼感想？」愛因斯坦自信地說：「我從來沒想過會是別的結果。」

廣義相對論是愛因斯坦最得意的成就，他說：「狹義相對論如果我不發現，五年之內就會有人發現。」因為很多人都接近狹義相對論的發現了。「廣

義相對論如果我不發現，50 年之內也不會有人發現！」確實，除了愛因斯坦以外，沒有任何人接近廣義相對論的發現，他幾乎是單槍匹馬地完成了這一傑作。

廣義相對論實驗驗證的進展

近年來，通過 GPS 中在 2 萬公尺高空執行的衛星上的鉋原子鐘與地面鐘的比較，進一步驗證了狹義相對論和廣義相對論中的時間延緩效應。

依據狹義相對論，由於衛星上的鉋鐘相對於地面高速運動，理論可算得，鉋鐘每天會比地面上的鐘慢 7 微秒。另外由於地面附近的時空彎曲得比高空厲害，所以依照廣義相對論，鉋鐘每天將比地面上的鐘快 45 微秒。兩個效應疊加在一起，衛星上的鉋鐘每天要比地面上的鐘快 38 微秒。觀測精確地證實了相對論預測的這一結果。這是繼重力紅移之後對相對論時間延緩效應的又一證明。

1975 年，無線電天文觀測發現，通過太陽附近的無線電波會出現 1.761 弧秒的偏轉。這一觀測結果，比當年愛丁頓在日全食時觀測到的光線通過太陽附近的偏轉角，更加精確地接近了廣義相對論的理論計算值 1.75 弧秒。2004 年，觀測結果又進一步提高，觀測值與理論值之比達到 0.999 83±0.000 45。

6. 重力波的預測與發現

重力波的預測

近年來，廣義相對論實驗驗證的最重要成就是重力波的發現。愛因斯坦1915 年提出廣義相對論，1916 年就預測會有重力波存在。

在牛頓的萬有引力定律中，引力是瞬時傳遞的，萬有引力從一個地方傳到另一個地方根本不需要時間，或者說萬有引力傳播的速度是無窮大。

愛因斯坦的廣義相對論則表明，作為時空彎曲效應的引力場是以光速傳播的。這就是說，當引力源發生劇烈變化時，例如兩顆恆星（或黑洞）碰撞時，周圍的引力場（即時空彎曲情況）將發生變化，這一變化會以光速向四面八方傳播，這就是重力波。

重力波的提出過程可以說是一波三折。廣義相對論提出不久，就有人證明了引力源的球對稱變化，不會引起外部時空彎曲的變化，當然更不可能產生重力波。然而，另一方面，通常的引力源變化都不會是嚴格球對稱的，那麼應該有可能產生重力波。

愛因斯坦本人對重力波是否存在一事，曾經有過動搖。1937 年前後，愛因斯坦和他的助手羅森一起發表了一篇論文，題目是「重力波存在嗎？」，文章的結論是重力波並不存在。他們把這篇論文寄給了美國最好的雜誌《物理評論》。

這本雜誌有審稿制度。編輯部把愛因斯坦的論文寄給了一位他們認為懂得廣義相對論的教授審查。這位教授看過後覺得這篇論文有錯，於是把自己的意見轉告了編輯部，並附上了一篇長達 10 頁的審稿意見。編輯部將審稿

意見寫信轉給愛因斯坦，說是請了一位專家審查過稿件，認為有誤。在你們修正之前，我們不能發表。

愛因斯坦一看，心想：你們也不想想我是誰，還讓一位「專家」來審查！這位「專家」也是不知天高地厚，居然寫下 10 頁審稿意見，說我們論文有錯。

愛因斯坦並沒有認真看審稿意見，就寫回信給編輯部說：尊敬的編輯先生，我十分抱歉，我並沒有授權你們把我的稿子寄給別人看。請把稿子退給我吧。

編輯部看到來信，吃了一驚：愛因斯坦生氣了！於是他們寫了一封回信說：尊敬的愛因斯坦教授，我們也很抱歉，我們不曉得您不知道我們還是需要審稿的。於是他們把稿件退給了愛因斯坦。愛因斯坦把編輯部的回信和審稿意見放在一邊，沒有再看。

不久，正好愛因斯坦的老朋友英菲爾德來探望，愛因斯坦就把這篇稿件及審稿意見拿給英菲爾德，請他看一下。英菲爾德對廣義相對論不算精通，沒有看出什麼來。他想，有一位研究宇宙學的羅伯遜教授懂得廣義相對論，於是他就去找羅伯遜幫忙看看。羅伯遜看後對英菲爾德說：你看，這幾個地方是不是有些問題？英菲爾德一看，的確有些問題，於是趕忙去找愛因斯坦。

愛因斯坦看後發現，羅伯遜說的地方果然有問題，於是進行了修改，這一修改計算，論文的結論就變成有重力波了。不過，愛因斯坦仍然生《物理評論》編輯部的氣，就把改好的文章投給了另一個雜誌，並在改稿後面加上了對羅伯遜教授和英菲爾德先生的感謝。愛因斯坦一直對《物理評論》編輯部有氣，從此再也不主動給這個雜誌投稿了。

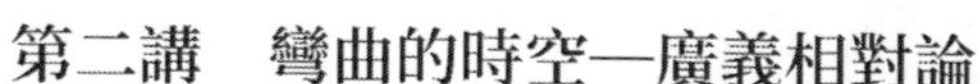

幾十年過去了，《物理評論》當年的審稿意見流出，那位說愛因斯坦論文有誤，還寫了10頁審稿意見的人其實正是羅伯遜。其實該編輯部也很冤枉，他們之所以讓羅伯遜審稿，本意是認為羅伯遜與愛因斯坦相識，兩人住所也相距不遠，倘若羅伯遜覺得論文有問題，必定會私下與愛因斯坦討論。沒想到的是，羅伯遜當時恰巧外出，於是就寫了這篇書面意見，造成了這次誤解。不過，愛因斯坦至死不知道該論文的審稿人就是羅伯遜。

重力波探測的先驅

研究表明，重力波是橫波，它攜帶能量。但是實驗上一直沒有探測到重力波，這是因為重力波非常微弱的緣故。

探測重力波的先驅者美國物理學家韋伯，曾深入研究過重力波理論，並設計了直徑65公分、長1.5公尺的鋁製圓柱狀重力波探測器（圖2-9），放置在相距1000公里的兩個地方，但始終沒有探測到重力波。唯一一次事件發生在1969年，不知什麼原因，兩地的探測器似乎同時收到了1660赫 \[茲 \] 的疑似來自銀河系中心的重力波訊號。後來的反覆研究表明，那是一次烏龍事件，至今原因不明。韋伯為重力波的探測做了大量理論工作和實驗嘗試，可以說是重力波探測的先驅和奠基人。他始終不放棄自己的努力，最後在一個大雪之夜悲壯地倒在了實驗室的門前。

圖2-9 韋伯與重力波探測器

重力波的間接探測

圖 2-10 雙星輻射重力波的示意圖

1978 年，終於傳來了喜訊。美國科學家泰勒和休斯觀測到了很可能是重力波造成的效應。他們通過天文觀測發現，脈衝雙星 PSR1913+16 的運動週期每年減少約萬分之一秒。通過廣義相對論計算，他們證明了如果這一對雙星在旋轉時輻射重力波的話（圖 2-10），則重力波帶走的能量恰好能使雙星的轉動週期每年減少萬分之一秒。他們的工作被認為是間接發現了重力波的存在。

泰勒和休斯的工作後來獲得了諾貝爾獎，但獲獎的原因沒有明確說他們證實了重力波的存在，只是說獎勵他們對脈衝雙星的傑出研究。這是諾貝爾獎評委會謹慎的表現。

當年由於泰勒和休斯沒有公布他們的計算方法和過程，後來有學者分別用自己設計的方案計算，成功驗證了泰勒等人的結論。

重力波的直接探測

2016 年 2 月，終於傳來了直接發現重力波的訊息。美國的一個小組宣稱：他們在 2015 年 9 月 14 日首次接收到了重力波訊號（編號 GW150914）。出於謹慎，他們沒有即刻釋出消息，而是在反覆驗證幾個月之後才公布這一發現。他們宣稱這是 13.4 億年前兩個黑洞合併發出的重力波（圖 2-11）。

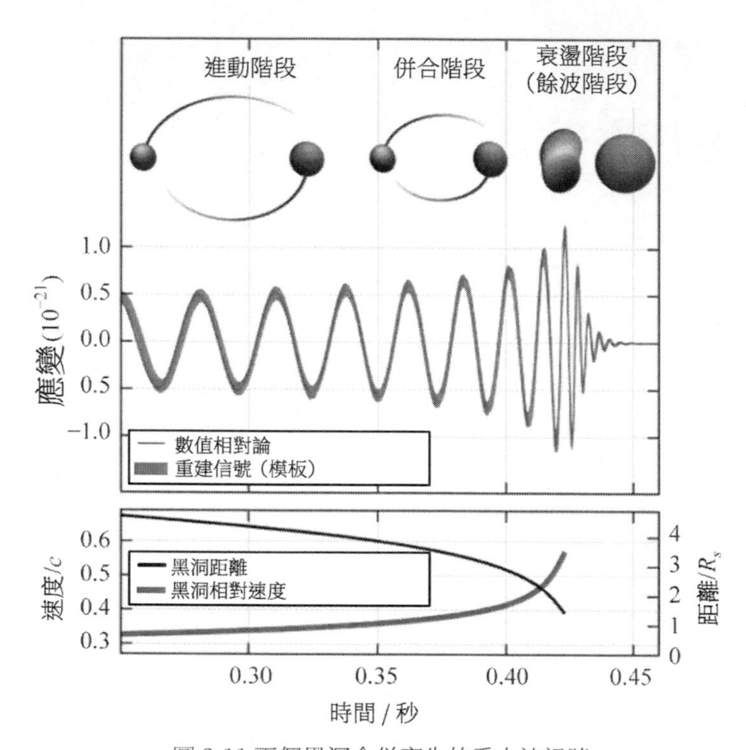

圖 2-11 兩個黑洞合併產生的重力波訊號

有趣的是 2015 年恰是廣義相對論發表 100 週年，2016 年則是愛因斯坦首次預測存在重力波 100 週年。

這個小組利用加到邁克生干涉儀上的重力波的偏振效應來進行探測。

重力波與光波不同，它的偏振出現剪下滯後效應。這就是說，重力波的橫截面如果是一個圓的話，這個圓將在兩個方向上反覆變扁。

他們在地面上修建起兩個巨大的雷射邁克生干涉儀（LIGO，圖 2-12），臂長 4 公里。一個建在美國西北部的華盛頓州，另一個建在相距 3000 公里的東南部的路易斯安那州。相距這麼遠是為了排除地震、汽車行駛等外來因素的干擾。

圖 2-12 探測重力波的大型雷射干涉儀

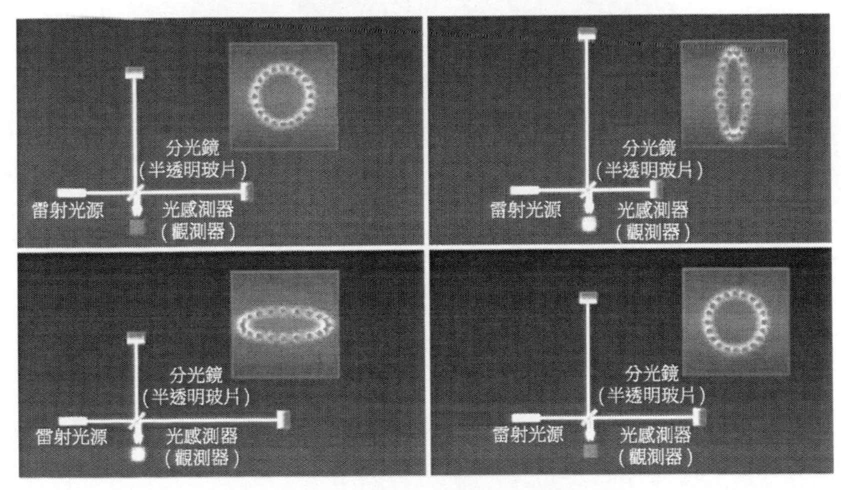

圖 2-13LIGO 雷射干涉儀的工作示意圖

當重力波垂直射在地面的干涉裝置上時，波的偏振效應將導致干涉儀臂長的反覆伸縮（圖 2-13）。這一伸縮將引起干涉條紋的移動，從而觀測到重力波訊號的到來。探測到的訊號十分微弱，所引起的干涉儀臂長的伸縮只有大約質子大小的千分之一（10^{-18} 米）。這麼微弱的效應是預料之中的，因此他們事先在提高測量精度方面做了大量工作。

由於這一巨大功勳，這個小組的三位成員 R. 韋斯（R.Weiss）、B.C. 巴瑞什（B.C.Barish）和 K.S. 索恩（K.S.Thorne）獲得了 2017 年的諾貝爾物理學獎。

在這裡我們再次強調愛因斯坦的偉大之處。不僅廣義相對論理論和重力波是愛因斯坦提出的，這次用於測量重力波的雷射理論（受激發射）也是他首先提出的。

第二講附錄　愛因斯坦與廣義相對論

1. 廣義相對論的建立

愛因斯坦建立廣義相對論不是偶然的，是經歷了長期、深刻的物理思考，在他的頭腦中逐漸形成了廣義相對性原理、等效原理和馬赫原理等物理原理。他逐漸認識到，自己的新理論應該建立在這三條原理和光速不變原理的基礎之上。

此時，愛因斯坦做出了物理思想上的一個重大突破，他大膽猜測，引力效應可能是一種幾何效應，因為幾何效應可以與物體的質量和組成成分無關。這樣看來，萬有引力可能不是一般的力，而是時空彎曲的表現。由於引力起源於質量，他進一步猜測時空彎曲起源於物質的存在和運動。

黎曼當年曾經猜測，真實的空間不一定是平的，有可能是彎曲的。現在愛因斯坦的猜想與當時的黎曼類似。但是，今天的愛因斯坦已經掌握了大量的物理知識，建立新理論的條件已經成熟，這些都是當年黎曼不可能具備的。

愛因斯坦 1905 年開始研究引力；1907 年提出等效原理；1911 年得到光線在引力場中彎曲的結論；1913 年與格羅斯曼一起把黎曼幾何引進引力研究；1915 年，在與希爾伯特討論後不久，愛因斯坦終於得到了廣義相對論的核心方程式 —— 重力場方程式的正確形式。

愛因斯坦先是與格羅斯曼合作，得到一個重力場方程式，但有重大缺陷。方程式左邊表示曲率的部分與後來的正確表示式相距甚遠。愛因斯坦到德國後，又與希爾伯特繼續討論。希爾伯特不愧是一位數學大師，愛因斯坦與他作了短時間的研究，幾個月後就給出了重力場方程式的正確形式。希爾伯特本人也幾乎同時得到了同樣的方程式。

有趣的是，他們兩人在最後論文的發表上曾經有過競爭。

愛因斯坦的論文是 1915 年 11 月 25 日投稿，當年 12 月 5 日發表的，內中包含了廣義相對論場方程的正確表示式。希爾伯特投稿的時間比愛因斯坦要早，是 1915 年 11 月 20 日投出的，但稿中的方程式有誤，在修改稿件清樣期間，他看到了愛因斯坦的上述論文，於是在清樣中消除了錯誤，該論文於 1916 年 3 月 1 日發表，發表時列出的方程式與愛因斯坦一致。

還有一點應該說明，希爾伯特在自己的論文投稿前一天（11 月 19 日）曾寫了一封信給愛因斯坦，祝賀他算出了水星軌道近日點進動的正確值。可見在此之前，愛因斯坦已經給出了廣義相對論重力場方程式的正確形式。

後來，希爾伯特在給愛因斯坦的一封信中稱廣義相對論為「我們的工作」，愛因斯坦很不高興，回信說：「這是我的工作，什麼時候成了我們的工作了？」而後希爾伯特不再提「我們的工作」，承認廣義相對論是愛因斯坦的成果。此後，他們二人一直保持著真摯而深厚的友誼。

應該說，希爾伯特只是在數學形式上得到了廣義相對論場方程式，並不了解它的深刻物理內容，而且，他對所得到的重力場方程式的物理解釋並不完全正確。所以完整的廣義相對論理論，它的深刻物理內容和數學形式，確實主要是愛因斯坦一個人建立的。不過，希爾伯特的貢獻也不容忽視。從現在留下的二人當時的通信來看，那一兩個月，他們兩人一直在互相啟發，最

終共同走向了正確的結果。

新理論克服了舊理論的兩個基本困難，用廣義相對性原理代替了狹義相對性原理，並且包容了萬有引力。愛因斯坦認為，新理論是原有相對論的推廣，因此稱其為廣義相對論，而把原有的相對論稱為狹義相對論。

實際上廣義相對論的建立比狹義相對論要漫長得多。最初，愛因斯坦企圖把萬有引力納入狹義相對論的框架，幾經失敗使他認識到此路不通，反覆思考後他產生了等效原理的思想。愛因斯坦曾回憶這一思想產生的關鍵時刻：「有一天，突破口突然找到了。當時我正坐在伯爾尼專利局辦公室裡，腦子忽然閃現了一個念頭，如果一個人正在自由落體，他絕不會感到自己有重量。我吃了一驚，這個簡單的思考實驗給我的印象太深了。它把我引向了引力理論……」從 1907 年發表有關等效原理的論文開始，除在數學上曾得到格羅斯曼和希爾伯特的有限幫助之外，愛因斯坦幾乎單槍匹馬奮鬥了 9 年，才把廣義相對論的框架大致建立起來。1905 年發表狹義相對論時，相關的條件已經成熟，勞侖茲、龐加萊等一些人的發現，都已接近狹義相對論。而 1915 年發表廣義相對論時，愛因斯坦則遠遠超前於那個時代所有的科學家，除他之外，沒有任何人的發現接近廣義相對論。所以愛因斯坦自豪地說：「如果我不發現狹義相對論，5 年以內肯定會有人發現它。如果我不發現廣義相對論，50 年內也不會有人發現它。」

2. 愛因斯坦論取得成就的原因，學校教育與「奧林匹亞科學院」

愛因斯坦在取得眾多成就之後，曾經說：

「我沒有什麼別的才能，只不過喜歡刨根問底地追究問題罷了。」

「時間、空間是什麼，別人在很小的時候就搞清楚了，我智力發展遲緩，長大了還沒有搞清楚，於是一直思考這個問題，結果也就比別人鑽研得更深一些。」

愛因斯坦不認為自己是天才。究其做出重大成就的原因，有以下幾點特別值得注意：第一，他非常勤奮，而且能夠長時間地集中注意力於學習和思考。「能長時間集中注意力」這一點，不大為人注意，但卻是一般人很難做到的。

第二，愛因斯坦對「奧林匹亞科學院」的高度評價。他曾經對採訪他的記者說：你們為什麼老問我童年和少年時代受到過什麼影響？為什麼不問問「奧林匹亞科學院」對我的影響？看來，愛因斯坦認為「奧林匹亞科學院」這個自發組織的、以讀書討論為主的科學俱樂部，對自己成長為最偉大的科學家一事影響深遠。

愛因斯坦在專利局工作期間，與他的幾位熱愛科學與哲學的好友（先後有索洛文、哈比希、沙旺和貝索等）組織了一個叫作「奧林匹亞科學院」的小組。這是一個自由讀書與討論的讀書會。小組的成員都具有大學生等級的學力，他們職業不同，科系也不同，有學物理的，有學哲學的，還有學工程技術的。這幾個年輕人利用休假或下班時間，一邊閱讀一邊討論，內容海闊天

空，以哲學為主（特別是與物理有關的哲學），也包括物理學、數學和文學。他們充滿熱情地閱讀、討論了許多書籍，其中包括馬赫的《力學史評》，這本強烈批判牛頓絕對時空觀的書，對愛因斯坦建立狹義相對和廣義相對論一事影響深遠。還有龐加萊的名著《科學與假設》，這本書使他們一連幾個星期興奮不已。該書內容豐富，思維活躍，其中關於「同時性」的定義、時間測量和黎曼幾何的描述，對愛因斯坦建立相對論可能發揮了重要影響。

愛因斯坦相當讚賞這個讀書會，認為它培養了他的創造性思維，促成了他在學術上的成就。愛因斯坦曾經提醒一些記者，不要過分渲染他的童年和少年時代，希望他們注意「奧林匹亞科學院」對他的影響。

還有一個值得留意的點，是愛因斯坦對學校教育頗有微詞。他認為學校教學方式呆板，對學生管理過嚴，教師居高臨下地對待學生的態度，無助於學生獨立精神和創造精神的培養，還會扼殺學生的自信心和學習興趣。他覺得自己的自由創造精神未被學校教育扼殺掉，實在是個幸運。

可以說愛因斯坦一生對學校教育都沒有好印象，只有對阿勞中學的看法是個例外。他回憶道：「這所學校用它的自由精神和那些毫不依賴外部權威的教師的淳樸熱情，培養了我的獨立精神和創造精神。阿勞中學正是孕育相對論的土壤。」

第二講　彎曲的時空—廣義相對論

第三講　白矮星、中子星與黑洞

這一講將介紹三種天體，白矮星、中子星和黑洞。希望大家能夠從天文學的角度來了解黑洞的特點和它存在的可能性。

現在白矮星、中子星都已經被發現了。白矮星是先在觀測中被發現，然後分析它的結構，再提出理論。中子星則是首先理論預測，後來在天文觀測中被發現。黑洞現在只是理論預測，還沒有確鑿公認的發現。雖然現在發現了很多大家覺得很可能是黑洞的天體，但是都還不確定。

引子

我想從自己對黑洞的最早了解談起。我第一次看到有關黑洞的敘述（當時稱為暗星），知道黑洞這個概念，是在一本科普書中。

在這本書裡面，作者把東方和西方的天文學放在一起比較，例如一顆星，它在西方的名字是什麼，在東方的名字是什麼，它有些什麼科學方面的內容，還有些什麼科學故事和民間傳說。寫得非常好，可讀性很強，當中的知識先進完備。裡面明確地描寫了白矮星，談到了對中子星的預測，還提到了廣義相對論對黑洞的預測。那是迄今為止，我看到的寫得最好的一本天文科普書，無論從科學性、知識性和趣味性，都堪稱楷模。

1. 對黑洞的最早預測

拉普拉斯的暗星

現在來講一下黑洞。黑洞剛開始叫「暗星」。在 200 多年前，拿破崙那個時代，法國的天體物理學家拉普拉斯和英國劍橋大學的學監米歇爾，幾乎同時預測了這種暗星。拉普拉斯在他的書中寫道：「天空中存在著黑暗的天體，像恆星那樣大，或許像恆星那樣多。一個具有與地球同樣密度，而直徑為太陽 250 倍的明亮星體，它發射的光將被它自身的引力拉住，而不能被我們接收。正是由於這個道理，宇宙中最明亮的天體很可能卻是看不見的。」他用萬有引力定律進行了預測，算出了一顆恆星成為暗星的條件是

$$r \leq \frac{2GM}{c^2} \tag{3.1}$$

大家看，用牛頓的理論來看，

$$\frac{GMm}{r} \geq \frac{1}{2}mc^2 \tag{3.2}$$

按照牛頓的微粒說，上式右邊是一個光子的動能，m 是光子的質量，c 是光速。左邊是光子的勢能，式中 M 是恆星的質量，r 是恆星的半徑，G 是萬有引力常數。如果光子的動能能夠克服勢能，遠方的人就能看到光子，一般的恆星都是這樣的，所以遠方的人都能夠看見。但是如果像式 (3.2) 這樣，光子的動能小於或等於勢能，我們就看不到恆星發出的光了。從式 (3.2) 不難得出拉普拉斯的結論 —— 公式 (3.1)。如果式 (3.1) 取等號，就可以得出「暗星」的半徑：

$$r = \frac{2GM}{c^2} \tag{3.3}$$

對於太陽來說，成為暗星後，其半徑是 3 公里，太陽現在的半徑是 70 萬公里，太陽的所有物質全都縮在這 3 公里範圍以內，就會成為這種暗星。地球如果形成暗星，只有乒乓球那麼大。今天來看，上面的討論有幾個問題，一個是用了萬有引力定律，沒有用廣義相對論；另一個問題是，光子的動能被誤認為是 $1/2mc^2$，而不是 mc^2。當然了，拉普拉斯當年不是用這個方法推導的，他用的是牛頓理論，論證的方式本質上與上面相同，但存在兩個錯誤。非常有意思的是，他卻算出了正確結果。而現在用廣義相對論算出來的暗星半徑也是公式（3.3）。這就是說，拉普拉斯使用牛頓理論的兩個錯誤的作用是相互抵消的，最後得到了一個正確的結果。

拉普拉斯在他的巨著《天體力學》的第 1 版和第 2 版都談到暗星，第 3 版中，他把暗星這一段悄悄地給撤掉了。為什麼呢？因為在出版第 3 版和第 2 版之間，1801 年，英國的托馬斯・楊完成了雙縫干涉實驗，表明光不是微粒，而是波，而且是橫波。於是拉普拉斯用微粒說來解釋的東西，自己又覺得沒有把握，就悄悄把這部分內容給撤掉了。但是歷史上大家都知道他曾經預測過暗星。

神童托馬斯・楊

托馬斯・楊是個神童，2 歲就能讀書，4 歲把《聖經》通讀了兩遍，14 歲就學會了拉丁語、希臘語、法語、希伯來語、義大利語、阿拉伯語、波斯語等多國語言。他先是學醫，研究近視，弄清了散光的原因。然後又對光學感興趣，完成了雙縫干涉實驗，證明了光是波動，而且是橫波，還提出了顏色的三色理論。他在十多個領域都有貢獻。特別有趣的是，他對考古學也有

貢獻，他破譯了幾個古埃及的羅塞塔石碑上的文字。古埃及文研究的第一次突破就是因為他首先認出的幾個字。雖然沒有全部破譯完，但也是一個很重要的進展。

歐本海默的預測

歐本海默是位原子彈設計師，他在做原子彈之前，在研究中子星結構的時候（1939 年）再次用廣義相對論預測了暗星，也得到了與拉普拉斯相同的暗星條件。他的這個發現沒有引起太大的注意，沒有引起大家重視，因為許多人覺得他可能在胡說。當時知道的最密的物質就是白矮星，大概每立方公分 1 噸，在天文上觀測到了這種星。而太陽質量的暗星，密度為每立方公分 100 億噸，簡直讓人覺得難以置信！所以也就沒有引起大家的注意，而且愛因斯坦也不同意會形成暗星。歐本海默後來還跟愛因斯坦在同個地方工作過。總之，這件事情當時沒有引起大家更多的注意，只知道他預測過這種東西。當時都是叫「暗星」，不是叫「黑洞」。但是後來的研究表明，黑洞其實不一定密度很大，為什麼呢？一個星球的密度是質量除以體積，體積是跟半徑的立方成正比的，而黑洞的半徑是跟質量成正比的，從暗星半徑的公式 (3.3) 就可以看出來，

$$\varrho \sim \frac{M}{V} \sim \frac{M}{r^3} \sim \frac{1}{M^2} \tag{3.4}$$

所以黑洞的密度是跟質量的平方成反比的，質量越大的黑洞，密度越小，太陽形成黑洞，半徑從 70 萬公里縮到 3 公里，那當然密度很大。但，假如說有 108 個太陽，一億個太陽質量的黑洞的話，那密度就跟水差不多了。等等就會看到，其實談論黑洞的密度沒有什麼意義。

2. 白矮星：從發現到理解

赫羅圖告訴我們什麼？

那麼黑洞有沒有可能形成呢？現在我們來看圖 3-1，它叫赫羅圖。大家知道天上的恆星有不同的光度，這個光度指的是恆星在單位時間內發出的光能，即它的發光功率，不是我們肉眼看到的亮度。因為肉眼看到的「視亮度」（在天文學上被定義為視星等）取決於兩個因素，一個是恆星本身的光度，另一個是它離我們的遠近。天文學家有辦法測量恆星離我們的距離，他們把所有的恆星都折算到一個標準距離，這時地球上的人「看到」的亮度，被定義為「絕對星等」，它反映恆星的真實發光度。赫羅圖的縱座標表示恆星的光度，橫座標表示恆星的溫度。有人會問怎麼知道恆星的溫度呢？一顆恆星我們都沒去過，怎麼知道溫度呢？看顏色，光的顏色。一般來說，低溫的恆星就發紅，高溫的就發藍、發白，於是可以看出恆星的溫度。

縱座標用光度，橫座標用溫度，把恆星標在赫羅圖上。標出來以後，就發現大多數恆星都集中在一條從左上角到右下角的帶上面，這個「帶」叫作「主星序」。位於主星序上的恆星稱為「主序星」。太陽就是一顆主序星，位於赫羅圖的主星序上。還有一些恆星在主星序之外。當時對於不同溫度的星，也就是不同顏色的星，根據某些特徵光譜線命名了若干光譜型。比如 O 型、B 型、A 型、F 型、G 型、K 型、M 型等。

剛開始學的人覺得這東西簡直太難記了。於是，有人編了一個故事。說有一個年輕人，第一次到天文臺，他用望遠鏡一看，這麼漂亮的五顏六色的星星，天空簡直是太美了，於是就驚呼了一句：「Oh，be a fine girl，kiss

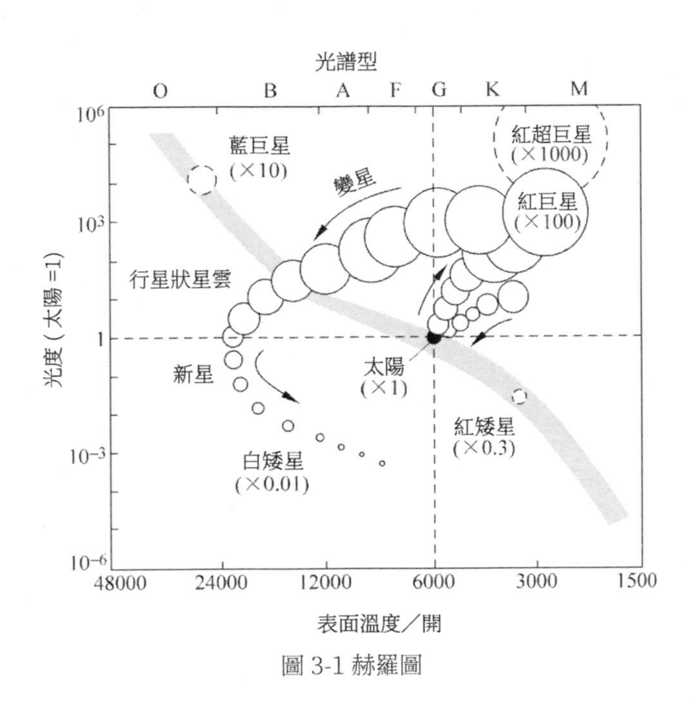

圖 3-1 赫羅圖

me!」就是：「真像一個仙女，吻我一下吧！」這句話的每一個單詞的頭一個字母就代表一個光譜型，O、B、A、F、G、K、M，你把這句話記住了，光譜型的順序就記住了。

後來的研究表明，恆星在赫羅圖上的位置表示著恆星不同的年齡。主星序上的星是比較年輕的，比較老年的就會離開主星序，先變成紅巨星，然後變成白矮星、中子星或黑洞。

紅巨星與白矮星

現在我們就來看看主序星如何變成白矮星。像太陽這樣的主序星，內部不斷地進行著氫核聚合成氦核的核融合反應。這種反應要在極高的溫度、壓力下才能進行。太陽表面溫度只有 6000 開，但其中心有 1500 萬開以上的高溫，還有極高的壓力，在那裡核融合反應得以進行，不斷地釋放出能量。太陽這類恆星（主序星）會維持這種狀態相當長一段時間，在相當長一段時間內就這樣發光，比較穩定。但是，中心部分的氫總會燒完，燒完以後就開始燒外層的氫，這時候這顆恆星就慢慢膨脹起來，形成紅巨星。太陽形成紅巨星時會擴大到把水星、金星都吞噬，把地球上的江河湖海都烤乾，然後吞噬，一直伸展到火星的軌道，形成極大的一顆紅巨星。紅巨星溫度比較低，大概是 4000 開，所以發紅。

大家想，那我們不就完了嗎？世界末日不就降臨了嗎？不過大家可以放心，根據現在的研究，太陽在目前這種狀態的壽命應該能維持 100 億年，現在已經過了多少？過了 50 億年。所以大家儘可以放心地活著，還有 50 億年基本上是現在這種狀態。50 億年之後，人類的科學會更發達。想一想，從哥白尼到現在，現代自然科學才 500 年，人類已經可以登月了，誰知道 50 億年之後的人類會怎麼樣？所以對未來可以更有信心。

這種紅巨星的中心部分會縮成白矮星。基本上就是這樣，主序星，就是主星序裡面的這些恆星，都是我們太陽現在的這種狀態，然後它們將演化成紅巨星，然後變成白矮星，再冷卻成黑矮星。黑矮星就是一塊巨大的金剛石，或者說是鑽石，主要由碳和少量氧構成，在天空中飄蕩。可是到現在一顆黑矮星都沒有找著，因為白矮星冷卻到黑矮星要 100 億年，宇宙今天的年齡才 130 多億年，作為大金剛石的黑矮星，大概一顆都還沒有形成，還需耐心等待。

大一點的恆星，例如超過太陽質量 10 倍左右的恆星，會演化成超紅巨星，然後會超新星爆發，最後形成中子星、黑洞或者全部炸光。圖 3-2 是恆星的演化圖。

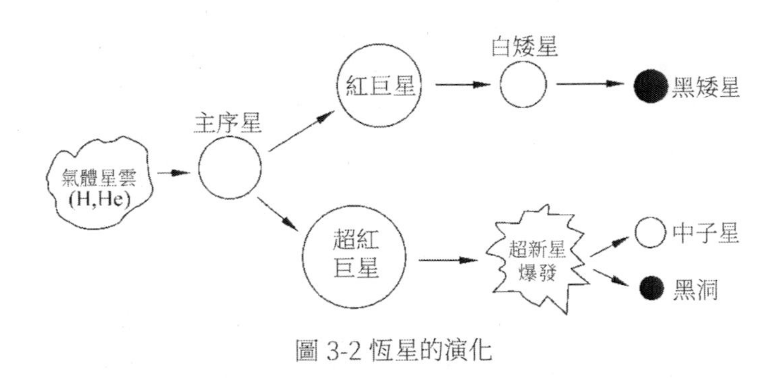

圖 3-2 恆星的演化

各種恆星與黑洞的比較

我們現在來比較一下。太陽現在的半徑是 70 萬公里，密度是每立方公分 1.4 克，跟水差不多。它將來形成白矮星時半徑 1 萬公里，密度是每立方公分 1 噸。它如果形成中子星，半徑 10 公里，密度是每立方公分 1 億到 10 億噸。如果形成黑洞，半徑 3 公里，每立方公分 100 億噸。太陽最後的結局是白矮星，不會形成中子星和黑洞，因為它質量不夠大，不會超新星爆發。

圖 3-3 是一個示意圖，它大致告訴我們，太陽形成紅巨星和白矮星後會有多大，如果形成中子星和黑洞又會有多大。太陽、紅巨星、白矮星和中子星之間體積的差異都很大，中子星和黑洞體積的差異則較小。現在紅巨星、白矮星、中子星都已經發現了，大小和中子星相差不大的黑洞，似乎沒有理由不存在。

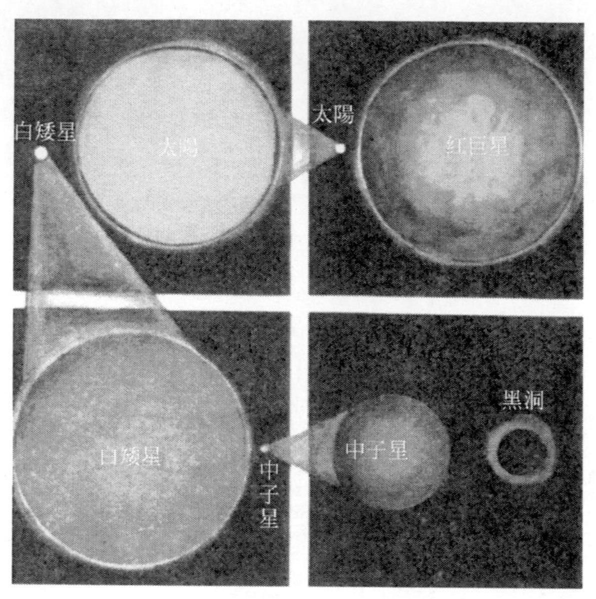

圖 3-3 各種恆星大小的比較

弧矢射天狼

最早發現的白矮星是天狼星的伴星。大家看，圖 3-4 這顆星是大犬座的 α 星，這是西方的名字。東方人叫它天狼星。古代認為天狼星代表侵略。左下方這一組星叫作弧矢星，弧矢就是弓箭，弧矢射天狼，就是反擊侵略者。

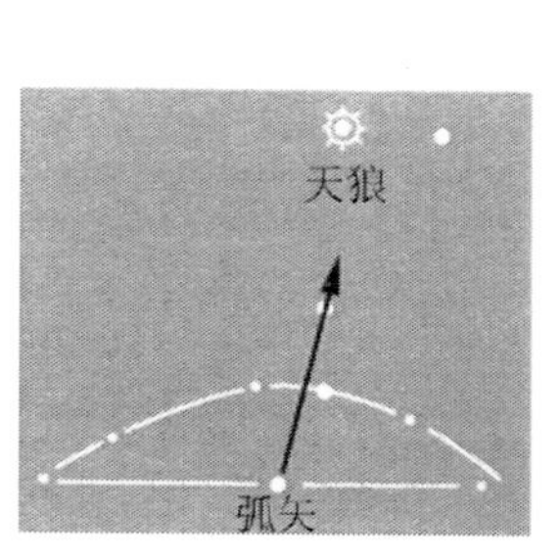

圖 3-4 弧矢射天狼

所以屈原的詩裡就有：「舉長矢兮射天狼，操余弧兮反淪降。」文人經常引用這句詩。北宋的蘇東坡也說：「會挽雕弓如滿月，西北望，射天狼。」為什麼「西北望，射天狼」？其一是，在天空中，天狼星在弧矢星的西北。其二就是，北宋的主要敵人是西夏。北宋跟遼國雖然在初期有戰爭，但是檀淵之盟訂立之後，北部的宋遼邊境安寧了下來。此後西北方的西夏取代遼國，成為北宋的主要敵人。

天狼星的神祕伴星

解釋一下恆星為什麼叫恆星。這是因為，從地球上看，它們在天空的相對位置都不變，形成固定的星座。不像太陽、月亮以及金木水火土五顆行星，它們在恆星形成的天空背景上移動，穿過各星座移動。天上的恆星為什麼都不動？其實它們都是銀河系裡的星，都在圍著銀河系的中心轉，只不過離我們遠，所以我們就覺得它們不動。如果能把人冰凍起來，10 萬年以後再讓他復甦過來，去看天上的星，就跟現在不一樣了。假如他現在認識天上的星座，那時候就不認得了。恆星在天空的相對位置都變了。這就是說，恆星並非真的不動，只是它們離我們太遠，動得很慢。

不過天狼星離我們比較近，有多近呢？9 光年，就是說光走 9 年就到了，很近。所以天文學家早就發現它在天空繞一個小圈。於是，有人推測它是不是有一顆伴星，否則為什麼我們看見天狼星老是在那繞圈呢？肯定是有一個東西吸引著它，二者圍繞它們的質心在轉。後來發現這個吸引天狼星的星雖然小，但是密度很大，溫度很高，顏色發白，因此稱它為白矮星（圖 3-5）。這是最早發現的一顆白矮星。如今我們已知道，宇宙中的白矮星很多，占全部恆星的十分之一左右。

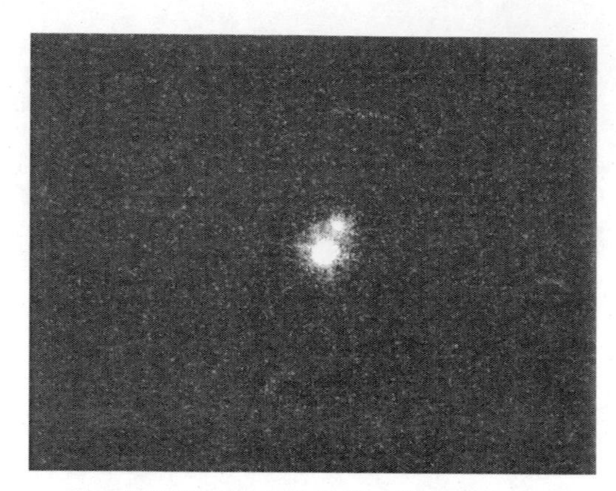

圖 3-5 天狼星和它的伴星，伴星是白矮星

霍伊爾的功績

白矮星是怎樣形成的呢？我們知道，恆星演化的主序星階段，是氫通過核融合反應燃燒生成氦，中心部分的氫燒完就燒外層的氫，於是外層膨脹，形成紅巨星，內層往裡面收縮。在收縮過程中，星體中心部分的溫度迅速升高，那裡有大量的氦和少量的氫，它們能進一步聚合嗎？研究表明，兩個氦核聚合的生成物（共 8 個質子與中子），或者一個氦核與一個氫核聚合的生成物（共 5 個質子與中子）均不穩定，這樣的聚變反應不可能發生。3 個氦核聚合在一起生成的碳（6 個質子與 6 個中子）倒是穩定的，但 3 個核同時碰在一起的機率很低，這樣的反應似乎更難發生。

天體物理學家霍伊爾猜測，碳核可能存在某種激發態，其能量恰好與 3 個氦核加起來的總能量相等，這時在 3 個氦核與激發態碳核之間會發生一種「共振反應」，使聚合機率大大提高。生成的激發態碳核會很快躍遷到基態，形成穩定的碳元素。這樣氦聚合成碳的核融合反應就得以進行了。一些核物理學家最初不相信霍伊爾的猜測，但他們查詢後，真的發現了這種碳

核的激發態，確認了「共振反應」的存在。大家終於明白了，通過「共振反應」，氦將進一步聚合生成碳，並釋放出大量核能。而且碳還可以與氦再進一步聚合成氧。由此，核融合反應可以一級一級地繼續進行下去，生成越來越重的元素。

白矮星主要由碳和少量氧組成，它的密度大約為每立方公分 1 噸，它怎麼才能維持住自身不往下塌呢？我們知道，固體的行星不往下塌，靠的是電磁力支撐。萬有引力使構成固體的原子相互靠近，電荷分布發生變化，同種電荷間的斥力支撐著它不往下塌。白矮星密度這麼大，電磁力抗拒不住萬有引力，會把原子的電子殼層壓碎，形成原子核的框架在電子的海洋當中漂浮的狀態，或者說電子在原子核形成的晶格中穿行的狀態。這時電子靠得很近，包立不相容原理的排斥力開始起作用，支撐住它不往下塌。這就是白矮星的物質狀態。

錢德拉塞卡的發現

現在講一下印度的一位著名的科學家錢德拉塞卡的貢獻。他首先指出，白矮星還有可能再往下塌。他認為，白矮星有一個質量上限，1.4 個太陽質量。超過 1.4 個太陽質量的白矮星肯定不穩定，電子間的包立斥力承受不住萬有引力，會繼續往下塌。他當時二十幾歲，剛從印度大學畢業。

1920 年代，印度已經有了比較好的大學。錢德拉塞卡從印度大學畢業，他喜歡天文，想到英國學習天體物理。他坐船去英國，在海上漂了約 20 天。他每天躲在船艙裡計算。到達英國的時候，他算出了新結果：白矮星有個質量上限，超過這個質量上限，包立斥力就承受不住了。他與一些天文學家討論過，確認無誤後，又去請教著名天體物理學家愛丁頓，沒想到愛丁頓說他的計算一定不對。愛丁頓想，物質再塌下去不就縮成一個點了嗎？這怎麼可能呢！錢德拉塞卡很有紳士風度，愛丁頓不同意，他就等了一段時間，又來找愛丁頓，說：「愛丁頓教授，我沒有看出我的計算有什麼錯，您要不要再看看？」愛丁頓說：「你一定錯了！」就這樣反覆了幾次，愛丁頓想這傢伙怎麼回事啊，老是跟我說這件事！就對錢德拉塞卡說：「過兩個星期，在倫敦有一個學術研討會，我幫你爭取一個發言機會，還可以幫你爭取雙倍的發言時間。」 一般來說，學術研討會上的發言都是有時間限制的，因此每個人的發言時間都很有限。現在，愛丁頓為了讓錢德拉塞卡有足夠的時間講清楚自己的理論，所以說要替他爭取雙倍的發言時間。

愛丁頓的反對

開會的前一天晚上，錢德拉塞卡與愛丁頓一起吃飯，他問愛丁頓：「教授，您明天也有報告嗎？」愛丁頓說：「有。」「報告的題目是什麼呀？」「跟你的一樣。」當時錢德拉塞卡緊張起來，他想：「愛丁頓是不是要篡奪我的研究成果啊？」第二天他報告之前給大家發了預印本，所謂預印本就是沒有正式發表的論文，先印出來給別人看的。他講完之後，愛丁頓拿著他的一份預印本上去了，說：「剛才錢德拉塞卡那個報告我認為全是胡扯，完全是錯誤的。」一把就撕了預印本。錢德拉塞卡非常難堪。錢德拉塞卡的一些朋友在散會以後跟他說：「糟透了，簡直糟透了！錢德拉塞卡，這次糟透了！」大家覺得錢德拉塞卡鬧了個大笑話。愛丁頓為什麼那麼無禮呢？因為他把錢德拉塞卡的觀點跟愛因斯坦說了，愛因斯坦也同意愛丁頓的意見。由此可見，偉人也不見得不會犯錯。

包立的支援

錢德拉塞卡狼狽地去美國找了個工作。他 24 歲時提出這個理論，73 歲的時候因為這個發現獲得了諾貝爾物理學獎。不過在此之前，他已經知道自己的理論是對的了。為什麼呢？因為有一些人表示贊同。尤其是有一次，他去請教包立。

包立是相當聰明的人。他 19 歲就寫了一本廣義相對論講義，22 歲的時候這本廣義相對論講義就正式出版了，書名叫《相對論》。放在今天來看，這本書也是很有水準的。包立很自負。別人發表研究報告時，他就在底下挑毛病，許多人都害怕在他面前報告。有位年輕人在研究一個問題，他的朋友告訴他：「你知道嗎，包立最近也對這個問題感興趣，這可不是一個好消息。」

有一次開研討會，錢德拉塞卡見包立也在場，就跑去問包立，說：「教授，您覺得我這篇論文怎麼樣？」包立說：「很好啊！」要知道，包立難得讚美人。錢德拉塞卡說：「愛丁頓教授說我的結論不符合您的不相容原理啊。」他諷刺地說：「不不不，你這個結論符合包立不相容原理，不過可能不符合愛丁頓不相容原理。」

3. 中子星：從預測到發現

那麼，超過錢德拉塞卡極限的星體塌下去會怎樣呢？會像愛丁頓和愛因斯坦他們顧慮的那樣塌成一個點嗎？不會。研究表明，這時候電子會被壓進核裡面去，跟原子核裡的質子「中和」，形成大量中子，成為一個以中子為主體的恆星，叫作中子星。

發現中子的曲折

中子星是首先預測，後來才發現的。1930 年普朗克的研究生博特發現了一種看不見的、不帶電的、穿透力很強的射線。1931 年，約里奧夫婦，就是居禮夫人的大女兒和大女婿，研究了這種射線，他們都認為是 γ 射線。約里奧夫婦化學知識豐富，但是他們的物理知識則普普通通，因為他們都是學化學出身的，頭腦中沒有中子這個概念。

這個時候，英國有一個人正在找中子，就是拉塞福的學生查兌克（Sir James Chadwick）。查兌克的老師拉塞福（Ernest Rutherford）早就注意到許多原子的原子量和原子序的差近乎整數，於是他一直猜測，是不是原子核裡有一種未知的粒子，質量跟質子一樣，但是不帶電，也就是今天所說的中子。查兌克一直在找中子，這時候看見了約里奧的論文，高興得不得了。「哇，他們看見了中子還不知道啊！」於是他馬上做了一個類似的實驗，在英國的《自然》*Nature* 雜誌上刊登了，說中子可能存在。然後又寫了一篇長篇文章在英國皇家學會會報上登出，題目是《中子的存在》。於是中子就被發現了。

這時約里奧夫婦感到非常懊喪，到手的發現自己沒有抓住，正應了法國生物學家巴斯德的話：「機遇只鐘情於那些有準備的頭腦。」他們兩個人的頭腦沒有準備，錯過了這一發現。但是他們倆並不氣餒，繼續探索，不久之後用人工方法造出了放射性元素。此前，人類用的放射性元素都是天然形成的。

1935 年頒發諾貝爾獎，大家認為中子的發現應該獲獎。當時有人主張約里奧夫婦和查兌克分享諾貝爾獎，但是評委會主任拉塞福是查兌克的老師，他說：「約里奧夫婦那麼聰明，他們以後還會有機會的，這次的獎就給查兌克

一個人吧！」於是查兌克獲得了諾貝爾物理學獎。當年的下半年，同一個評委會評化學獎，就把化學獎頒給了約里奧夫婦，理由是他們發現了人工放射性，即人工造出了放射性元素。

當時物理獎跟化學獎分得不太清楚，例如拉塞福本人也得過化學獎。得獎通知來的時候，他也沒想到會給他一個化學獎。拉塞福拆開信一看，就哈哈大笑，說：「你們看，他們給我的是化學獎，我這一輩子都是研究變化的，不過這次變化太大了。我從一個物理學家一下變成化學家了。」

中子星的預測

回歸正題，我們接著講有關中子星的事。1932 年中子發現的時候，訊息傳到哥本哈根的理論物理研究所，當天晚上波耳就召集全所的人開會，邀大家暢談對發現中子一事的感想。當時有一個在那進修的年輕的蘇聯學者，叫朗道（Lev Davidovich Landau），立刻即席發言，說：「宇宙中可能存在主要由中子構成的星。」也就是中子星，這是我們知道的最早的對中子星的談論。

1939 年，歐本海默對中子星進行理論研究時，發現中子星也有一個質量上限，大約 3 個太陽質量。超過這個質量上限（即歐本海默極限）的中子星還會繼續往裡面塌，於是歐本海默預測了「暗星」，也就是我們今天所說的黑洞的存在。

「小綠人」

1967 年，英國劍橋大學的休伊什和貝爾發現了中子星。他們是偶然發現的。休伊什設計了一套接收宇宙中來的無線電波的儀器裝置。我們看見的恆

星都是發可見光的，但是有一些天體是既發可見光又發無線電波的，還有一些是只發無線電波而不發可見光的。他設計了一套裝置，然後讓他的女研究生貝爾在那裡作巡天觀測，尋找各種無線電波的發射源。有一個假日，休伊什回家了，貝爾在觀測中突然發現，在噪聲背景下，似乎有一種很規則的脈衝訊號。她就趕緊打電話叫她的老師過來。老師過來看了以後說：「這個確實值得注意，你不要告訴任何人。」然後他就研究了，公布說發現了一個這樣的無線電波源，別人就問：「在哪？」打電話問他，他不肯說。不久又宣布發現了一個，然後又發現了一個，別人問他，他都不說。結果有的人就生氣了：「有你這樣研究的嗎？你既然公布了就應該告訴我們在哪裡，大家共同研究嘛！」 最後迫於壓力，休伊什被迫說出了幾個無線電波源的位置。

後來，這一發現獲得了諾貝爾物理學獎。但是諾貝爾獎評委會那次獎頒得不對，只給了休伊什，沒有給貝爾。這件事情在天體物理界引起了軒然大波，很多人出來為貝爾打抱不平。休伊什說了一些很不應該的話，他說：「那怎麼了，獎頒得沒什麼問題啊。這儀器是我設計的，是我讓她看的。」可是話又說回來，休伊什給貝爾安排的研究任務並不是尋找中子星。實際上這是一個計畫外的偶然發現。如果貝爾不仔細看，不認真，不認為這是個值得注意的訊號的話，那他們就發現不了。所以有些人對休伊什很有意見，包括霍金，他們開始挖苦休伊什。特別是霍金，在他的《時間簡史》書裡有一張貝爾一個人的照片，強調中子星的發現者首先是貝爾，其次才是休伊什。圖 3-6 這張照片是休伊什和貝爾在他們用以發現脈衝星的天線陣處的合影。

圖 3-6 脈衝星的發現者 —— 休伊什和貝爾

貝爾對她的老師從來沒有一句抱怨，只是她改行了。別人怎麼說，她都不附和，不表態。

休伊什和貝爾剛開始收到這種規則脈衝訊號的時候，以為是來自外星人的聯絡，就取了個代號叫「小綠人」。後來發現這個「小綠人」根本不是外星人，為什麼呢？這些脈衝沒有任何變化，間距沒有變化，振幅也沒有變化，不負載任何訊號。後來發現這是中子星發射的脈衝，是高密度的中子星旋轉的時候射出來的。

脈衝星

你們看圖 3-7，這是一個高密度的旋轉中子星，它磁場非常強，為什麼？譬如太陽有磁場，它如果體積收縮的話，磁場並不會消失，在那麼小的範圍之內磁場會顯得很強，強磁場引起很多電子旋轉，就會沿著兩個磁極方向產生輻射。中子星轉動的速度非常快，每秒鐘能轉幾百次。怎麼會轉那麼快呢？因為角動量守恆。恆星是有自轉的，但轉速一般很慢，這一塌縮下去，體積大大減小，轉動慣量減小了，但要保持角動量守恆，轉速就必須增大。由於自轉軸一般不與磁軸重合，沿磁軸的電磁輻射就像探照燈的光柱似的在宇宙空間掃描，每掃過地球一次，我們就收到一個脈衝，再掃過一次又收到一個脈衝，所以這種星起初叫脈衝星。現在已經知道了，脈衝星其實就是中子星，密度每立方公分 1 億噸到 10 億噸。目前中子星的發現已經被科學界確認了。

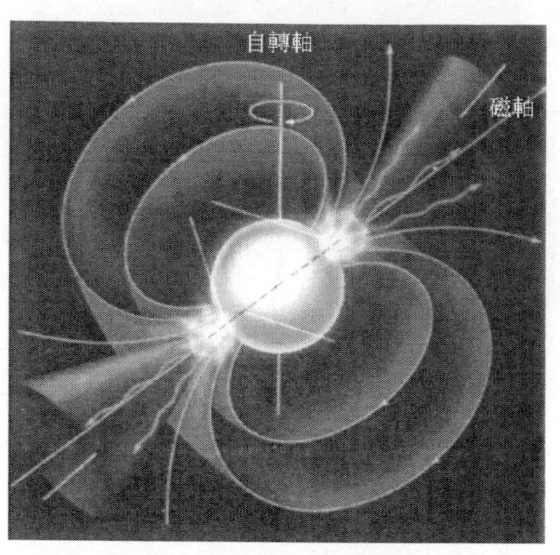

圖 3-7 脈衝星 - 中子星

東方人也對中子星的發現有所貢獻。宋仁宗至和元年（1054 年），有個人看到，天空中出現了一顆「客星」。所謂「客星」就是在本來沒有恆星的天空位置上，突然出現的一顆亮星。有多亮呢？「晝見如太白」，即白天看起來像金星那樣亮，持續了 23 天，然後暗下去，但此後有一年多的時間，夜間仍可看到。（圖 3-8）。

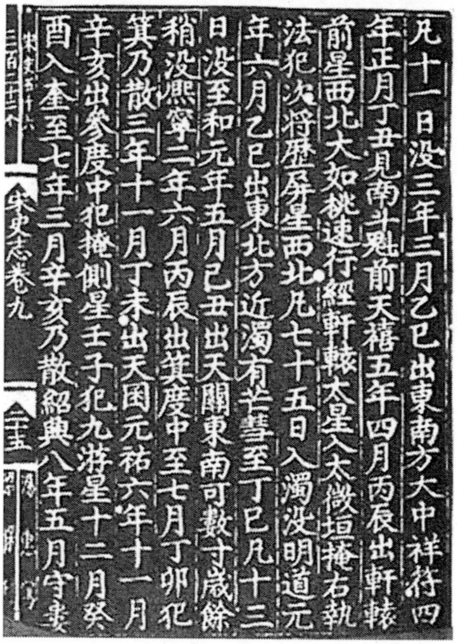

凡十一日沒三年三月乙巳出東南方大中祥符四
年正月丁丑見南斗魁前天禧五年四月丙辰出軒轅
前星西北大如桃速行經軒轅大星入太微垣掩右執
法犯次將歷屛星西北凡七十五日入濁沒明道元
年六月乙巳出東北方近濁有芒彗至丁巳凡十三
日沒至和元年五月己丑出天關東南可數寸歲餘
稍沒熙寧二年六月丙辰出箕度中至七月丁卯犯
箕乃散三年十一月丁未出天囷元祐六年十一月
辛亥出參度中犯掩側星壬子犯九斿星十二月癸
酉入奎至七年三月辛亥乃散紹興八年五月守婁
宋史志卷九

圖 3-8 宋朝人對超新星的記載

現在我們知道，這種客星就是恆星演化到晚期發生的大霹靂現象，叫作「超新星爆發」。質量超過太陽七八倍以上的恆星，晚期都會出現超新星爆發。超新星一天發出來的光，相當於太陽一億年發出來的光，它的

亮度幾乎可以與整個星系（含有大約 10 億顆恆星）的亮度相比（圖 3-9）。

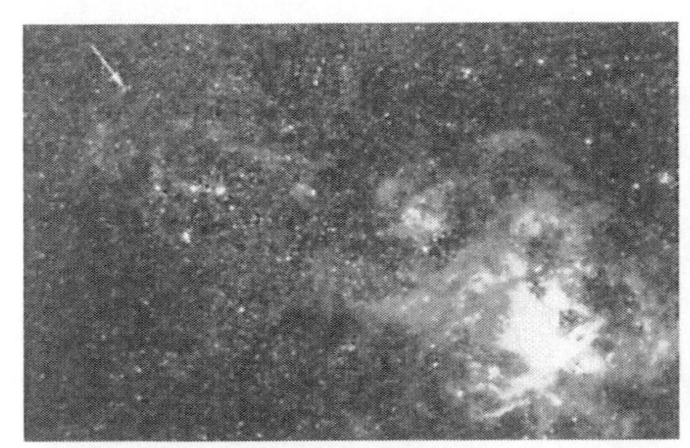

圖 3-9 超新星爆發

圖 3-10 蟹狀星雲

1731 年，英國的一個天文愛好者，在金牛座發現一個螃蟹狀的星雲（圖 3-10）。1928 年，哈伯認識到它由氣體和塵埃構成，正以大約每秒 1100 公里的速度膨脹，其中心有顆小暗星，推測它們是超新星爆發的遺跡。1944 年，一位天文學家和一位漢學家合作，意識到這個蟹狀星雲就處在宋朝人記錄的超新星爆發的位置，這些氣體和塵埃就是這顆超新星爆發的遺蹟。中心的暗星就是爆炸的殘骸。1968 年，發現這顆暗星是一顆脈衝星，也就是中子星。這一發現證實了人們的推測，中子星是經過超新星爆發形成的，爆發的結果不僅能形成中子星，還可能形成黑洞。

中子星靠什麼支撐呢？白矮星是靠電子之間的包立斥力，中子星是電子壓到原子核裡後與質子結合形成中子，它是靠中子之間的包立斥力支撐的。中子之間的包立斥力比電子之間大，但也不是無限大，所以中子星也有個質量上限。這個質量上限叫歐本海默極限。超過這個極限，中子間的包立斥力就承受不住了，中子星就進一步塌縮，最後形成黑洞。

4. 黑洞初探

奇點與奇面

我們現在介紹一下黑洞。拉普拉斯和歐本海默都談到過形成暗星的條件。暗星的半徑如式（3.3）所示，物質都縮到裡面以後就形成了黑洞。

圖 3-11 中這個半徑 $r=\frac{2GM}{c^2}$ 的球面後來起名叫視界，這是一個奇異的表面。在中心 $r=0$ 這個地方，還有一個奇點。

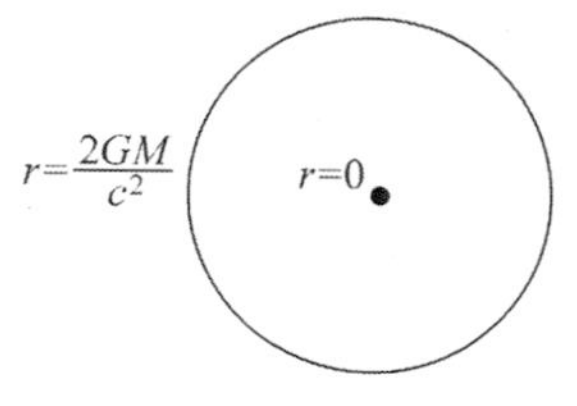

圖 3-11 球對稱的黑洞

「時空互換」

黑洞很有意思，在它的裡面，時空座標會互換，也就是說在它裡面 t 座標不再表示時間，而是表示空間了。而它的那個半徑 r 變成了時間。時間是

有方向的。黑洞內部的時間方向是朝裡的，朝中心的。所以進到黑洞裡的物質都不能停留，要一直縮到奇點上面去。因此黑洞沒有什麼高密度的結構，它裡面都是些真空。外邊可以是真空，當然也可能有物質圍著它轉。但是物質一旦掉進去以後就會直奔這個奇點，只有奇點處的密度是無窮大。奇點問題的研究現在還不是特別清楚。

r 現在是時間了，那麼這個 $r=0$ 就不是球心了。只有 r 是空間座標，是半徑時，$r=0$ 才是球心。現在 $r=0$ 是時間的終點，是時間結束的地方。黑洞內部時間方向朝裡。有人問時間為什麼朝裡，它為什麼不能朝外？可以朝外，朝外就是白洞。相對論只告訴了我們是洞，並沒說它是黑洞還是白洞。為什麼大家平常只談論黑洞呢？因為這種東西是高密度的星體往裡塌縮形成的。它初始條件是向裡掉的，所以我們談的都是黑洞。但是相對論並不否認白洞，也有一部分論文談論白洞，照樣可以發表。但是人們想不出來自然界怎麼才能形成白洞。

飛向黑洞的火箭

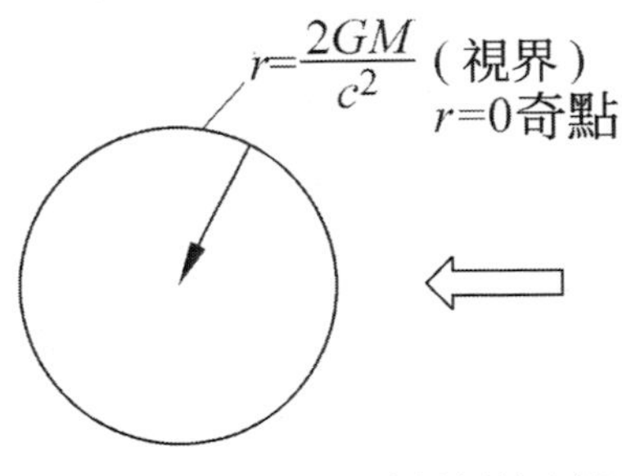

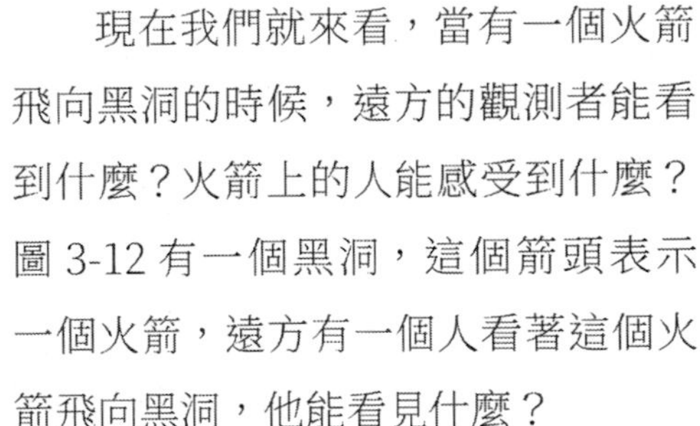

圖 3-12 飛向黑洞的火箭

現在我們就來看，當有一個火箭飛向黑洞的時候，遠方的觀測者能看到什麼？火箭上的人能感受到什麼？圖 3-12 有一個黑洞，這個箭頭表示一個火箭，遠方有一個人看著這個火箭飛向黑洞，他能看見什麼？

我們知道，在物質密度特別大的地方時空彎曲得厲害，時空彎曲得厲害的地方，時鐘就走得很慢。所以越靠近黑洞表面，放在那裡的鐘走得越慢。根據現在的研究，如果有一個鐘擺在黑洞表面，那根本就不走。遠方的人看它，根本就不走。所以遠方的人將能看到火箭越飛越慢，越飛越慢，最後就黏在黑洞的表面上，進不去。還有什麼現象呢？這火箭會越來越紅。為什麼呢？因為有紅移，時鐘變慢後就會出現紅移。遠方的人就看見這火箭是越來越慢，越來越紅，最後就黏在黑洞的表面上。還有什麼呢？會看到這火箭越來越暗，消失在那個地方的黑暗之中。但看不見它進去。

進入黑洞的冒險者

那麼它進去沒有呢？它進去了。火箭上的人用的鐘，不是遠方觀測者的那個鐘，而是他自己攜帶的火箭上的鐘。他覺得自己很順利地就進入黑洞了。並且進去以後火箭不能停留，而會直奔奇點。這是因為黑洞裡面「半徑r」成了時間，時間有方向，會不停地向奇點處流逝，所有進入黑洞的物體必須「與時俱進」，奔向奇點，不能停留，所以它的末日就降臨了。奇點那處密度是無窮大，當火箭非常接近奇點的時候，潮汐力就會把它撕碎。

既然火箭進去了，為什麼外面的人沒看見它進去呢？這是因為它的背影留在外面了。我們地球上有個人出門，一出門你看他那背影一閃，沒了。為什麼沒了呢？組成他背影的光子都過來了，不再存在了。可是黑洞的表面呢，那裡時空彎曲得很厲害，組成火箭背影的光子不會一下都跑出來。它們會慢慢地往外跑，越跑光子密度越稀，所以你看到的背影是慢慢消失的，越來越暗，然後看不見了，但是你又看不見它進去。因此遠方的人看見火箭是越來越慢，越來越紅，越來越暗，最後黏在黑洞的表面上，像冰凍一樣凍結

在黑洞的表面，消失在那裡的黑暗之中。所以蘇聯人叫黑洞「凍結星」。

蘇聯的澤爾多維奇，他剛開始只是物理實驗室的一名實驗員，後來科學家們發現這個年輕人雖然沒上過大學，但是非常聰明能幹，就鼓勵他去進修，後來他成為蘇聯最傑出的理論物理學家、天體物理學家，是蘇聯核武器的主要設計者之一。最早研究黑洞的人大多是核武器的設計者。因為原子彈製造完以後，不知道該做什麼，正好研究黑洞。

那麼，進入黑洞的人有什麼感覺呢？他會感到潮汐力越來越大。什麼是潮汐力呢？潮汐力就是萬有引力的差。比如說一個人站在地面上，受到一個重力，腳底受到的重力和頭頂受到的重力大小是有點差別的。原因是什麼呢？就是他腳底到地心的距離和頭頂到地心的距離差一個 δ。這個 δ 就是他的身長。對不對？這個重力差有多大呢？ 3 滴水的重量，所以我們平常都感覺不到。

為什麼地球上會有漲潮退潮呢？主要是月球的引力造成的。你看圖 3-13，這是一張示意圖，這是地球，有一個水圈。A 點到月亮的距離和 B 點到月亮的距離，差地球的直徑，所以這兩點有個萬有引力差，A、B 這兩個方向是漲潮，其他方向是退潮。當然還有一個次要作用就是太陽的因素。太陽和月亮如果都在地球的同一側，或者在兩側，那麼就漲大潮。如果日地連線是在月地連線的垂直方向上，那麼正好兩個作用稍微抵消，漲的就是小潮。當然，要仔細研究這個問題，還是需要做一些計算的。這只是一個示意圖。

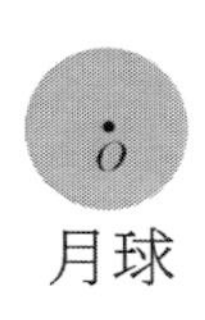

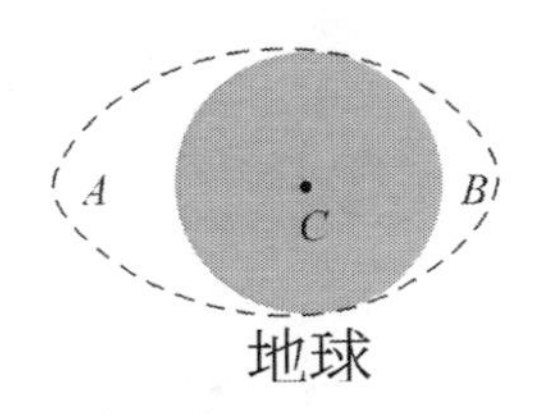

圖 3-13 漲潮與退潮

在黑洞裡，火箭靠近奇點的時候，火箭前後受到的潮汐力非常大，會把火箭和飛行員全部撕碎，然後壓到奇點裡面去。奇點是時間的終點，於是火箭和飛行員就處於時間之外了。什麼叫處於時間之外呢？目前還不能給出很好的解答，現在學物理的人也沒仔細研究，覺得不可能處於時間之外，但是也不清楚這個情況到底是怎麼回事。

轉動的黑洞

現在，我們來看一下轉動的黑洞（圖 3-14）。一個旋轉的黑洞，裡面的結構是很複雜的。對於不旋轉的黑洞，飛船進去以後肯定就是它的末日了。但是旋轉的黑洞呢，它裡面有個空間，火箭還可以在裡頭轉，中間不是一個奇點，而是一個奇環。因為黑洞旋轉，就帶動周圍時空轉。有個同學曾問我關於拖曳的問題。靠近旋轉黑洞有一個範圍，叫作能層，火箭進入能層就會被拖動，根本停不住。在能層裡任何東西都不可能靜止。必定會被轉動的黑洞拖動，圍著它轉，這叫拖曳效應。拖曳效應是一種時空效應，是轉動黑洞「拖動」周圍時空，使時空跟著自己旋轉的效應，由於能層中的時空被拖著轉動，所以位於其中的物質被迫跟著時空一起轉，不可能靜止。

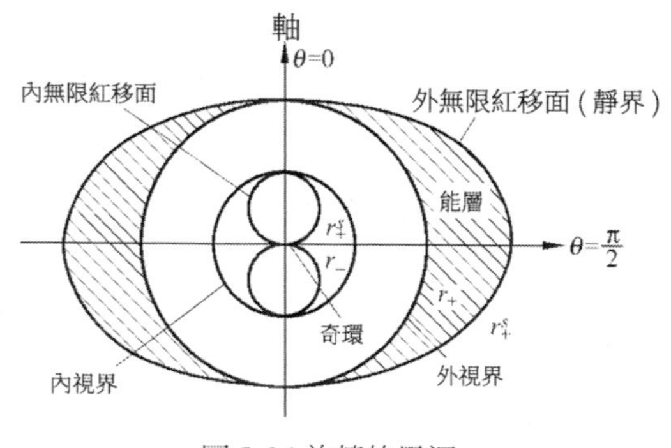

圖 3-14 旋轉的黑洞

我們這次只能先提一下黑洞形成的可能性。從今天介紹的內容看，黑洞確實是可以形成的。

學生提問：剛才講的牛頓力學和廣義相對論，給我的感覺好像是對同一個問題從兩種角度去描述，我有這種感覺。我想知道廣義相對論和牛頓力學的區別到底在什麼地方。是不是一個是對的，一個是錯的？

答：牛頓的萬有引力定律可以看作廣義相對論的一個近似，這就是說在引力場很弱的情況下這兩個理論是一致的。其實在地球引力場當中，牛頓的萬有引力定律已經足夠精確了。所以能夠檢驗廣義相對論和牛頓萬有引力定律差別的實驗非常少，就只有四五個。但是呢，如果時空彎曲得很厲害，比如在中子星附近、黑洞附近，還有宇宙演化的早期，以及整個宇宙的演化，都必須用愛因斯坦的廣義相對論來研究，用牛頓的理論就不行了，誤差就太大了。這兩個理論應該說都是正確的。只不過一個精確，一個不夠精確，我們很多理論都是這樣的。不夠精確的理論往往仍是可用的，比如說我們原來在討論凝聚態物理的時候，有很多東西用普通量子力學就能解決問題，甚至沒有用相對論量子力學。你要用相對論量子場論來做那個東西就複雜多了。但得到的結果在有些情況下差別不大。所以很多人直接用量子力學也能解決一些問題。牛頓定律也是這樣，現在我們發射衛星全部只用牛頓定律。研究白矮星也只用牛頓理論就足夠了，但是研究中子星和黑洞必須用廣義相對論，否則這個差異就太大了。還有研究整個宇宙的話，必須用廣義相對論，用牛頓理論會有大的矛盾。

學生提問：老師，我想問一下黑洞既然有溫度，有熱輻射，那麼現在探測黑洞的主要方法是什麼呢？

答：黑洞是有溫度的，但是黑洞的溫度一般來說很小，太陽質量的恆星

縮成半徑 3 公里的黑洞，這麼大的黑洞在望遠鏡中還有可能觀測到，但是，它的溫度只有 10^{-6} 開，比微波背景輻射的 2.7 開還要低很多，所以就無法探測到。因此直接利用霍金輻射，就是黑洞本身的熱輻射來探測黑洞現在還不行。現在研究的是，當一些物質被黑洞吸積的時候，它在黑洞外旋轉著往裡掉，這時候會有比較激烈的效應，這樣人們就有可能判斷那是不是黑洞。但是令人遺憾的是，中間是顆中子星或者其他星體的話，物質往裡掉，也會有類似效應。還沒有找到它們之間判別性的差異。所以這個問題暫時還解決不了。

學生提問：老師，我有一個問題，黑洞有沒有終結？剛才老師提到黑洞有黑體輻射，如果能量守恆依然成立的話，黑體輻射會使黑洞的能量慢慢地減少，最後黑洞是不是會消失？

答：是的，黑洞輻射以後就會變小，而且黑洞的熱容量是負的，它越輻射，溫度反而越上升，跟一般物體不一樣，所以最後小黑洞就炸掉了。這是現在對黑洞結局的一種看法。

第三講附錄　漫談黑洞（I）

1. 閔考斯基的四維時空

愛因斯坦建立狹義相對論的最初幾篇論文，並沒有引用四維時空的概念，這一概念是他大學時代的數學老師閔考斯基引進的。閔考斯基在為自己學生的成就感到高興的同時，意識到如果把時間與空間看做一個整體，看做四維時空，則相對論的數學形式可以更為簡潔美觀。於是他引入了四維時空的概念，粗略地說，就是把時間看作「第四維空間」。

人們早已知道，空間是三維的。如果引進笛卡爾直角座標，三維空間中兩點之間的距離 dl 可以寫為

$$dl^2 = dx^2 + dy^2 + dz^2 \tag{3.5}$$

如果用球座標表示上式，就變成

$$dl^2 = dr^2 + r^2 d\theta^2 + r^2 \sin^2\theta d\phi^2 \tag{3.6}$$

閔考斯基把時間看作第四維空間後，建構出一個四維時空。假如仍然採用直角座標，則兩點之間的距離 ds 可以寫作

$$ds^2 = -c^2 dt^2 + dx^2 + dy + dz^2 \tag{3.7}$$

假如用球座標表示，則為

$$ds^2 = -c^2 dt^2 + dr^2 + r^2 d\theta^2 + r^2 sin^2\theta d\phi^2 \tag{3.8}$$

其中時間 t 的前面乘以光速 c，是為了使時間項的單位與空間項一致。閔考斯基考慮「光速不變原理」後，正確地認識到上式中時間項和空間項之間應該差一個負號。

用式（3.7）或式（3.8）表達的四維時空，後來就稱為「閔考斯基時空」。由於時間項與空間項之間差一個負號，所以在幾何學中，閔考斯基時空的幾何不屬於歐幾里得幾何，而屬於偽歐幾里得幾何。

閔考斯基用自己的四維時空概念重述了愛因斯坦的相對論。愛因斯坦非常讚賞老師的這一傑作，並對他開玩笑說：您這樣一改，我都看不懂自己的相對論了。閔考斯基的四維時空理論，為愛因斯坦後來構建廣義相對論鋪墊了第一塊基石。

廣義相對論認為，物質的存在會造成時空彎曲。不存在物質時，四維時空就是式（3.7）或式（3.8）所示的閔考斯基時空，當存在物質時，四維時空就會變彎，式（3.7）與式（3.8）就會有所變化。

2. 史瓦西時空 —— 球對稱的彎曲時空

德國數學、天文學家史瓦西，算出了廣義相對論的第一個嚴格解 —— 史瓦西解。該解表達了當時空中存在一個不隨時間變化的球對稱物體時，時空彎曲的情況。這時式（3.8）將變成

$$ds^2 = -\left(1-\frac{2GM}{c^2r}\right)c^2dt^2+\left(1-\frac{2GM}{c^2r}\right)^{-1}+dr^2+r^2d\theta^2+r^2sin^2\theta d\phi^2 \tag{3.9}$$

式中，M 是物體的質量，G 是萬有引力常數，c 是真空中的光速。我們

看到上式中，時間項與空間項之間仍然差一個負號。此式與式（3.8）的區別在於多了形如$\left(1-\frac{2GM}{c^2r}\right)$的因子，這正是時空彎曲的表現。

不難看出，當 $M=0$ 時，式（3.9）回到式（3.8），這表明物質消失時，彎曲時空恢復為平直時空。當 $r\to\infty$ 時，式（3.9）也回到式（3.8），它表明，在無窮遠處質量的影響減弱，時空逐漸變得平直。

數學、物理學家們在對式（3.9）所示的彎曲時空進行研究時，發現此時空在

$$r=0 \tag{3.10}$$

處有一個奇點。在

$$r=\frac{2GM}{c^2} \tag{3.11}$$

處有一個奇異面。從式（3.9）不難看出這種情況。當 $r=0$ 時，dt^2 前的係數為無窮大。當 $r=\frac{2GM}{c^2}$ 時，dr^2 前的係數將變為無窮大。這些無窮大說明式（3.9）出現了奇異性。

進一步的研究表明，球心（$r=0$）處的奇異是真奇異，時空曲率在那裡發散（無窮大），而且這一發散不能通過座標變換來消除。我們稱這種奇異性為內稟奇異性，稱 $r=0$ 處為內稟奇點（或簡稱奇點）。

而 $r=\frac{2GM}{c^2}$ 處的奇異性是假奇異，換一個座標系看（例如自由下落座標系），式（3.9）在此處的奇異性就會消失，而且時空曲率在那裡正常，並不發散。人們稱這種奇異性為座標奇異性。

不過，後來的研究表明，球面 $r=\frac{2GM}{c^2}$ 處的奇異性雖然是假奇異，卻有物理意義。這一球面恰是黑洞的表面，不難看出它恰是式（3.3）給出的暗星表面。

3. 時空座標互換

再來看式（3.9），它與式（3.8）有一點類似，時間項的前面是負號，空間項的前面是正號。我們把這一正負號差別，看做時間與空間的差別。

你們想一想，上述結論僅在

$$r > \frac{2GM}{c^2} \tag{3.12}$$

時正確，也就是說只在黑洞外部正確。當

$$r < \frac{2GM}{c^2} \tag{3.13}$$

時，式（3.9）的括號中的項將變成負值，這時 dt^2 項的前面成了正號，而 dr^2 項的前面成了負號。這一正負號的改變表明，在黑洞內部，t 變成了空間座標，而 r 變成了時間座標，這就是「時空座標互換」。

所以，在黑洞內部，$r=$ 常數的曲面不再是球面，而成了「等時面」，即同一時刻的「同時面」。由於時間有方向，只能向一個方向流動，因此「等 r 面」成了單向膜。又由於黑洞內部的時間方向指向 $r=0$，所以任何物體都只能穿過單向膜往 $r=0$ 處跑。於是，史瓦西黑洞內部成了「單向膜區」，任何落入黑洞的物體都不能停留，都必須「與時俱進」，奔向 $r=0$ 處的奇點。也就是說，黑洞的內部除去 $r=0$ 處之外，全部是真空，沒有任何物質存在。而 $r=0$，現在不再是球心，而是時間的「終點」。不過，這個「終點」本身並不屬於時空，可以看做時空中挖掉的一個點。

需要說明一下，廣義相對論並不排斥有「白洞」存在。白洞內部也是單向膜區，只不過時間方向向外，$r=0$ 處成了時間開始的地方。

黑洞是任何東西都可以掉進去，但任何東西都跑不出來的「星體」。而白

洞則是不斷往外噴東西，但任何東西都掉不進去的「星體」。

4. 視界與無限紅移面

在第二講中曾經談到，廣義相對論預測彎曲時空中的鐘會變慢，並且導致那裡的光源發出的光會發生紅移，這種紅移稱為重力紅移（即時空彎曲造成的紅移），實驗觀測支援了這一結論。

為了探討黑洞的性質，我們來研究一下重力紅移效應。廣義相對論認為，一個球對稱星體（例如太陽）造成的彎曲時空中，時鐘變慢由下式決定

$$\Delta t = \frac{\Delta\tau}{\sqrt{1-\frac{2GM}{c^2 r}}} \tag{3.14}$$

式中，M 為星體質量，G 為萬有引力常數，c 為真空中的光速。τ 為靜止在星體（太陽）附近的彎曲時空中的鐘走的時間，t 為無窮遠處（那裡時空平直。相對於太陽，地球就可看做是無窮遠）觀測者的鐘所走的時間。由於公式根號中的因子小於 1，所以 $dt > d\tau$。這表明太陽表面的鐘走 1 秒時間，地球處的鐘走的時間 dt 將多於 1 秒，因此在地球上的觀測者看來，太陽表面的鐘變慢了。相應的重力紅移公式為

$$v = v_0\sqrt{1-\frac{2GM}{c^2 r}} \tag{3.15}$$

式中，v 為地球觀測者拍到的太陽光譜線的頻率，v_0 則為地球觀測者在地球實驗室中拍到的同一種元素的同根光譜線的頻率。從上式看，顯然 $v<v_0$，所以在地球上的人看來，從太陽來的光線的頻率減小了，即波長增大

了，發生了紅移。

我們在第二講中已經談到，實驗觀測支援了上述結論。現在我們來看，當星體不是太陽，而是黑洞，會發生什麼情況。

我們從黑洞表面直到觀測者所在的位置，放置一系列鐘和光源。對於靠近黑洞表面的鐘和光源，由於

$$r \to r_g = 2GM/c^2 \tag{3.16}$$

式（3.14）與式（3.15）中根號內的因子趨於零。於是我們看到，位於黑洞表面附近的鐘，即使 $d\tau$ 取很小的值，都會有 $dt \to \infty$。所以，在遠方觀測者看來，黑洞表面處的鐘完全不走了。我們從式（3.15）則看到，不管 ν_0 取什麼值，都會有 $\nu \to 0$，即波長 $\lambda|\lambda \to \infty|$，光譜線發生無限紅移。因此，我們稱黑洞的表面為「無限紅移面」。

由於黑洞裡面的任何東西都跑不出來，外部觀測者得不到來自黑洞內部的任何資訊，因此黑洞的表面是外部觀測者能得到資訊的區域的邊界，所以黑洞的表面被稱為「事件視界」，簡稱「視界」。

第四講　霍金、潘洛斯與黑洞

圖：繪畫：張京

霍金（圖 4-1）在 1985 年去過中國發表演講，並與研究相對論的教授和研究生進行過學術交流。交流之餘他提出，想遊覽長城，北京師範大學的幾位研究生把他連輪椅一起抬上了長城。

圖 4-1 霍金在劍橋大學校園

1. 霍金

綽號「愛因斯坦」

現在分幾個部分來介紹霍金在學術上的貢獻。首先讓我們了解一下這位明星科學家 —— 霍金。有人說他是當代的愛因斯坦。霍金 1942 年 1 月 8 日出生於牛津，因為時值第二次世界大戰，英國和德國達成一個默契，就是英國的飛機不炸德國的哥廷根和海德堡，德國的飛機不炸牛津和劍橋，雙方都不炸對方的文化中心，所以霍金的母親就到牛津生下他，那個地方比較安全一點，可以多住幾天。

霍金出生那天，正好是伽利略逝世 300 週年。他經常跟人談到這一點，意思就是你們看看，我像不像個伽利略再世？但是他也跟別人說，其實那天出生的孩子有 20 萬人。霍金的父母都是牛津大學畢業的，父親是學生物醫學的，母親是學書記的。由於家裡不是很有錢，他小時候上不起那種很昂貴的私立學校，只是在一個中等偏上的學校讀書。當時英國的教育制度很嚴格，每個年級都把學生分成 A、B、C 三個班，功課最好的在 A 班，差一點的在 B 班，再差的在 C 班。每一年要進行一次調整，A 班的二十名以下的學生要降到 B 班，B 班的前二十名要升到 A 班，然後 B 班和 C 班也進行這種交換，所以學生壓力都非常大。霍金說第一學期他考了第二十四名，第二學期考了第二十三名，幸虧他們還有一個第三學期，考了第十八名，結果沒有掉下去。他說對於掉下去的那部分學生來說，打擊實在是太大了，他並不贊同這種制度。

在學校裡，霍金的功課很普通，作業不整齊，字也寫得不好，老師不怎麼看好他。但是他在跟同學們聊天時，一會兒談一談宇宙為什麼會有紅移，是不是光子在路上走得疲勞啦，然後就變紅？一會兒又談宇宙創生是否需要上帝幫忙啊？經常談論這樣的問題，所以同學們都認為他很聰明，給他取了個外號叫愛因斯坦。

從牛津到劍橋

考大學時，霍金雖然自己覺得考得不是很理想，但是還是考上了牛津大學。他這個人原本不喜歡物理，他說中學的物理課程簡單而且枯燥，沒什麼意思，化學就有意思多了，為什麼呢？因為化學課有時候會出現一些意想不到的事情，比如爆炸、著火之類的，所以有趣。一直到中學的最後兩年，受到一位老師的影響，他開始覺得物理還是挺好玩的，對整個宇宙都有所描述，對基本粒子也有描述，於是轉而考了物理系，學習物理。

去牛津大學的時候正好碰上教育改革，只在剛進學校的時候考一次試，然後就不考了。他們的本科是三年，最後畢業的那一年再集中考一次試，在四天之內上下午連續考，把所有課全部考一遍。但是這期間沒有人管，所以當時學生壓力不大。霍金回憶，他當時一天學習的時間平均不到一個小時。老師講課也不一樣了。老師來了，跟他們說，現在講電磁學，你們翻到第十章，回去自己看，後面有十三道題，過兩個星期把作業交上來，老師下課了，這課就算上完了。下課後同學們就開始寫題目。雖然只有十三題，但都很困難，他的同學都只答了一兩題，其餘的都沒能答出來。到了截止日前一天，霍金才想起來作業還沒做，於是他沒去聽該上的課，趕緊補作業。其他幾個人就想，這時候才想起來要寫作業，等著看他的笑話吧。到了中午的時候，那幾個同學上完課回來，問他說，你的作業寫得怎麼樣啊？他說：「這些題確實不太好寫，我沒寫完，只寫了十題。」可見當時他在同學之中，算是相當出類拔萃。

到了大學畢業的時候，最後四天的考試非常難。霍金當時神經衰弱，考得不太滿意。他們宿舍有四位同學，都想繼續進修當研究生。考完以後，有三個人覺得考得不行，包括霍金，只有一個人覺得考得不錯，最後就是覺得考得不錯的那個人沒考上，這三個感覺考得不行的竟都通過了筆試。口試的時候，老師問霍金，你是留在牛津還是去劍橋？牛津和劍橋可以交換研究生。霍金說，你們要給我一等成績我就去劍橋，給我二等我就留在牛津。結果老師給了他一等，讓他去了劍橋。

劍橋：人生的轉折點

霍金希望到劍橋研讀天體物理。其實他在大學的時候，原本對粒子物理有興趣。但在 1960 年代的時候，粒子物理跟現在有很大的差異。那時候研究粒子物理，確實就像霍金說的那樣，就跟研究植物學分類相似。只研究粒子的對稱性和分類，看不出什麼有前景的東西來。那個領域裡，當時還沒有發現弱相互作用和強相互作用的方程式，除去電磁力外，沒有任何描述粒子間相互作用的動力學方程式，他認為這很無趣。而且發現的基本粒子越來越多，但是還找不到規律，他想，至少宇宙學裡還有一個愛因斯坦的相對論可以研究，內容也比較有趣，於是他就想改學天體物理。

最初霍金去劍橋，目的是要跟霍伊爾學習。霍伊爾是著名的天體物理學家，曾解決了核融合反應階梯中氦聚合生成碳的著名難題。他還提出過一個穩態宇宙模型，跟現在的大霹靂宇宙模型不一樣。大霹靂宇宙就是伽莫夫的火球模型。這個模型認為宇宙剛開始起源於一個原始的核火球，然後膨脹開來，逐漸降低溫度，物質密度逐漸減小，演化成了今天的宇宙。霍伊爾不同意火球模型，他認為宇宙確實是在膨脹的，但在宇宙膨脹過程中，不斷有物質從真空中產生出來，所以膨脹的時候宇宙中物質的密度基本保持穩定，跟火球模型不一樣。霍伊爾不僅不同意火球模型這種觀點，還諷刺火球模型的說法，說你那個模型乾脆就叫大霹靂模型得了，結果這名字就用下來了，所以現在一直稱這種火球模型為大霹靂模型。

起初霍金想做霍伊爾的研究生，但是霍伊爾不要他，霍金沒辦法，只好找另外的教授。劍橋還有一位天體物理學家叫夏瑪。夏瑪是誰？霍金從來沒聽說過，可是也沒辦法，已經來了，霍伊爾又不要他，那就只好跟著夏瑪吧。後來才發現這是一個很好的選擇。夏瑪有一個特點，從來不主動管學生。你不找我，我就不找你。如果你來找我，我們就討論。然後我可以給你建議，說你去找誰誰誰，或者你去看什麼什麼資料，看什麼什麼書，就這樣。霍金逐漸發現，夏瑪的這種方式很好，很適合自己。

有人認為夏瑪這種指導研究生的方式不合格。後來發現，跟霍金差不多年紀，全世界最著名的八九個相對論專家當中，有四個是夏瑪的學生，可見他帶博士生的方法是對的。博士生跟碩士生不一樣，不應該扶著往上走，而應該讓他們自己找路往前走。

霍金本來不大用功，但是在快畢業的時候出了一件事：有一次繫鞋帶時突然發現自己的手不太對勁。剛開始他沒有太在意，後來發現越來越嚴重。考上研究生一年左右，他覺得必須找醫生去看一下了，於是去醫院檢查。原來他得了肌萎縮性脊髓側索硬化症，是不治之症。他當時才二十幾歲，得這樣的病。醫生也直接告訴他：目前還沒有辦法醫治。他剛知道病情的時候，情緒一下就跌落谷底，整天在屋子裡喝悶酒。他想自己大概再過兩三年就死了。

過了一段時間，霍金發現自己還有一點時間。另外，他有個女朋友，是牛津大學哲學系的學生，她堅持要繼續陪伴他。霍金一想，他還要結婚、養家，不能就這麼頹廢下去，於是他開始發憤圖強。用功了一段時間，霍金發現自己喜歡學習，適合學術研究，於是他就慢慢沉迷進去了。這次生病是霍金一生當中的一個轉折點，從不用功轉為用功，並開始鑽研物理。

2. 相對論生涯

批判穩態宇宙模型

剛開始夏瑪沒給霍金什麼建議，也不管他。當時的霍金仍然對霍伊爾提出的穩態宇宙模型很感興趣。霍伊爾有個研究生叫納利卡，是個印度人。霍金跑到納利卡的辦公室，看他在做什麼。霍金進去以後就問納利卡：「你在做什麼呢？」納利卡說正在做老師安排的一個課題，霍金說幫他算，納利卡當然說好了。算來算去，霍金突然發現，霍伊爾這個模型大有問題，它方程式裡有一個係數是無窮大。由於係數必須是有限值，不能是零和無窮大，否則係數就沒用了。他發現了這個大問題，但霍伊爾還不知道。

有天，霍伊爾報告這個模型相關的研究，在座的大概幾十個人，講完以後，他開放提問，這時霍金就拄著枴杖站起來了，說：「有個問題，我認為你那個係數是無窮大。」霍伊爾一聽，知道這是個嚴重的問題，立刻垮下臉來，說不是無窮大。霍金說是無窮大。霍伊爾說不是。霍金堅持說是。霍伊爾說：「你怎麼知道？」霍金說：「因為我算過這個東西。」聽眾開始議論紛紛，最讓霍伊爾受不了的是，有幾個人居然笑起來了。他覺得實在是太沒面子了，但也沒辦法。散會後，霍伊爾說霍金的行為不義，既然知道論文有錯，為什麼不在會前提出，讓他在會上當眾出糗？與會的有些聽眾卻認為，真正有錯的是霍伊爾，為什麼要在研討會上發表還未成熟的研究？

霍金此舉等於給了穩態模型重重一擊。恰好那時候，一些天文學家發現了微波背景輻射，這正是火球模型預測的大霹靂餘熱。從那以後，穩態模型的研究就很少有人再涉及了，大霹靂模型完全占了上風。

奇點疑難：幸遇潘洛斯

夏瑪一生在相對論上沒什麼太大的貢獻。他自己說過，他對相對論有兩個重要貢獻，第一就是把數學家潘洛斯拉來研究相對論，第二是培養了霍金這麼一個學生。他很得意。當時潘洛斯還不在牛津，是在倫敦的一間大學裡工作。潘洛斯有時候來劍橋和夏瑪討論問題，經夏瑪介紹，霍金認識了潘洛斯。

潘洛斯在研究什麼呢？他在研究奇點定理。奇點定理是怎麼回事呢？廣義相對論當中，黑洞裡有一個奇點，曲率和物質密度都是無窮大。宇宙大霹靂的時候有一個初始的奇點，大擠壓的時候有一個終結奇點，曲率和密度也都是無窮大。奇點在相對論當中是個很重要的問題，因為絕大多數時空模型都有奇點。

當時蘇聯一些科學家認為，奇點其實是因為人們把對稱性想得太好造成的。比如說黑洞中心有個奇點，是因為人們把黑洞想像成是星體呈精確的球對稱塌縮時形成的，結果就縮成一個點。假如說不是很標準的完美球對稱塌縮的話，星體中的物質就會從中間交叉錯過去，不就不會形成奇點了嗎？他們認為奇點其實是一個偶然的現象。

但是潘洛斯不這麼想，而且潘洛斯提出一個新概念，發展了奇點的定義。他把奇點看成是時間開始或者結束的地方。白洞裡的奇點是時間開始的地方，黑洞裡的奇點是時間結束的地方，宇宙大霹靂的初始奇點是時間開始的地方，大擠壓奇點則是時間結束的地方。潘洛斯針對這個定義證明：一個合理的物理時空，如果因果性成立、有一點物質等，在這些合理的條件之下，時空至少有一個奇點。或者說至少有一個過程，時間是有開始的，或者是有結束的，或者既有開始又有結束。這個問題可是個大問題，因為時間有

沒有開始和結束的問題，自古就有人討論，但那都是哲學家和神學家的事；現在有研究物理的人討論時間有沒有開始和結束。那當然很引人注目了。

霍金對這個問題很感興趣，他的博士論文的第一部分是寫穩態宇宙模型的錯誤，第二部分就是對奇點定理給出了另外的證明。當時潘洛斯已經給出了第一個證明，是針對星體塌縮成黑洞的情況。霍金又給出了另外一個證明，是針對大霹靂宇宙的初始情況。

霍金的第一個工作就是對奇點定理做出了貢獻。他的第二個工作是黑洞面積定理，他認為黑洞的表面積隨著時間向前只能增加不能減少。第三個重要工作，也是他一生當中最重要的工作就是證明了黑洞有熱輻射，也就是霍金輻射。後來他還有一些成果，比如說，他對時空隧道和時間機器的看法。為了解決宇宙奇點困難，他還提出了虛時間和宇宙無邊界論，但也有人覺得他後來的這些研究成果都不如他青年時代的那些研究更有價值。

現在我們就來看他對黑洞研究的貢獻。

宇宙審查假說與無毛定理

上一講已經介紹了黑洞的一些知識，但是重點只講了簡單的球對稱黑洞。簡單的東西容易研究，但是也有缺點，它提供給我們的知識太少。1963年，有一個叫克爾的人，求出了一個旋轉星體外部的時空彎曲情況，這個解很難求，他解出來以後，沒有很多人在意。他在《物理評論快報》上登了很短的一段文章，說這是愛因斯坦方程式的一個解。你如果不信就代進去試一試，的確是一個解，但是他怎麼求出來的呢，有些人還是看不懂。

這個解有一個特點，它中心有個奇環，不是奇點。球對稱的黑洞裡面有個奇點，轉動黑洞裡邊有個奇環（圖 4-2），黑洞的表面叫作視界，球對稱黑

洞的視界是球面。視界就像衣服一樣把奇點包在裡面，外面的人看不見它，因為視界裡面的資訊都出不來。轉動的黑洞也有視界，是一個橢球面，它包著奇環。所以我們看不見奇環。但如果它旋轉得非常厲害，最後這些視界會消失，奇環就裸露出來了。奇環一露出來，就會對時空的因果性造成破壞，所以這種情況是不應該出現的。但是研究證明，當黑洞轉得非常快的時候，奇環還是會裸露。於是潘洛斯就提出一個「宇宙審查假說」，說存在一位宇宙審查員，他禁止裸奇異（裸奇點或裸奇環）的出現。

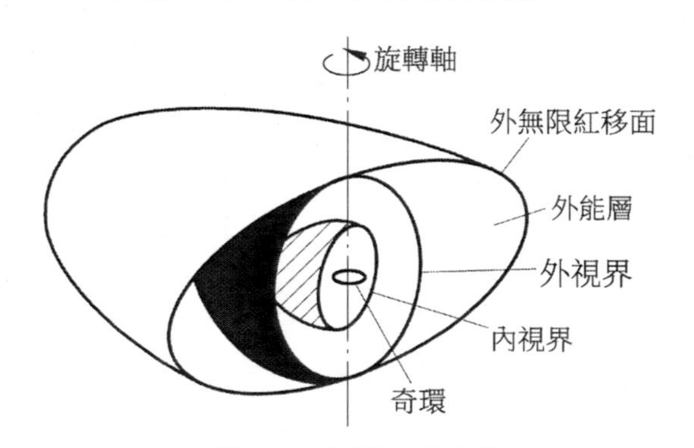

圖 4-2 克爾黑洞的奇環

這句話等於什麼也沒說。提出這個假說是跟他們的文化傳統有關係的，因為歐洲人是繼承古希臘、古羅馬文化的，在古羅馬的時候，城市裡有審查官，審查官的職責就是不准人不穿衣服在街上走。潘洛斯認為宇宙也應該有一個審查官，不允許奇點和奇環裸露，這「衣服」就是黑洞的視界，所以叫「宇宙審查假說」。

那麼黑洞外部的人對黑洞裡面能夠了解什麼呢？只能了解到三個資訊，黑洞的總質量、總電荷以及總角動量，其他的東西都不知道，所以有人提出「無毛定理」。毛就是資訊，無毛就是沒有資訊。但黑洞並非完全不洩漏出資訊，只是掉入黑洞的物質的資訊都藏在黑洞裡。

潘洛斯過程

潘洛斯研究發現，能層中存在負能軌道。一個能量為 E 的物體，進入能層後，如果分裂成兩塊，其中一塊進入負能軌道，能量為 E_1（$E_1<0$），並沿此軌道落入視界，奔向奇環，則會使那裡的能量減少 $-E_1$。另一塊沿正能軌道飛出能層，其能量為 E_2。從能量守恆定律可知，飛出去的這塊物體的能量 E_2 必定大於入射物體的能量 E_0。這一過程提取了儲存於能層中的轉動能量和角動量，使克爾黑洞的轉動逐漸減緩，慢慢退化為不轉動的史瓦西黑洞。此過程被稱為潘洛斯過程。

另外幾位物理學家又把潘洛斯過程延伸到量子情況，證明了轉動和帶電的黑洞，可以通過超輻射（受激輻射的一種）和自發輻射拋棄自己的轉動能量、角動量和自身所帶的電荷，逐漸退化為不轉動、不帶電的史瓦西黑洞。

從這個角度看，史瓦西黑洞可以看作黑洞的基態，轉動和帶電的黑洞則可以看作黑洞的激發態。由此看來，轉動和帶電的黑洞並不是死亡了的星體，它們還存在物理過程。不過，史瓦西黑洞似乎是死亡了的星體，不存在任何物理過程。

然而，霍金的發現徹底改變了人們對黑洞的看法。

3. 最偉大的發現

面積定理的啟示：黑洞熱嗎？

潘洛斯、霍金的奇點定理指出，一個合理的物理時空一定有時間的開始

或者結束。

我們現在來看霍金的第二個貢獻：面積定理。霍金用微分幾何證明了黑洞的表面積隨著時間只能增大不能減小。

當時美國有一個二十幾歲的研究生叫貝肯斯坦，他覺得黑洞的表面積只能增加不能減小，很像物理學當中的「熵」啊 ！黑洞的表面積會不會是熵啊！於是他在導師惠勒的支持下，提出黑洞的表面積可能是熵，而且他得到了一個公式，這個公式叫貝肯斯坦公式

$$dM = \frac{\kappa}{8\pi} dA + \Omega dJ - V dQ \tag{4.1}$$

這個公式很像熱力學第一定律

$$dU = TdS - pdV \tag{4.2}$$

式中，U 是一個系統的內能，T 是溫度，S 是熵，p 是壓力，V 是體積，TdS 是吸收的熱量，pdV 是對外做的功，這個你們都很熟悉。對於轉動剛體

$$dU = Tds + \Omega dJ + V dQ \tag{4.3}$$

可能大家不太熟，式中，U 是內能，TdS 是熱量，Ω 是轉動角速度，J 是角動量，V 是靜電勢，Q 是電荷。現在來看貝肯斯坦得到的黑洞的公式 (4.1)，左邊 dM 是黑洞的質量，大家知道 Mc^2 是能量，但在選用自然單位制之後，c 是等於 1 的，所以這個 dM 就是 dU，等式右邊後兩項，非常像和功有關係的項，第一項很像黑洞的熱量，其中 A 是黑洞的表面積，而這個 κ 叫作黑洞的表面引力。粗略地說，就是黑洞表面上如果有個質點的話，κ 就是單位質量的質點所受到的引力，叫表面引力。這個式子很像轉動剛體的熱力學公式，A 處在熵的位置，κ 處在溫度的位置。從這個公式看，黑洞不僅有熵還有溫度。

爭論：真熱還是假熱？

霍金對貝肯斯坦這個工作很不以為然，覺得貝肯斯坦完全曲解了自己的意思：我的面積定理是用微分幾何和廣義相對論證出來的，根本沒有用到熱力學和統計物理，怎麼會有熱呢，不可能有熱。而且，一旦黑洞有溫度，就應該有熱輻射。黑洞是個只進不出的天體，怎麼可能輻射出東西來呢？所以他在 1973 年的一次暑期學術研討會上，就跟另外兩個專家（卡特和巴丁），三個人合寫了一篇論文，用嚴格的微分幾何重新推導了貝肯斯坦的公式，說這個公式本身並沒有錯，但是它不是真正的熱力學公式。它裡面的 κ 像溫度但不是溫度，黑洞面積像熵但不是熵。於是他們就提出了「黑洞力學」的四個定律，跟普通熱力學作比較（表 4-1）。但還是強調這不是「熱力學」，而是「力學」。

表 4-1 黑洞力學與普通熱力學的比較

	普通熱力學	黑洞力學
第零定律	處於熱平衡的物體，具有均勻溫度 T	穩態黑洞的表面上，κ 是常數
第一定律	$dU=TdS+\Omega dJ+VdQ$	$dM=\kappa/8\pi dA+\Omega dJ+VdQ$
第二定律	$dS\geq 0$	$dA\geq 0$
第三定律	不能通過有限次操作，使 T 降到零	不能通過有限次操作，使 κ 降到零

霍金輻射的發現

可是霍金後來又想：萬一貝肯斯坦是對的呢？他又倒過來想了。如果貝肯斯坦是對的，那麼黑洞就真有溫度，就應該有熱輻射射出。於是他又經過半年多的努力，在 1974 年終於證明了黑洞確實有熱輻射，黑洞的溫度是真溫度。那個 κ 反映的是真溫度，黑洞表面積 A 確實是熵，就是黑洞熵。嚴格證明黑洞有熱輻射，是霍金一生中最卓越的成就。後來人們就把黑洞熱輻射稱為霍金輻射。這項研究做出來以後，他的老師夏瑪就說：霍金毫無疑問是20 世紀最偉大的物理學家之一。

霍金輻射剛開始提出來的時候，很多人都接受不了，有些人覺得他是胡說。他在英國劍橋大學第一次報告這一研究的時候，剛剛講完，主持會議的那位教授就說： 剛才霍金博士給我們做了一個精彩的演講，很有意思，但都是胡扯，然後就上洗手間去了。回來後大家又討論了一番，最後表明霍金的想法是對的。

這是怎麼回事呢？前面講過，黑洞裡的時間箭頭朝裡，任何物質和輻射只能往裡掉，不能跑出來。從經典的廣義相對論考慮，確實不可能有熱輻射從黑洞射出。現在霍金考慮量子效應，他用彎曲時空背景下的量子場論來研究黑洞附近的情況。

黑洞附近的真空漲落

我們知道，在平直時空中，真空是不空的，不斷有虛的正反粒子對產生，產生出來又湮滅，產生出來又湮滅，這叫量子真空漲落。正反粒子對中，一個粒子是正能，另一個是負能，符合能量守恆，它們產生出來很快就又消失了。由於 Δt 和 ΔE 的不確定性原理，

$$\Delta t\,\Delta E \sim \frac{h}{2} \tag{4.4}$$

在這麼短的時間之內你不可能測到負能粒子。你在 Δt 的時間裡一測，就有相當於 $\Delta E \sim \frac{h}{2\Delta t}$ 的不確定的能量出現，把負能粒子掩蓋掉。所以測不出負能粒子的存在。這種真空漲落已經被許多物理實驗間接證明了，所有研究量子力學的專家都承認真空漲落。

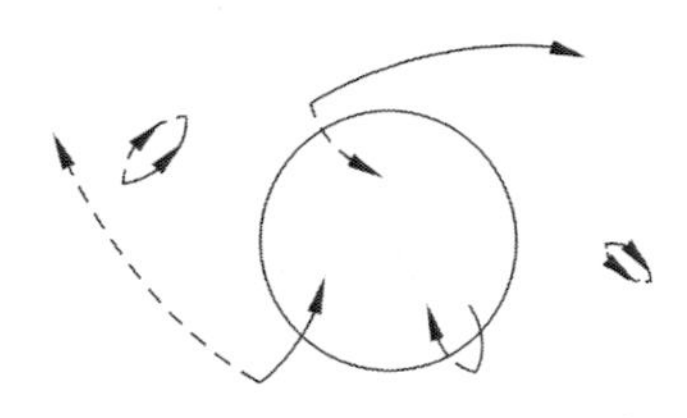

圖 4-3 黑洞附近的真空漲落

霍金現在研究黑洞附近的真空漲落。他說真空漲落假如發生在黑洞附近，會有幾種可能情況出現。一種可能就是兩個粒子都沒掉進去就複合而消失了，與平直時空情況差不多，沒有什麼特殊效應；另一種可能就是兩個粒子都掉進去了，那也沒什麼效應；第三種可能是負能的粒子進去了，正能的跑出來了（圖 4-3）。有人會問，會不會有第四種可能：正能粒子掉進去，負能粒子跑出來。不可能！因為黑洞外的時空就是我們普通的時空，它不允許負能粒子單獨存在，只有黑洞裡面的時空，才允許負能粒子單獨存在，如果正能粒子掉進黑洞，負能粒子必然跟著掉進去。

現在我們來看第三種情況，負能粒子掉進黑洞，它順著時間的發展落向奇點，使奇點減少一個粒子的質量。而正能粒子飛向遠方。例如產生了一個正反電子對，由正能電子和負能正電子組成。其中，負能正電子落進黑洞，順時前進落向奇點，使奇點處減少一個電子的質量，同時增加一個正電荷。而正能電子（帶負電）飛向遠方。霍金認為，這一過程相當於從奇點處產生一個正能電子，逆著時間前進飛到黑洞表面，被視界散射，再順著時間方向飛向遠方。對遙遠的觀測者來說，他接到了一個帶負電的正能電子，而黑洞減少了一個電子的質量，增加了一個正電荷。霍金用彎曲時空量子場論嚴格證明了，黑洞確實會產生這種量子輻射效應，而且射出的粒子的能譜是嚴格的普朗克黑體輻射譜。也就是說黑洞確實會產生熱輻射。霍金對量子輻射的這種解釋，既不違背能量守恆和電荷守恆，又不違背黑洞的定義，非常成功，非常合理。

黑洞的溫度與熵

霍金嚴格證明了黑洞的溫度為

$$T = \frac{\kappa}{2\pi k_B} \tag{4.5}$$

熵為

$$S = k_B \frac{A}{4} \tag{4.6}$$

式中，kB 為玻茲曼常數。

對於球對稱的史瓦西黑洞，其表面引力為

$$\kappa = \frac{1}{4M} \tag{4.7}$$

我們看到 κ 與黑洞質量成反比，也就是說，黑洞的溫度與質量成反比。

奇妙的負比熱

如果霍金輻射不斷進行，黑洞就會逐漸消失。為什麼呢？因為黑洞的溫度與質量成反比，所以黑洞的比熱是負的。一般物體的比熱都是正的，如果放出熱量溫度就下降。但是，黑洞不一樣，輻射粒子以後，質量減小，溫度反而會升高，所以黑洞和外界不可能處於穩定的熱平衡。即使達到熱平衡，只要有一個漲落，黑洞比外界溫度高一點，就會輻射粒子，輻射粒子後溫度會變得更高，溫差就拉大了，輻射也會變得越來越厲害，最後小黑洞就炸掉了。

如果剛開始黑洞跟外界熱平衡，一個漲落使黑洞的溫度低一點，那麼外界的能量就流進來了。外界的能量一流進來，黑洞質量增加，溫度反而降下

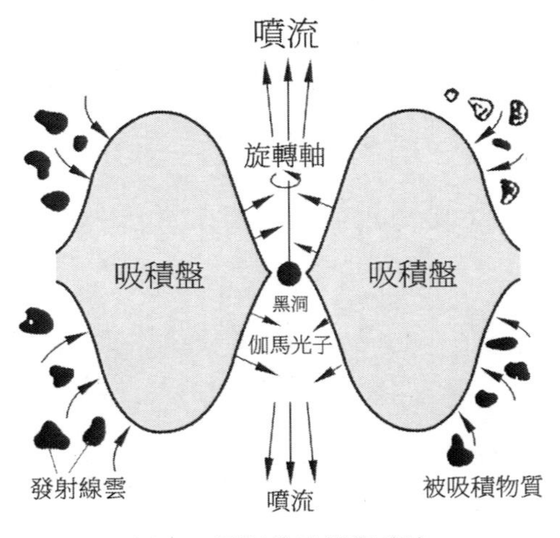

圖 4-4 黑洞的吸積與噴流

去了。會有更多的能量往裡流，這樣黑洞就不斷長大了。總之，黑洞與外界不可能處在穩定的熱平衡當中。

另外還有一些現象，例如吸積和噴流（圖 4-4），這方面學天體物理的人研究得比較多。假如有兩顆恆星，一顆已經形成黑洞，另外一顆恆星的氣體會被黑洞吸過去，形成吸積盤，旋轉著往裡掉。這些東西往裡掉的時候會有很激烈的效應。物質掉進黑洞的時候，在吸積盤的垂直軸方向會產生噴流。現在噴流現象已經在天文學上看到很多了，但是中心的這個星體不是黑洞也會有噴流，所以目前吸積、噴流現象仍然不能作為黑洞存在的最終判據。

4. 資訊疑難

資訊守恆嗎？

現在來談一下有關霍金的另外一件事情，就是關於資訊守恆的問題。大家知道，無毛定理說，東西掉進黑洞以後，外界的人就不知道它們的資訊了，但是這些資訊並沒有從宇宙中消失，它們藏在了黑洞的內部，外界的人只能探知三個資訊，就是總質量、總電荷和總角動量這三根毛。這件事情問題還不是很大。

但是，認識到黑洞有霍金輻射以後，問題更大了：研究表明，黑洞往外輻射正反粒子的機率相同，電子和正電子機率相同，質子和反質子機率相同，而且完全是熱輻射，輻射譜是標準黑體譜，而熱輻射是幾乎不帶任何資訊的，所以沒有資訊伴隨霍金輻射跑出來。而且，黑洞是越輻射溫度越高，那麼黑洞就越變越小，最後就爆炸消失了。這樣，原來掉進黑洞的物質有大量的資訊，最後輻射出來的物質基本不帶資訊，黑洞又消失了，那麼這些資訊不就從宇宙中丟失了嗎？資訊就不守恆了。

這件事情引起了理論物理界的爭吵，學相對論的人認為資訊不守恆就不守恆吧，沒什麼關係。但是學粒子物理的人可不這麼認為，資訊不守恆會導致機率不守恆，這樣量子么正演化的規律就有問題了。整個粒子物理的基礎要動搖，所以他們都認為資訊應該守恆。他們猜測，可能霍金輻射不是嚴格的熱輻射，會有一些資訊帶出來。要不然就是黑洞蒸發到某一個階段會突然截止，有某種像量子效應一樣的東西把霍金輻射一下截止，剩下的那些資訊都作為爐渣沉在黑洞裡面，不會消失。

霍金打賭

1997 年，霍金和基普．索恩（Kip Thorne），就是研究時空隧道和時間機器的那位專家，他們兩個人說黑洞中的資訊會丟失，粒子物理學家普瑞斯基說不會丟失。於是，他們開玩笑的打賭，誰輸了誰給對方訂一年棒球雜誌。

到了2004年7月，霍金突然宣布說：「我輸了，我承認資訊是守恆的。」而且在愛爾蘭開國際相對論大會的時候，他買了一堆雜誌給普瑞斯基帶去了。索恩說：「這事不能由霍金一個人說了算，我不承認輸了。」普瑞斯基則說沒懂自己是怎麼贏的。雖然霍金承認輸了，但是他沒聽懂霍金為什麼輸，自己為什麼贏。霍金的主要意思是，原先把黑洞想像得太理想了，真正的黑洞並不是大家想像的那種理想的東西，資訊不會丟失。

霍金：我輸了　　2004年　　普瑞斯基：沒有聽懂
索恩：沒有輸　　⟷　　我為什麼贏了

霍金改變態度的一個原因是，當時已經有一些人做了這方面的證明，比如說帕瑞克和維爾切克。維爾切克是諾貝爾物理學獎獲得者，研究強相互作用的。他們做出了一個證明，證明資訊是守恆的。他們很巧妙，說霍金在證明熱輻射的時候，考慮射出光子，射了一個光子以後，黑洞的質量不就減少了一個光子的質量嗎？質量減小黑洞半徑不就會減小嗎？（圖4-5，圖4-6）但霍金沒有考慮質量減小的影響。霍金確實沒有考慮，其他人也沒有考慮。

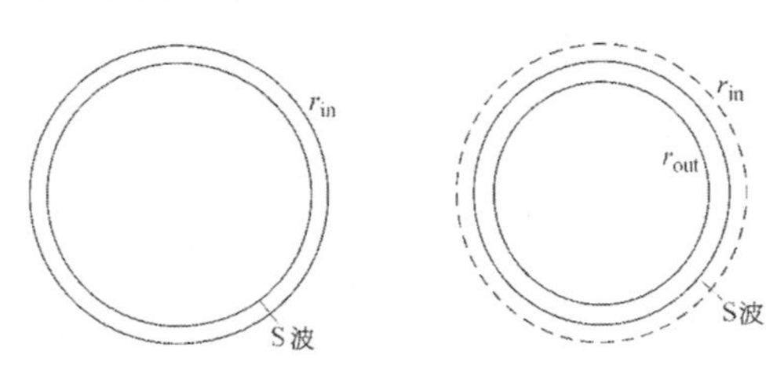

圖4-5 隧穿過程：輻射使黑洞收縮。勢壘在黑洞視界處，粒子以球形波（S波）形式向洞外隧穿，r_{in} 和 r_{out} 分別為射出前和射出後的視界位置

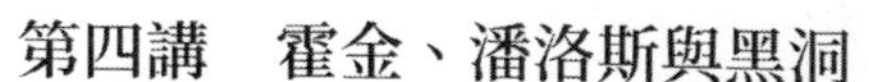

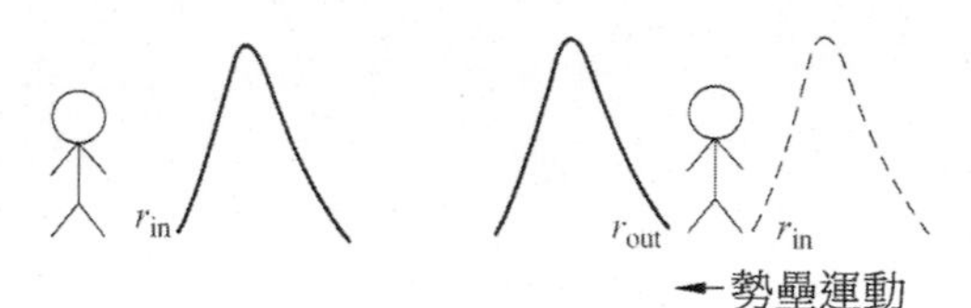

圖 4-6 隧穿示意圖：好像粒子（圖中小人）不動，勢壘向內移動，從 r_{in} 移到 r_{out}

當時人們覺得沒考慮是完全可以的，為什麼呢？大家知道，太陽質量占整個太陽系質量的 98% 或 99%，太陽形成黑洞以後半徑 3000 米，跑出一個電子或跑出一個光子，太陽質量能變化多少？半徑能縮小多少？簡直太微乎其微了。因此，所有證明黑洞輻射的人都沒考慮這個問題。帕瑞克他們說，就是因為沒考慮這一點，黑洞輻射才是嚴格的黑體輻射，資訊才跑不出來。他們做了一個證明，出去一個粒子以後，真的有一點影響，那點影響就能對熱譜有一點修正，這一點修正就正好把資訊帶出來了，於是資訊就守恆了。

對資訊守恆的質疑

後來有人研究這個問題，把帕瑞克的研究延伸到各種黑洞，因為他們做的是最簡單的球對稱黑洞情況。事實上他們的證明可能不對，他們暗中可能有一個假定，假定了這個過程是可逆過程。為什麼呢？研究資訊理論的人認為資訊是負熵，這點已經被很多物理學家所接受了，包括霍金本人都認為資訊是負熵。

大家知道熱力學第二定律的精髓就是熵不守恆。在一個真實的自然過程中，熵是會增加的，只有理想的可逆過程，熵才會守恆。所以根本沒有道理說，一定要維持一個資訊守恆定律，物理學當中現在沒有，將來也不一定必須有這麼一個定律。如果真的資訊就是負熵的話，恐怕資訊就是應該不守恆的。由於帕瑞克等人研究的是最簡單的黑洞，模型簡單，提供的資訊也就

少，不容易看出他們是否用了「可逆過程」這一假定。假如能夠將帕瑞克的工作推廣到各種複雜的黑洞，也許就容易看清楚了。

後來確實有人看出來了，帕瑞克的證明方案中確實暗含了一個假定：假定了過程是可逆過程。他們用的熱量變化式是 TdS 這個式子，只有在準靜態的可逆的過程中才可以用這個式子。用這個式子就等於假定了過程是可逆過程，熵當然守恆，資訊自然也守恆。所以，帕瑞克等人的工作是在可逆過程的假定下證明的。而實際的自然過程是不可逆的，具有負比熱的黑洞，由於不存在穩定的熱平衡，它的熱輻射過程肯定是不可逆的。所以帕瑞克他們的研究，雖然數學上是正確的，但並無實際的物理意義。

現在黑洞的問題要分幾個方面。其一，確實如霍金講的，以前把黑洞考慮得太理想化了。真實的霍金輻射有可能帶出一部分資訊。另一方面，如果資訊確實是負熵的話，沒有道理要求資訊一定守恆。而且由於熵不守恆，應該推測資訊是不守恆的，由此看來霍金打賭的這場爭論仍然會繼續下去。

對霍金與黑洞的介紹就到這裡。我想把霍金的一句話作為這一講的結束：「當愛因斯坦講上帝不擲骰子的時候，他錯了，對黑洞的思索向人們揭示，上帝不僅擲骰子，而且有時還把骰子擲到人們看不見的地方去了。」那個地方是什麼呢，就是黑洞。到現在為止，黑洞的問題還要繼續研究下去。而霍金本人，毫無疑問的，他的成就已經使他成為 20 世紀最偉大的物理學家之一了。

5. 潘洛斯、霍金與諾貝爾獎

諾貝爾獎的遺憾

2020 年的諾貝爾物理學獎授予了潘洛斯（R.Penrose）、根舍（R.Genzel）和蓋茲（A.Ghez）。授予潘洛斯的理由是：表彰他對廣義相對論和黑洞理論的傑出研究與貢獻，授予根舍和蓋茲的理由是：表彰他們在黑洞的天文探測方面做出的優異成績。

這是近年來第三次把諾貝爾物理學獎授予在廣義相對論研究中做出卓越貢獻的學者。第一次是 2017 年，把諾貝爾物理學獎授予了重力波的首次直接探測；第二次是 2019 年把該獎項授予了物理宇宙學的研究。

這三次的諾貝爾獎獲獎人都是在廣義相對論相關領域做出了傑出貢獻的學者，但不是做出主要貢獻的全部學者，我們遺憾地看到，對黑洞研究做出最大貢獻的霍金與諾貝爾獎擦肩而過，這可能是因為他已與世長辭，而諾貝爾獎只發給活著的人而不發給逝者的緣故。這是霍金的重大遺憾，也是諾貝爾獎的重大遺憾。

潘洛斯（圖 4-7）獲得諾貝爾獎自然也是當之無愧的。他原本是一位數學家，在霍金的研究生導師夏瑪的動員下，加入了廣義相對論研究。潘洛斯對物理學做出的第一個貢獻是把整體微分幾何引進了廣義相對論研究，大大提高了廣義相對論研究的數學水準。第二個重要貢獻是把年輕的霍金吸引進時空理論的研究，成為霍金的半個老師、終生摯友和科研夥伴。

圖 4-7 潘洛斯

潘洛斯出身於一個優秀的貴族家庭，他的祖父輩、父輩和兄弟姐妹都是全英國聞名的科學家或藝術家，可以說是滿門學者。

潘洛斯的貢獻

潘洛斯的科研工作橫跨物理和數學兩大領域。他對物理學特別是對廣義相對論的最重要的貢獻是:嚴格證明了大質量星體塌縮時，一定會形成黑洞，並且最終會凝聚成密度為無窮大的奇點，從而提出和證明了奇點定理。此定理指出任何一個合理的物理時空都避免不了奇點的出現。奇點不僅是時空曲率和物質密度為無窮大的地方，而且是時間開始或終結之處。

時間有沒有開始和終結，原本是少數神學家和哲學家討論的問題，潘洛斯使物理學首次介入這一問題的研究，並斷言一定存在時間有開始或結束的過程。這一神奇的定理引起不少人的關注，人們提出了一些可能的理解方案或解決辦法，但至今還沒有令人滿意的結論。

現在認為，奇點定理是潘洛斯和霍金兩個人證明的，但潘洛斯的貢獻要比霍金大。這是因為第一個提出此定理並給出證明的人是潘洛斯，而且，首先把奇點視作時間的開始與終結的人也是潘洛斯。

霍金是在潘洛斯的吸引下進入這一研究領域的。霍金把奇點定理的研究從黑洞領域延伸到宇宙學領域。然後二人合作進一步完善了此定理的證明。

除此之外，潘洛斯還建立了描述時空整體結構的潘洛斯圖，提出宇宙監督假設和轉動黑洞的潘洛斯過程，他開創了探討時空性質的扭量理論，提出用外勒張量來描述宇宙演化的不可逆過程等。

霍金最主要的貢獻則是，提出黑洞面積定理和霍金輻射，揭示出黑洞具有熵和溫度。當然，在這方面做出傑出貢獻的還有貝根斯坦與安魯

(William G. Unruh)。他們都是閃耀在廣義相對論夜空中的明星，其中最明亮的兩顆星是霍金與潘洛斯。

他們的成就啟示後人，時間、萬有引力（即時空彎曲）和熱性質之間存在著我們尚不清楚的本質聯繫。

第四講附錄　漫談黑洞（II）

1. 最一般的黑洞

現在已經證明，自然界中可能存在的、不隨時間變化的黑洞，是旋轉軸對稱的帶電黑洞，稱為克爾 - 紐曼黑洞。這種黑洞不僅具有質量 M，還帶有角動量 J 和電荷 Q。（參見圖 3-14 和圖 4-2）

研究發現，這種黑洞比球對稱的史瓦西黑洞複雜得多，它的視界分為兩個

$$r\pm=\frac{GM}{c^2}\pm\sqrt{\left(\frac{GM}{c^2}\right)^2-\left(\frac{J}{Mc}\right)^2-\frac{GQ^2}{c^2}} \tag{4.8}$$

+ 號表示外視界，- 號表示內視界，式中 G 是萬有引力常數，c 是真空中的光速。

為了突出上式的物理內涵，人們採用自然單位制，即令 c=G=1，這樣上式就可簡化為

$$r\pm=M\pm\sqrt{M^2-a^2-Q^2} \tag{4.9}$$

式中，$a=\frac{J}{M}$ 為單位質量的角動量。

研究還表明，這種黑洞的無限紅移面與視界分開了，而且也分成兩個

$$r_{\pm}^2=M\pm\sqrt{M^2-a^2\cos^2\theta-Q^2} \tag{4.10}$$

式中，+ 號表示外無限紅移面，- 號表示內無限紅移面。在無限紅移面與視界之間，夾著能層，能層裡雖然是真空，但儲存著能量。在 r^s+ 與 r+ 之間是外能層，在 r^s- 與 r- 之間是內能層。

外無限紅移面像一個橘子的外皮，而內無限紅移面像一個花生的外殼。從圖 3-14 看，內、外視界似乎是兩個球面，式（4.9）好像也支援這一點。因為這種黑洞的質量 M、角動量 J 和電荷 Q 都不變化，似乎 r+ 和 r- 都與角度無關。但這是一種誤解，研究表明，式 (4.9) 所示的克爾 - 紐曼黑洞的內、外視介面實際上都是橢球面。這是因為我們此處用的座標是橢球座標，不是大家通常見到的球座標。對於球座標，r=0 是一個點；但對於橢球座標，r=0 不是一個點，而是一個小圓盤。史瓦西黑洞的奇點，在克爾 - 紐曼黑洞中變成了奇環。這個奇環就是 r=0 的小盤的外沿，用橢球座標表示，奇環處在 r=0 且 $\theta=\frac{\pi}{2}$ 處，即

$$\begin{cases} r=0 \\ \theta=\frac{\pi}{2} \end{cases} \tag{4.11}$$

這真是很怪異的事情。

在位於無窮遠的觀測者看來，離外無限紅移面越近的鐘走得越慢，離那裡越近的光源射過來的光紅移量越大。放置在外無限紅移面上的鐘，乾脆就不走了，放置在那裡的光源發來的光，會發生無限大的紅移，$\lambda\to\infty$。這就是無限紅移面名稱的由來。

穿過無限紅移面進入能層的物體，將不可能靜止，一定會被轉動的黑洞拖著旋轉，這叫拖曳效應。拖曳效應是一種「時空效應」。研究表明，能層內的物體如果轉動角速度為零，所處的狀態就是超光速運動狀態，而超光速運動是相對論所禁止的，所以能層內的物體的角速度不可能是零，必須被轉動

黑洞拖動。這樣看來，無限紅移面是「物體可以靜止」的邊界，所以又稱它為「靜界」。

不過，克爾 - 紐曼黑洞的表面不是外無限紅移面，而是外視界。穿過外無限紅移面進入外能層的飛船，只要不進入外視界，就可以再飛出去。外能層區不是單向膜區。時空座標互換的單向膜區位於內外兩個視界之間，所以進入外視界的飛船不再能逃出來，它必須「與時俱進」，奔向並穿過內視界，進入內視界以裡（$r<r_-$）的時空區，那裡不再是單向膜區，r 重新成為空間座標，t 重新成為時間座標。所以，進入那裡的飛船不會毀滅，可以永遠在那裡停留，但不可能再飛出來了。

早先人們認為，進入內視界以裡（$r<r_-$）的飛船，只要小心控制，不要碰到奇環就行。後來的研究表明，飛船根本不可能碰到奇環，奇環有一股強大的推斥力，拒絕任何物體向它靠近。

2. 極端黑洞、宇宙監督假設與無毛定理

從式（4.9）不難看出，如果不斷地增加克爾 - 紐曼黑洞的角動量和電荷，將會有

$$a^2+Q^2 \to M^2 \tag{4.12}$$

式（4.9）中的根號將趨於零，這表明內、外視界會相互靠近，單向膜區的厚度將變薄。當

$$a^2+Q^2=M^2 \tag{4.13}$$

時，式（4.9）中根號為零，內、外視界將重合

$$r_+ = r_- = M \tag{4.14}$$

單向膜區將收縮成一張厚度為零的膜，這時的黑洞稱為極端黑洞。

如果再向極端黑洞輸進角動量和電荷，將會有

$$a^2 + Q^2 > M^2 \tag{4.15}$$

式 (4.9) 中的 $r_\pm$ 將成為複數，這樣的幾何面是不存在的，這意味著視界和單向膜區都會消失，奇環將裸露在外面。

由於奇環會破壞時空的因果性，外部觀測者看到裸露出來的奇環，將使時空的因果演化變得不確定。顯然，應該有一條物理定律禁止奇環的裸露。因為這個問題一時難以弄清楚，潘洛斯提出一個假設 —— 宇宙審查假說：

「存在一位宇宙審查員，它禁止裸奇異（奇點或奇環）的出現。」

對於這位「宇宙審查員」究竟是誰，目前還沒有一致的意見。

從式 (4.9) 和式 (4.10) 容易看出，克爾 - 紐曼黑洞的視界和無限紅移面，由三個物理量決定，M、J、Q。事實上，黑洞外部的觀測者，只能探知黑洞的這三個資訊：總質量 M、總角動量 J 和總電荷 Q。形成黑洞和後來進入黑洞的物質的其他資訊都探測不到了。黑洞是一顆忘本的「星」，它忘記了自己原來是一顆什麼樣的星，忘記了它是怎樣形成黑洞的，也忘記了它形成後又有哪些東西掉進去。

科學家們提出「無毛定理」，「毛」就是資訊，認為黑洞形成時資訊丟失了，黑洞沒有毛。實際上黑洞還剩三根毛，那就是 M、J、Q。

3. 黑洞的溫度

與史瓦西黑洞一樣，克爾 - 紐曼黑洞也有溫度，有熱輻射。研究表明，這種黑洞的溫度和熵也由式（4.5）和式（4.6）決定。

克爾 - 紐曼黑洞的表面引力的表示式比較複雜，由

$$\kappa = \frac{r_+ - r_-}{2\left(r_+^2 + a^2\right)} \tag{4.16}$$

表示。

從式（4.16）可知，極端黑洞的 $\kappa=0$，也就是說，極端黑洞的溫度是熱力學溫度絕對零度。所以，不少人推測「宇宙監督」就是熱力學第三定律。第三定律認為：不可能通過有限次操作，把系統的溫度降到熱力學溫度絕對零度。對於黑洞來說，就是禁止黑洞演化成極端黑洞。極端黑洞尚存一張視界膜，如果達不到極端黑洞，當然就更不可能讓這層膜消失，奇環也就裸露不了。

4. 安魯效應

在霍金提出黑洞有熱輻射的前夕，W.G. 安魯（W.G.Unruh）發現，等加速直線運動的潤德勒觀測者處在熱浴中。這就是說，原本一無所有的閔氏時空，所有慣性觀測者均認為是真空，但是，在其中作等加速直線運動的觀測者會發現自己周圍充滿了熱輻射，其溫度為

$$T = \frac{a}{2\pi k_B} \tag{4.17}$$

這個溫度取決於潤德勒系的加速度 a。

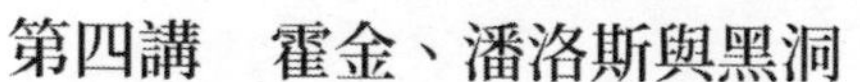

安魯的結論是驚人的。然而，由於大部分物理工作者不熟悉廣義相對論，也由於這一效應過於微弱，目前在實驗中還觀測不到，這一傑出的工作至今還不為世人所注意，只有少數人知道有這個已被預測但尚未觀測到的效應存在。

安魯等人認為，潤德勒觀測者感受到的熱效應是一種量子效應，它是由於不同參考系有不同的「真空」而造成的。按照狄拉克的思想，真空不空，有零點能存在。通常的物理學都是在平直的閔氏時空的慣性系中討論的，所以物理學中所說的真空，通常都是指慣性系中的真空，閔氏真空的虛粒子漲落形成零點能（圖 4-8）。當我們在作等加速直線運動的潤德勒系中觀測時，由於潤德勒真空不是閔氏真空，它的能量零點比閔氏真空的能量零點要低（圖 4-9），因此，閔氏真空的零點能在潤德勒觀測者看來就是高於真空零點的能量，是真實可測的能量。這種能量以最簡單的形態出現，那就是具有黑體譜的熱輻射狀態。因此，潤德勒觀測者覺得自己浸泡在熱浴之中。

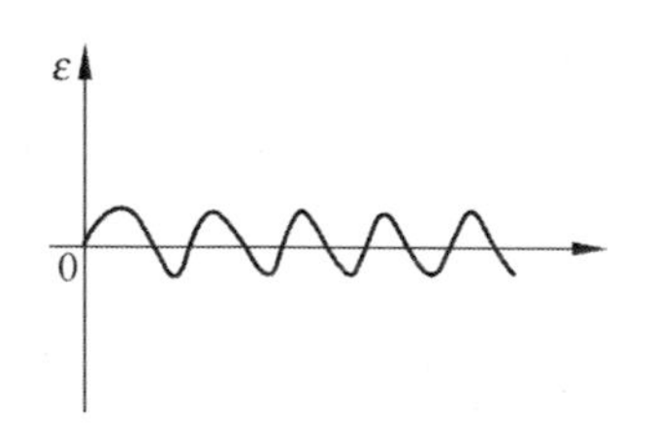

圖 4-8 閔氏真空零點能

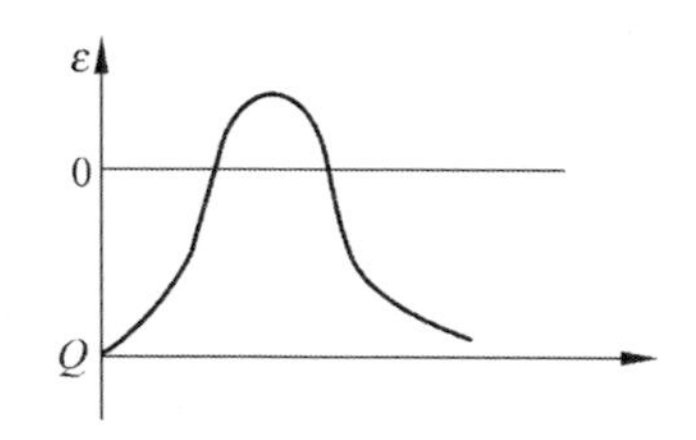

圖 4-9 潤德勒時空，真空能量的零點下降到 Q 點，閔氏真空的零點能以熱能形式出現

霍金證明了黑洞有熱輻射之後，安魯很快認識到，自己發現的效應與黑洞熱輻射有相同的本質。因此許多人把霍金輻射與安魯效應一起，稱為霍金-安魯效應。

第五講　膨脹的宇宙

圖：繪畫：張京

前面已經講了四講了，這次我們來講宇宙。主要講一下現代的宇宙模型，但是為了引進這個現代宇宙模型，先講一下宇宙的結構。

什麼叫宇宙呢，漢朝的時候淮南王劉安召集一批門客寫了一部書，叫作《淮南子》。後來有一位叫高誘的人，在《淮南子》的〈原道篇〉裡加了一個注，對宇宙下了個定義說：「四方上下曰宇，往古來今曰宙。」這就是說，宇就是空間，宙就是時間。今天說宇宙的時候，是把時間、空間和物質總括到一起稱為宇宙的。

那麼我們就來看一下宇宙的結構。現在來看一下真正的星空，再從能看見的星空入手，講解一下我們的宇宙。

1. 浩瀚的星空

獵戶當空，三星高照

大家看，圖 5-1 是北半球冬夜的星空，基本上是春節前看到的星空。晚上八九點鐘往南看到的天空就是這樣。我們看到天空繁星萬點，最明顯的是中間這個四邊形，這是獵戶座，中國名稱是二十八宿裡的參宿。希臘的名字是獵戶座，中間橫著三顆星，是參宿一、參宿二和參宿三。我們通常說「三星高照，春節來到」，就指這三顆星。

圖 5-1 冬夜的星空

獵戶座的左下方是大犬座，大犬座的α星就是我們肉眼所能看見的、除太陽以外最亮的恆星 —— 天狼星。上次講黑洞的時候曾經提到過天狼星。天狼星有一顆伴星是顆白矮星，是人類發現的第一顆白矮星。天狼星的左下方是弧矢星。

古代認為天狼星代表侵略，所謂「弧矢射天狼」，就是反擊侵略。我上次講黑洞的時候曾經提到蘇東坡的詩：「會挽雕弓如滿月，西北望，射天狼。」為什麼「西北望，射天狼」呢？一個原因是，西夏是北宋當時的主要敵人，在中原的西北方向。另一個原因是天狼星出現在弧矢星的西北。有人說天狼星從來不出現在天空的西北，他講的是對的，天狼星一直是在南面的天空，不過它是在弧矢星的西北方。

獵戶座的右上方是金牛座，金牛座裡有蟹狀星雲，星雲中心有一顆中子星。

銀河縹緲，繁星萬億

夜空中有一個淡淡的白條，那就是銀河。因為現在城市裡的空氣汙染很厲害，而且光線也太強，所以經常看不到很美的夜空。如果到郊外的話，就會看到這樣美麗的星空。這萬點繁星其實都是銀河系裡的恆星，銀河系之外的恆星，用肉眼是看不見的，最多只能看見像仙女座星系這樣少數幾個河外星系。它們是像銀河系一樣的星系，肉眼看來是模糊的斑點，有點像恆星，用望遠鏡仔細看，它們都是與銀河系類似的星系，每一個都由上千億顆恆星組成。

銀河系直徑是十萬光年，就是說光從銀河系的一端走到另一端需要十萬年。它由大概兩千億顆恆星組成。銀河系 2.5 億年自轉一週。太陽系不處在

銀河系的中心，位於比較靠邊一點的地方，以每秒 250 公里的速度圍繞銀河系的中心旋轉。

這兩千億顆恆星組成了幾百億個「太陽系」。為什麼不是組成兩千億個「太陽系」呢？這是因為大部分「太陽系」都有兩個以上的「太陽」。真正像我們的「太陽系」這樣，只有一顆恆星的「太陽系」是比較少的。

星移斗轉，北極定向

作為例子，給大家看一個由好多個「太陽」組成的「太陽系」。大家看圖 5-2，圖下方是大熊星座，上方是小熊星座。大熊星座就是北斗七星，把北斗七星右端的兩顆星連起來，再把它延長五倍就是北極星。小熊星座最亮的那顆星，就是北極星。大家都知道，在郊外要是迷路了，順著北斗就能找到北極星。

圖 5-2 大熊星座與小熊星座

天上的群星，包括北斗星都要圍繞著北天極轉。北極星就在北天極附近，所以天上的群星似乎都在圍繞北極星轉。可是北斗有的時候會轉到下邊來，轉到下邊的時候可能被高山擋住，就可能看不見北斗。但那時候仙后座就升起來了，仙后座有五顆亮星，組成字母 W，W 的缺口也指著北極星。所以只要認識星，就可以找到北極星。當然，從來不認識星星的人，到了迷路的時候，看哪裡都覺得像北斗。不過你靜下心來仔細觀察，還是能看出哪些星比較亮，北斗七星那幾顆確實比周圍的星亮，還是能夠認出來的。

恆星的命名

我們今天要講的是北斗七星中的一顆。圖 5-3 是北斗七星，它們是大熊星座裡面的星。最亮的那顆星是大熊星座 α，次亮的叫大熊座 β，這是希臘人的命名法。我們管它叫作北斗七星。大家看北斗七星，從端點這邊數第二顆星，中文名字叫開陽，端點那顆叫瑤光。用肉眼就能看到開陽星的旁邊還有一顆小星，中文名字叫「輔」，西洋名字叫 80，就是大熊星座 80（圖 5-4）。古希臘對一個星座中的恆星這樣命名，最亮的叫 α，其次叫 β……，根據恆星的亮度從大到小的順序排過去。後來國際天文界沿用了古希臘的命名方式，希臘字母排完後，再用小寫的拉丁字母排序 a，b，c，d……，接著再用大寫的拉丁字母排 A，B，C，D……。此外國際天文界還有另一種命名法，把星座中的恆星按它們在天空中的方位（赤經、赤緯）編號排列，用數字 1，2，3……往下排，輔的西洋名字大熊座 80，就是這樣命名的。

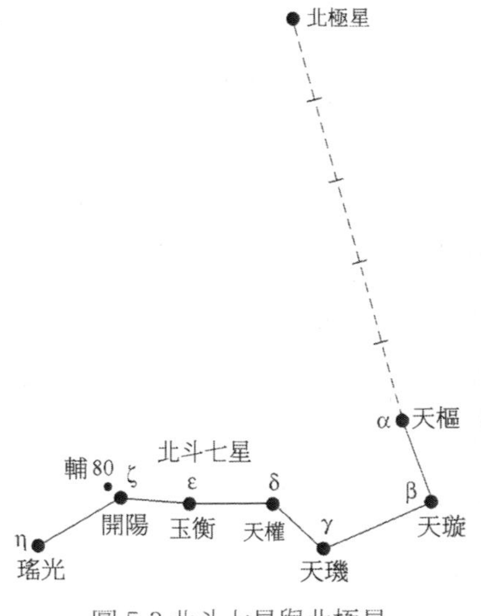

圖 5-3 北斗七星與北極星

圖 5-4 北斗七星中的開陽

多個「太陽」的「太陽系」

人們發現開陽和輔是一對雙星。通常看到的雙星有兩種情況，一種情況是這兩顆雙星沒有物理關聯，它們只不過從地球上看是在同一個方位上，其實它們兩個前後距離差得很遠，這種雙星我們通常不太關注，有趣的是有物理關聯的雙星。觀察後發現，輔和開陽是有關聯的，這是一對真正的雙星，圍繞它們的質心轉動，好像是由兩個太陽組成的太陽系。有了望遠鏡以後發現開陽本身是雙星，有兩顆；輔也是雙星，也有兩顆，圍繞共同的質心旋轉。再仔細看，開陽星這對雙星中的每一個又是由兩顆恆星組成的。所以這個「太陽系」一共有六個「太陽」（圖 5-5）。像這樣的恆星系，肯定有行星，但是有高階生命的可能性恐怕不大。按照現在人類的觀點來看，不太容易有高階生物。因為行星很可能會在恆星當中穿來穿去，溫度變化非常劇烈，說不定海洋都沸騰了！高階生命可能忍受不了。但這是我們人類根據目前現有知識產生的看法。

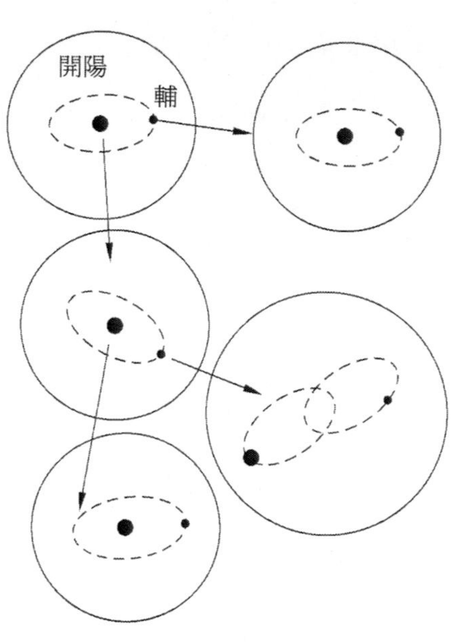

圖 5-5 開陽與輔

我們的銀河系

我們都知道，太陽系有太陽，有行星，還有衛星，具有成團的結構。有的「太陽系」有幾個「太陽」構成，有的「太陽系」只有一個「太陽」。這些「太陽系」還構成更大的結構，比如說有的構成星團，其中一種叫球狀星團，如

圖 5-6 球狀星團

圖 5-6 所示，由幾萬或者幾十萬顆恆星組成。還有一種疏散星團，是由幾十顆到上千顆恆星組成。

圖 5-7 是銀河系的側檢視，主體是銀盤，大量的恆星聚在銀盤上。不過球狀星團不在銀盤上，在銀盤之外，由上萬顆恆星組成。銀盤上還有一些疏散星團，但是更多的是較為獨立的恆星，組成一個一個的「太陽系」，然後再一同組成銀河系。因此在銀河系以下的層次當中，好像物質結構都是成團的結構。圖 5-8 是銀河系的俯檢視。

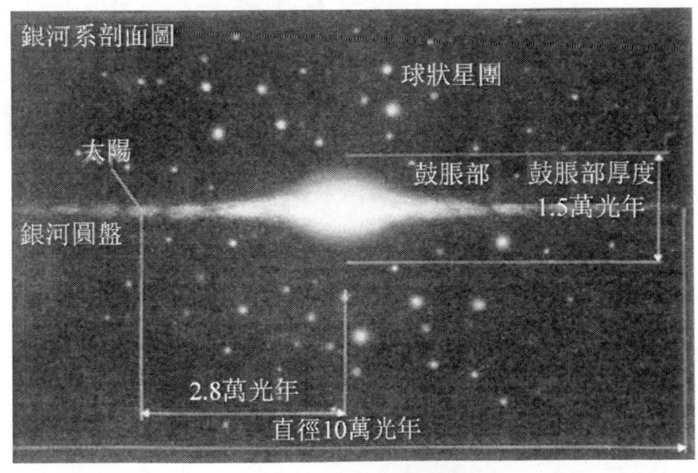

圖 5-7 銀河系側檢視

遙遠的河外星系

後來人類發現，在銀河系之外還有其他的銀河系，比如在仙女座那個方位有一個星系，肉眼就可以看到，好像一個模糊的光斑。這個星系稱為仙女座星系，很大也很漂亮。它離我們比較近，有 220 萬光年，直徑是 16 萬光年。我們銀河系直徑是 10 萬光年，它比銀河系略大一點。它所處的角度很好，人們拍的照片（圖 5-9）看得比較清晰，可以說非常漂亮、非常清楚。

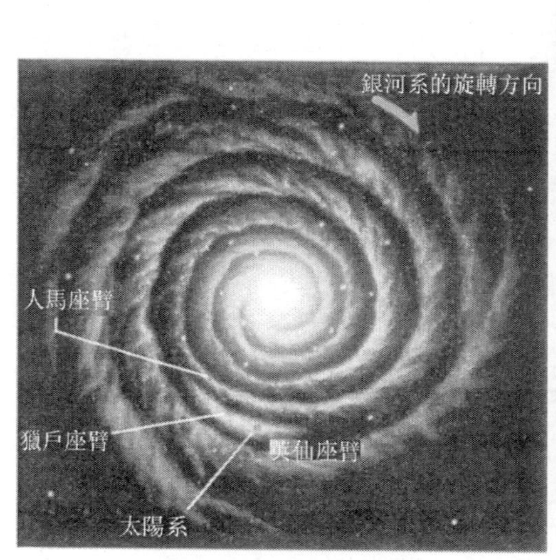

圖 5-8 銀河系俯檢視

圖 5-9 仙女座星系

從地球上肉眼可見的還有麥哲倫雲，大麥哲倫雲和小麥哲倫雲（圖 5-10）。這兩個麥哲倫雲，距離我們很近，比仙女座星系還近，它們分別距離我們 16 萬光年和 19 萬光年。為什麼叫麥哲倫雲呢？這兩個星系在北半球看不見，麥哲倫圖 5-10 大小麥哲倫雲環繞地球航行的時候，曾經在赤道以南航行，在赤道以南可以看見南天的星空，這些星空在北半球看不到。當麥哲倫

圖 5-10 大小麥哲倫雲

的船隊穿越美洲最南端的海峽時，隨船的天文學家在南半球的天空中發現了這兩個星系，就把這兩個星系命名為大麥哲倫雲和小麥哲倫雲。

星系群與星系團

大、小麥哲倫雲、仙女座星系跟我們的銀河系以及其他的幾十個星系一起組成一個星系群，圍繞它們共同的質心旋轉。這就是說，像銀河系這樣的星系，它不但自身是成團的，而且還跟別的星系一起構成星系團。星系團如果只有幾十個星系，就叫星系群。如果有更多的，比如說上千個星系的，就叫星系團了。可見星系也是成團結構。在星系團之上還有超星系團。圖 5-11 是用望遠鏡看到的星系團和星系群，一個一個的星

圖 5-11 星系團與星系群

系，五顏六色，非常漂亮。星系團和超星系團直徑基本上在 107 光年，也就是 1000 萬光年這個數量級上，在這樣的尺度上，物質還是成團結構的。比它再大，108 光年，也就是一億光年的尺度上，宇宙中一個一個的超星系團都是均勻分布的，在空間是均勻分布的，而且近處看是均勻分布的，往遠處看也是均勻分布的，都是均勻各向同性地分布著。所以宇宙物質的成團結構大概是在小於一億光年的尺度上，比如在 1000 萬光年的尺度上是成團的，在那以上就不是成團的了，而是均勻各向同性地分布著。

宇宙物質的成團結構

我們對於宇宙的了解，大體上可以小結如下：太陽系的直徑是一光年，它的半徑是半光年。就是它的範圍不僅伸展到海王星和冥王星處，太陽引力的控制範圍要遠遠比那個遙遠。像銀河系這樣的星系，每一個的直徑大概都是十萬光年，在 105 光年左右。星系團和超星系團一般在 107 光年這個量級，也就是一千萬光年的量級。觀測表明在更大的尺度上，宇宙是均勻各向同性的。這就是愛因斯坦那個時代人們所知道的宇宙結構。

2. 愛因斯坦的靜態宇宙

從時空彎曲認識宇宙

愛因斯坦為什麼會去研究宇宙呢？他的廣義相對論認為萬有引力是時空彎曲的表現。廣義相對論是 1915 年，也就是第一次世界大戰期間完成，1916 年發表的。那時候，量子力學正在蓬勃發展，很多人認為是不是可以把

廣義相對論用於量子力學的研究，比如說對原子光譜會不會有修正。

現在我們知道的力有四種：原子核內部的強相互作用力，還有電磁力，弱作用力和萬有引力，一共四種。但是那個時候只知道電磁力和萬有引力。

量子力學裡原子能級的躍遷，從一個能級躍遷到另外一個能級，會發射光譜線，這是電磁相互作用的結果。電子和原子核之間的電磁相互作用，若想用廣義相對論來修正，就要考慮電子和原子核之間的萬有引力的影響，也就是時空彎曲的影響。它能夠造成多少修正呢？愛因斯坦考慮電磁相互作用的強度，比如說一個電子和一個質子，它們的電磁作用的強度和它們的萬有引力的強度相比差 10^{37} 倍。所以他就覺得時空彎曲對量子力學的影響，對光譜線的影響，是根本看不出來的。因此把廣義相對論應用於量子力學的想法實際上是根本不行的，完全沒有用。

愛因斯坦覺得可以用廣義相對論來研究什麼呢？他覺得可以用來研究宇宙。為什麼呢。因為組成宇宙中星系的物質都是由原子、分子，或者說中子、質子、電子構成的，雖然很多基本粒子帶電，但是整個星系都是電中性的。所以電磁相互作用就被掩蓋掉了，那麼凸顯出來的就是萬有引力。因此他就主張把他的廣義相對論應用於對宇宙的研究。

均勻的宇宙

愛因斯坦首先根據前面所說的那些對宇宙的認識，提出了一個宇宙學原理，說在大尺度結構上，物質的分布始終是均勻各向同性的。

大尺度結構就是 10^{8} 光年以上，比一億光年更大的尺度。在這樣的尺度上，物質的分布始終是均勻各向同性的。也就是說你用望遠鏡看任何一個方向，物質密度都差不多，星系團的密度都差不多。所以是均勻各向同性的。

怎麼知道「始終」是均勻各向同性的呢？因為你要觀察離我們一光年的一顆星，我們看到的是它一年以前的樣子。距離我們 10 光年的星，我們看到的是它十年前的樣子。

所以望遠鏡不僅在看遠方，而且也在看歷史。越遠的星系，我們看到的越是它古老的景象。由於你看到不管遠處還是近處，星系團都是均勻各向同性分布的，所以愛因斯坦就提出來一個宇宙學原理，說宇宙當中物質的分布始終是均勻各向同性的。

靜態的宇宙

這是愛因斯坦根據當時的天文觀測提出來的一種對宇宙的看法。按照這個看法，我們的宇宙，過去均勻各向同性，現在也均勻各向同性。當時的望遠鏡還不能看得非常遠，用望遠鏡看，這些星系團的情況都差不多。所以他就覺得，我們這個宇宙可能從總體上講，沒有大的變化。

雖然恆星和星系團都不斷地成長、衰老，又不斷有新的星系產生出來。老的滅亡，新的產生。但是總體密度不會有什麼大的變化，物質密度不會有大的變化。所以他覺得我們這個宇宙應該是不隨時間變化的，他就想從他的廣義相對論方程式（5.1）把這個宇宙模型解出來。

$$R_{\mu\nu}-\frac{1}{2}g_{\mu\nu}R=\kappa T_{\mu\nu} \tag{5.1}$$

有限而無邊

可以看到，式（5.1）這個方程式的左端表示時空曲率，表示時空的彎曲情況，右端表示物質的能量動量的分布。愛因斯坦方程式是十個二階非線性偏微分方程式組成的方程組，非常難解，誰要得出一個解，就可以用他的名

字命名。現在得出來的解還是有一些，但是真正有物理意義的並不多。

愛因斯坦想從這個方程式解出他的靜態宇宙模型。但是我們知道解微分方程式除了方程式之外，還得知道初始條件和邊界條件，就是你研究的這個場，初始時候是什麼情況，邊界是什麼情況。

比如說我們要研究這個屋子裡的電磁場，有了馬克士威方程組，是不是就能解決屋子裡電磁場的分布呢？不行！還得知道邊界條件，就是牆壁是什麼材料組成的，它是金屬還是非金屬，這叫邊界條件。另外還得知道初始條件，比如初始時刻屋子裡邊的電磁場是怎麼分布的。如果知道了初始條件又知道了邊界條件，就可以用電磁場方程式把以後每一時刻這個屋子裡的電磁場的分布全都推定出來。

所以對於愛因斯坦來說，還需要有宇宙的初始條件和邊界條件。不過他這個模型是靜態的，不隨時間變化，所以初始條件就可以不要了，或者說初始條件就是現在這個樣子。那麼邊界條件呢？宇宙的邊是什麼樣啊，這個事情很難回答，假如有人說邊界是什麼樣，可能有人就會問，那麼邊界外算不算宇宙呢？這也是很麻煩的事。

愛因斯坦倒是想得比較簡單，他說靜態宇宙是有限無邊的，沒有邊，所以也就不需要邊界條件了。大家會想，有限不就是有邊嗎？像桌子，面積有限，就是長乘寬。用手一摸就是邊，有限有邊。大家都知道歐幾里得平面無限無邊。一個有限有邊，另一個無限無邊，怎麼還會存在有限無邊的情況呢？

愛因斯坦說，你們看一個籃球的表面。這個籃球的表面面積是 $4\pi r^2$，是有限的。一個二維的生物在上面爬來爬去，永遠爬不到邊，這就是一個二維的有限無邊的空間。愛因斯坦建議大家充分地發揮想像力，想像三維空間是有限無邊的。他認為三維空間應該是一個超球面。超球面可不是個實心球啊，那是四維時空中的一個三維的球面。我們的宇宙就是這樣的，四維時空當中的一個三維超球面。他認為時間不停地走著，而這個超球面沒有變化。

神祕的宇宙項

愛因斯坦想從他的方程推出這個模型來，但是努力了相當長時間都沒有推出來。愛因斯坦這人確實很聰明，他很快明白了:時空彎曲程度很低的話，他的廣義相對論就可以回到牛頓的萬有引力定律。

所以這個方程式實際上是萬有引力定律的發展和推廣，裡面只有吸引效應沒有排斥效應。一個系統如果只有吸引沒有排斥的話，不可能穩定。所以愛因斯坦覺得用原來的方程式不行。他就在原來的方程式裡加了一項，這項是常數 Λ 乘上一個 $g_{\mu\nu}$。$g_{\mu\nu}$ 是什麼啊？是度規，是與度量時空尺度有關的函數。新加的這一項叫作宇宙項。加進了宇宙項後，他得到了不隨時間變化的有限無邊的宇宙模型。這一項引進了排斥效應。

$$R_{\mu\nu}-\frac{1}{2}g_{\mu\nu}R+\Lambda g_{\mu\nu}=\kappa T_{\mu\nu} \tag{5.2}$$

其實愛因斯坦早就知道這樣的項是會引進排斥效應的。因為他在尋找廣義相對論方程式的時候，對方程式的右端應該是 $T_{\mu\nu}$，他覺得是沒有問題的。但是左端是什麼樣的呢？他嘗試了很長時間。起先格羅斯曼跟他合作，後來希爾伯特跟他合作，都是在尋找方程式左邊的函數形式。最終找到了 $R_{\mu\nu}-\frac{1}{2}g_{\mu\nu}R$這樣一項，找到了這個正確的結果。但是他也曾經試過 $\Lambda g_{\mu\nu}$ 這種形式，把它放在左邊。只把 $\Lambda g_{\mu\nu}$ 放在左邊的時候，他得不出與觀測相符（例如水星進動）的時空彎曲情況。因為這一項只產生排斥效應，違背萬有引力定律，所以他拋棄了這樣的項。現在需要排斥項了，他又把這一項加進

去。這個 Λ 叫作宇宙學常數，這個 Λ 通常是用大寫字母表示。把這項加進來以後，引進了排斥效應，就得到了他所期待的靜態宇宙模型。

當時的學術界都轟動了，說我們偉大的愛因斯坦繼狹義相對論和廣義相對論之後，又把宇宙問題解決了。我們的宇宙是什麼樣子呢？是個有限無邊的東西。我在想當時所有的人幾乎都搞不清愛因斯坦在說什麼，搞不清他所說的這個有限無邊的宇宙究竟是怎麼回事。

3. 膨脹或脈動的宇宙

弗里德曼的突破

愛因斯坦認為他又解決了一個重大問題。但是過了不久，有個雜誌社轉給他一篇文章，是他沒有聽說過的一位蘇聯數學家弗里德曼寫的。這個人用愛因斯坦沒有宇宙項的方程式，也就是原先的那個方程式（5.1），得到了一個膨脹的解，或者說一個脈動的解，脈動的解就是一脹一縮的解。弗里德曼主要得到的是脈動解，三維空間也是有限無邊的。但是愛因斯坦的有限無邊宇宙是不動的，他這個有限無邊的宇宙是一脹一縮的。

愛因斯坦看了這份稿子以後，覺得這項研究結果是錯誤的。他對雜誌社說，這個解是不對的。雜誌社就不想發表，把審稿人意見轉告了弗里德曼。弗里德曼並不知道審稿人是愛因斯坦。後來弗里德曼偶然聽說審稿人是愛因斯坦，就給他寫了一封信，解釋自己的模型。愛因斯坦沒有回信，看來愛因斯坦仍然堅持認為他的文章有問題。

弗里德曼沒辦法，只好把稿件寄給了德國的一份小的數學雜誌，弗里德

曼本人是個數學家，他的解在數學上肯定沒有問題。那份雜誌就將文章登出來了。不過，由於那家雜誌影響不大，他的文章登出來以後，沒有引起大家的注意。

過了不久，在比利時有個叫勒梅特的神父，用帶 Λ 的愛因斯坦方程式，就是帶有宇宙項的方程式 (5.2)，也求出了脈動或膨脹的宇宙模型，也得到了動態模型，這篇文章在另外一本西方雜誌上登出來了。文章登出來不久，就誕生了哈伯定律。

哈伯的發現

哈伯定律是怎麼回事呢？天文學家早就發現，宇宙中星系的顏色都有點變化，有的有點發紅，有的有點發藍。絕大部分都發紅，有很少量的發藍。那是怎麼回事呢？大家想這可能是都卜勒效應，說明這些星系相對我們有運動。

比如說一列火車開過來了，聲源朝我們運動，我們會覺得那聲音很尖。一旦它開過去遠離我們的時候，它的聲音馬上就鈍下來了。這就是聲學中的都卜勒效應。光學也有同樣的都卜勒效應，當一個光源朝我們運動過來的時候，它的光的波長會變小，就是頻率增高，光譜線會向藍端移動，就是說它發藍。如果遠離我們就發紅。

天文學家看到的絕大部分星系發紅，只有極少量的發藍。後來發現那些發藍的星系都是跟我們銀河系處在同一個星系群裡邊的。它們圍繞星系群的質心運動，作相對運動，有的朝你運動，有的遠離你運動，那確實是都卜勒效應。但是我們的星系群以外的星系團、星系群，都是在遠離我們的，光都發紅。哈伯根據這些現象總結出來了一個公式，所謂哈伯定律

$$V = HD \tag{5.3}$$

式中，D 就是這個星系離我們的距離，V 是它逃離我們的速度，H 是一個比例常數，這個常數就叫哈伯常數，是哈伯的姓的第一個字母。

這個式子很簡單，最初哈伯從觀測的角度得到了距離跟紅移的關係，如果把紅移看成都卜勒效應的話，紅移量和 V 的關係很容易算出來，最後就可以得到 $V=HD$ 這個公式。這個公式支持了膨脹宇宙模型，論證了宇宙在膨脹。它表明遠方的星系都在遠離我們，而且離我們越遠的星系逃離得越快。

愛因斯坦放棄宇宙項

哈伯定律支持了膨脹宇宙模型，所以愛因斯坦也覺得，看來膨脹宇宙模型是對的。愛因斯坦後來表態，宣布放棄自己的靜態宇宙模型，說他們的膨脹模型是對的。又說正確的廣義相對論方程式，應該是原來那個沒有宇宙項的，而那個有宇宙項的方程式是錯的。他不應該加進宇宙項，看來宇宙項不屬於廣義相對論，請大家以後就不要用了，把它忘掉吧。

可是很多人覺得還是可以有這麼個東西啊，有一部分人不願意放棄。而且研究這個帶宇宙項的方程式還可以求出一些新的解來。結果許多人還繼續使用帶宇宙項的方程式，繼續發表論文。

愛因斯坦很遺憾，說引進宇宙項看來是自己一生中所犯的最大的錯誤。這一情況就像「天方夜譚」裡的那個漁夫，釣起一個魔瓶，一開蓋魔鬼就出來了，出來了想塞也塞不回去了。

於是宇宙項就存在於相對論的理論當中了。此後研究相對論的人都是既研究不帶宇宙項的方程式，又研究帶宇宙項的方程式，兩種方程式都研究，至今發表的論文當中兩種情況都有討論。

4. 爆炸和演化的宇宙

神父的「宇宙蛋」

我們還要提一提這位勒梅特神父。他主張宇宙是膨脹的，當時就有人問了，你這個宇宙不斷地演化，這跟上帝創造宇宙是不是有點矛盾啊？這個膨脹是上帝指揮的嗎？這件事情好像還不太清楚。勒梅特解釋說，其實很清楚，上帝當年創造的不是我們現在的宇宙，而是一個「宇宙蛋」，大概像乒乓球那麼大。然後這個很熱的蛋就膨脹起來，逐漸膨脹、散開、降溫，演化成了我們今天的宇宙。他還用熱力學對宇宙的膨脹進行了描述。這是一個非常重要的思想，就是用演化的觀點來看待宇宙。

α、β、γ 的原始火球

這個時候有一個叫伽莫夫的物理學家亮相了。伽莫夫是蘇聯的大學生，他和朗道一起被蘇聯派出國進修。這兩個人確實都很了不起，朗道後來回國了，伽莫夫留在了西方，他研究原子核物理學。

伽莫夫考慮，勒梅特講的這個原始的、熱的宇宙蛋是不是一個核火球啊？應該把原子核物理用進去。於是他就把原子核物理用到宇宙演化的研究中了。根據他的觀點，最初宇宙是一個核火球，這個核火球逐漸膨脹開來，慢慢地降溫形成我們今天的宇宙，這就是所謂火球模型。

伽莫夫指導他的研究生阿爾法進行研究，這個人的名字有點像希臘字母 α 的讀音。伽莫夫自己的名字很像希臘字母 γ（伽馬）的讀音。伽莫夫這個人很愛開玩笑，正好他們研究所裡有個叫貝塔的物理學家，於是他把貝塔也拉

進來，阿爾法（α），貝塔（β），伽馬（γ）三個人寫了火球模型的文章。但主要貢獻是阿爾法和伽莫夫的，特別是伽莫夫本人，主要是他提出來的。

但是這個模型遭到主張穩態宇宙模型的霍伊爾（就是後來被霍金挑錯的那個人）諷刺，他說這個模型簡直就是一場大爆炸，還不如叫大爆炸模型算了。結果大爆炸模型這個名稱一直沿用至今。現在大家叫火球模型的反而少了。（編按：現通常稱為「大霹靂模型」）

伽莫夫和勒梅特兩個人都說宇宙在演化。大家知道，生物學剛開始的時候只講植物、動物分類，到了達爾文的時候誕生了進化論，對人的研究後來也出現了進化論。歷史研究表明；人類社會和人類文明也在進化。勒梅特和伽莫夫現在告訴我們：宇宙同樣是發展演化的，從靜態到了動態，這是人類思想上的一次突破，對宇宙認識的突破。

勇敢加天才

現在回過頭來再看一下哈伯定律。圖 5-12 是哈伯最早給出的那張圖，得到哈伯定律的圖。縱座標是遠方的星系逃離我們的速度，每秒鐘多少公里。橫座標是這些星系離我們的距離，這裡「秒差距」（pc）是一個天文學單位，搞天文學的人都用秒差距，他們覺得比較方便、正規，但是這個東西一般人覺得不太直觀。大家對光年更熟悉，一個「秒差距」是三個多光年的樣子。你看圖上的觀測點多散啊，哈伯很勇敢地就一條直線畫過去了，成正比。後來有些人想，哈伯在搞什麼？有的人猜：他是不是知道膨脹宇宙模型啊？如果知道膨脹宇宙模型的話，成正比的直線，正好跟膨脹宇宙模型一致。但是也有另外一種可能，就是他抓住了主要矛盾。因為他是學觀測的，他知道這些資料的誤差到底有多少，他的觀測點當中到底有多少是非常可靠的，可靠

到什麼程度，所以他抓住主要東西勾勒出了這條直線。如果詳細描繪的話，這條線將是複雜的曲線，根本找不出什麼規律來，亂七八糟的。哈伯則把主要的實質描出來了。事實上隨著實驗觀測越來越精確，會發現新的觀測點也越來越靠近這條線。

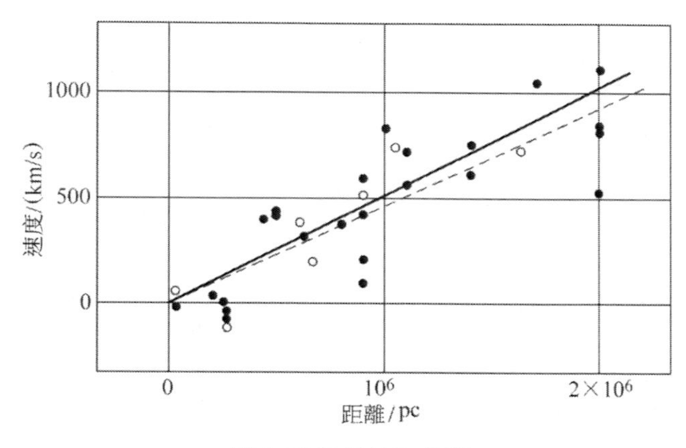

圖 5-12 最早的哈伯圖

做實驗研究的人還真的要注意，一方面要關注理論，但是千萬不能像有的人那樣，理論上是什麼就硬造出什麼來，那是不行的。但是在做實驗的時候也要注意抓主要矛盾，抓住主要規律。

氦豐度的支援

這個火球模型提出來的時候，伽莫夫就說，他的火球模型是有觀測支持的，第一是哈伯定律，它表明宇宙一直在膨脹。大霹靂以後的膨脹確實應該是這個樣子。另外一個是氦豐度，就是說宇宙中氦元素的含量，按他的火球模型應該是 20%多。

宇宙剛開始生成的時候，主要的物質形態是以氫為主的氣體。因為那時候的溫度高，氫就聚合成氦。然後再繼續膨脹，溫度就降下來了，氫聚合成

氦的核融合反應，基本上也就停下來了。

根據伽莫夫的計算，這個時候的氣體應該含有20%多的氦，70%多的氫，這就叫氦豐度。根據他的理論計算出來的這個值，是跟觀測值大致相同的。當然，後來這些氣體聚整合團以後，會往裡收縮，形成一顆顆恆星。收縮過程當中大量的萬有引力位能轉化成熱能，溫度重新急劇上升，升高到上千萬開、上億開之後，重新點燃氣團中心的核融合反應，氫再燒成氦，就像我們的太陽這樣發出光和熱。但是這樣生成的氦，與在宇宙早期生成的氦相比微乎其微，很少，所以氦豐度是對火球模型的一個支援。

大霹靂的餘熱

另外他還說，宇宙既然原來是一個原始的大火球，那麼今天的宇宙不可能是熱力學溫度零度，一定還有大霹靂的餘熱保留下來。他估計這個餘熱大概是熱力學溫度 5 開左右，有人猜測是熱力學溫度 10 開左右。

這個大霹靂餘熱長時間沒有找到。伽莫夫是在 1948 年提出火球模型的，十幾年後，1964 年才發現了大霹靂的餘熱。當時有一些搞相對論的專家想找大霹靂的餘熱，用各種辦法尋找，看宇宙空間中有沒有餘熱，但沒找著。這時候另外兩位無線電電天文學家卻在無意中找到了。

無線電天文學家是做什麼的呢？他們研究來自宇宙空間的無線電波。我們知道，人的肉眼看到的都是可見光，後來有了望遠鏡，也是看星星射來的可見光。但是有些天體不發可見光，只發射無線電波，還有一些天體既發可見光，又發無線電波。所以來自宇宙空間的無線電波也很重要，我們也能夠從中知道宇宙空間的很多資訊。

當時有兩位美國無線電天文學家，一位叫彭齊亞斯，另一位叫威爾遜。

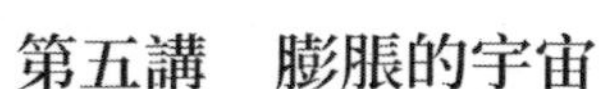

他們改裝了一套原來用作接收衛星訊號的天線裝置，打算用它來尋找來自宇宙空間的無線電波。他們設計好這套裝置以後，儘量想辦法降低噪聲，提高裝置的靈敏度，先把它調好，再進行觀測。但他們發現調到一定程度，噪聲就降不下來了。他們想肯定是天線有問題，於是把整個天線拆開，進行檢查。發現在天線的核心部位，有鴿子築巢，還拉了一堆鳥糞。論文當中寫了他們清洗鳥糞，把巢也拆掉了。當然講述這個過程的時候，他們採用了很文雅的詞來描述，說他們發現了一堆鴿子的白色分泌物，然後把這些分泌物給洗掉了。但是清洗之後，噪聲依然存在。

這次他們明白了，這個噪聲可能是宇宙空間本來就有的，並不是他們的裝置造成的。這個噪聲是熱力學溫度 2.7 開的微波背景輻射。大家知道溫度很高的時候，物體主要的輻射處在可見光波段，溫度低下來，可能就跑到波長較長的紅外波段去了，再低就到微波波段了。熱力學溫度 2.7 開（我們通常說 3 開）的熱輻射，就是微波波段的輻射。微波背景輻射發現之後，大霹靂模型得到了公認。在 1960 年代後期和 1970 年代，大霹靂宇宙學迅猛發展起來，大家普遍相信了這個模型的正確性。

膨脹沒有中心

人們經常有一個問題，就是從地球上看到，宇宙空間在向外膨脹，所有的星系都在遠離我們，是否我們這裡就是爆炸的中心呢。對不對？不對。實際上，站在任何一個星系上都會看到別的星系在遠離自己。為什麼呢？請大家看圖 5-13 中這個小孩吹氣球，你看這個氣球，氣球上有很多墨水點，這些墨水點表示一些二維的星系，這個氣球就是一個二維空間。小孩一吹，這個二維空間就膨脹了。對於任何一個墨水點來說，其他的墨水點都在遠離它，

圖 5-13 膨脹的宇宙示意圖

對不對？所以在這個膨脹的宇宙中，沒有膨脹的中心，或者說每一點都是膨脹的中心。

宇宙的創生、暴脹與演化

圖 5-14 講解了宇宙演化的過程，對宇宙演化的描寫較詳盡。總體說來就是，宇宙最初的時候是無中生有的，時空和物質一起從虛無當中冒出來。需要說明的是，宇宙剛剛從虛無中誕生出來的那一段時間（10^{-43} 秒以內），既分不清上下、前後、左右，也分不清時間和空間，只是在 10^{-43} 秒之後這些東西才能夠分清。

圖 5-14 宇宙演化的示意圖

接著先經歷了一段比較平穩的膨脹、降溫過程，然後宇宙出現一個以真空能為主的時期，這時宇宙進入暴脹階段，一個迅猛膨脹的階段。在這一演化過程當中，原有的真空演變為「過冷的」、不穩定的假真空狀態。接著假真空態會一下子躍遷到能級較低的真的真空態，此時大量的真空能轉化成為物質能，從「虛無」中湧現出來，使宇宙回升到高溫狀態，然後便又恢復為平穩膨脹的狀態，在膨脹中逐漸降低溫度。溫度逐漸降低以後，出現了夸克、膠子和輕子；然後就是質子、中子的形成；然後是原子核的形成，原子、分子的形成；更後來就是恆星、行星和星系的形成、演化；生命的出現，生物的進化，有些生物還發展成為比較高階的生物，產生了思想和意識，其中一些高階生物還在那裡提問題，問：我們為什麼會從宇宙中產生呢？比如我們人類。

宇宙膨脹還是脈動

現在我們知道宇宙有兩種演化方式。如果三維空間是負曲率的，曲率 $k<0$，是一個偽超球面，或者是平直的，曲率 $k=0$，是一張超平面，那麼宇宙的三維空間就是無限無邊的，它會永遠膨脹下去。還有一種情況是，三維空間曲率是正的，$k>0$，那麼它是一個超球面，這個時候它的空間是有限無邊的，而且是脈動的，不斷膨脹又收縮。圖 5-15 就畫出了兩種情況：在 $k<0$、$k=0$ 的時候它是永遠膨脹下去的，如果 $k>0$，就是三維空間的曲率大於 0，那麼空間就膨脹然後又收縮。收縮時溫度當然又重新上升。如果是永遠膨脹的話，就會越來越冷，逐漸趨於熱力學溫度零開，卻又達不到零開，它就這麼演化下去。如果是一脹一縮的話，就有一個空間不斷膨脹、溫度不斷降低的時期，然後空間又重新收縮，溫度又重新高起來。

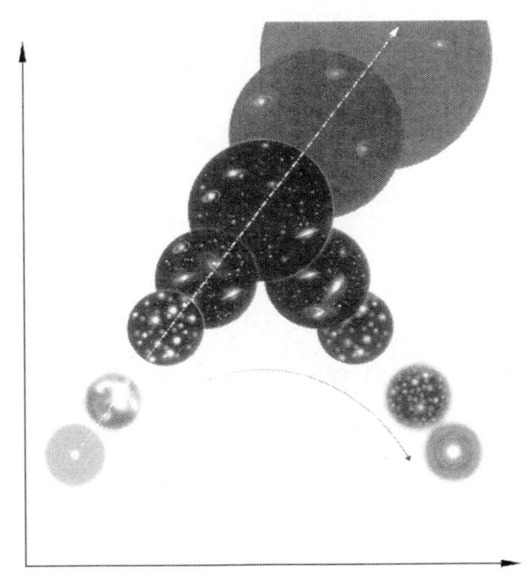

圖 5-15 宇宙膨脹的幾種情況

那麼我們的宇宙到底將來會怎麼樣呢？研究表明，我們宇宙中的物質有一個臨界密度。這個臨界密度是每立方米 3 個核子，或者說 3 個氫原子。如果宇宙中的物質平均密度大於這個臨界密度的話，這個宇宙膨脹到一定程度就會收縮，宇宙將是脈動的。因為物質密度比較大的話，物質間的萬有引力作用就比較大，也就是說，吸引效應會比較大，大到一定程度，就能夠使宇宙膨脹轉變為收縮。如果物質密度達不到這個臨界密度，那麼宇宙就會永遠膨脹下去。雖然吸引效應能促使膨脹減速，卻不能使膨脹速度降到零，更不能使膨脹轉化為收縮。

最初得到的觀測資料表明，宇宙中物質的密度遠小於臨界密度，所以認為宇宙會永遠膨脹下去。但是，另一些人研究河外星系的紅移，發現這些星系雖然在遠離我們，但是遠離我們的速度下降得很快，即所謂的減速因子很大，這又似乎表明宇宙的膨脹將逐漸停止並轉化為收縮。這就是說，研究減

速因子得出的結論與研究臨界密度得到的結論相反。那個時候有很多研究討論糾纏在這個問題上。也就是說大家不太清楚，宇宙中的物質密度到底是多大，究竟是大於臨界密度還是小於臨界密度。有人猜測宇宙中物質密度可能正好等於臨界密度，但又覺得有些懷疑。

5. 宇宙居然在加速膨脹！

近年來上述矛盾更加大了。大在哪裡呢，就是通過對一類超新星離我們距離的觀測，發現宇宙目前根本不是在減速膨脹，而是在加速膨脹，從大約 60 億年前開始，宇宙就從減速膨脹轉變為加速膨脹了。這一發現完全顛覆了宇宙膨脹一直是逐漸減速的認識。

天文學上的測距：量天尺

我們知道，天文學上測距有很多種方法。最古的時候是採用三角法，比如測月亮到地球的距離怎麼測，可以從地球上的兩點去觀測月亮，形成一個三角形，地球上的基線長度是知道的，然後再測定兩個觀測點到月亮的連線與基線的這兩個夾角，就可以算出月亮離我們的距離。後來還有其他很多種方法。比較著名的有一個變星方法。有一種變星叫造父變星，這種變星的變光周期跟它的真實亮度有關係，知道它的變光周期，就可以知道它的真實亮度，然後再用眼睛看它的視亮度，視亮度和真實亮度有差別的原因，就是它距離我們遠。依據造父變星視亮度和真實亮度的差值，就可以判定這個造父變星所在的星系離我們的距離了。所以造父變星就成了一種標準燭光，一種量天尺。

Ｉａ型超新星：新的標準燭光

現在的問題是什麼呢？天文學家突然發現又有一個東西可以作為測量星系距離的標準燭光。這就是Ｉａ型超新星爆發。不同超新星爆發的規模是很不一樣的，不能隨便選一顆超新星用它爆發的亮度作為標準燭光去判定它離我們的遠近。因為超新星之間可能差異很大，它炸完以後有沒有剩下星體，剩下什麼星體，剩下一顆中子星，還是剩下一個黑洞，這些剩餘星體有多大，都是不一定的。所以它爆炸的規模很不一樣。但有一種超新星爆炸的規模，許多天文學家認為是一樣的。什麼呢？就是Ｉａ型超新星。

這種恆星本來它不會超新星爆發，它形成的是一顆白矮星。我們知道形成白矮星以後就不會爆發，然後它就會冷卻下來，慢慢地變成黑矮星。但是如果這個「太陽系」，白矮星所在的「太陽系」，裡頭還有其他恆星，也就是說它處於一個雙星或聚星（多個恆星組成）系統，那麼其他恆星的物質就會被白矮星吸引過來圍著它轉，很多物質被吸積進去，於是白矮星質量逐漸增加，但白矮星有個質量上限，就是錢德拉塞卡極限——1.4 個太陽質量。超過 1.4 個太陽質量的白矮星是不穩定的，它內部的包立斥力抵抗不住萬有引力，就會塌下去而爆炸，形成超新星，這就是所謂Ｉａ型超新星。它是白矮星吸積了大量物質以後，質量超過了錢德拉塞卡極限，也就是 1.4 個太陽質量的時候，形成的爆炸。

這樣爆炸形成的超新星，第一，它的質量不足以形成黑洞，也不足以形成中子星。結果是什麼呢，當然是全部炸飛。它沒剩下渣滓，全部炸飛掉。第二，個頭都差不多，都剛超過 1.4 個太陽質量就炸掉了。所以許多人認為，這類超新星爆發的規模和亮度都差不多，是可以作為標準燭光的。

天文學家利用它作為標準燭光，重新測定遙遠星系離我們的距離，並和這些星系的逃離速度比較，就發現宇宙在誕生的初期，膨脹確實是逐漸減速的。但是在 60 億年前突然變成加速了，從減速膨脹變成了加速膨脹。

排斥效應：透明的暗能量

怎麼來解釋這種加速膨脹呢？加速膨脹表明必定有個排斥力在起作用，於是有人就提出一個觀點，說宇宙中可能存在暗能量。所謂暗能量是這樣一種物質，它的壓力是負的，所以它起了推動膨脹的作用。而且，它在宇宙中是均勻分布的，在宇宙膨脹過程中，暗能量的密度是保持不變的。但是隨著宇宙空間體積的不斷脹大，宇宙中暗能量的總數不斷增加，它所產生的排斥效應就越來越強，終於壓倒了普通物質間的萬有引力造成的吸引效應，使宇宙膨脹從「減速」轉變為「加速」。而且，這種暗能量還有一個奇特性質：不參加電磁相互作用。不參加電磁相互作用就使人看不見它，它既不發光，也不擋光，它對光是透明的。這種物質就叫暗能量。

吸引效應：透明的暗物質

在此之前，天文學家還猜測有一種暗物質，暗物質是什麼呢？它產生吸引作用，它產生萬有引力的吸引效應，但是也不參加電磁作用，對光也是透明的，看不見。暗物質的最初提出大概是在研究銀河系這類星系轉動的時候。

用牛頓力學來研究銀河系中恆星的轉動就會發現有問題。銀河系的銀盤的旋轉角速度應該與向心加速度有關。它應該受到一個向心力，這個向心力就是銀河物質產生的萬有引力。但是從銀河系外圍的這些恆星的轉動速度來看，作為引力源的銀河物質似乎並不都集中於銀心，而是呈暈狀分布，並且

它們產生的萬有引力，應該比我們看見的銀河系中心的發光物質所能產生的引力要大很多。但是我們又只能看到那麼多發光物質，而且這些發光物質比較集中於銀心，不呈暈狀分布。

有人說是不是塵埃和氣體的質量沒有考慮進去呢？不是。因為塵埃和氣體都會擋光，光過來了有些氣體不僅會被照亮，而且自身也會被激發而發光。這是因為恆星的光照到它們上面以後，把它們的分子能級激發了，所以它們本身也發光，我們能看見。即使一些塵埃乾脆把光擋住了，我們也能看見有黑漆漆的一塊。但是現在這種暈狀分布的物質是你看不見的，它不參加電磁作用，跟玻璃一樣，跟乙太一樣，透明的，光就穿過來了。但是它有萬有引力，這種東西就是所謂暗物質。在研究遠處星體的引力透鏡和其他效應時，天文學家也產生過存在暗物質的推測。

當代的兩朵烏雲：暗物質與暗能量

暗能量跟暗物質都是透明的，暗物質是成團結構的，基本上是聚集在有恆星、有星系的地方，比如銀河系的中心附近，許多人推測存在大量的、我們看不見的這種暗物質。暗物質是跟普通物質聚在一起的，是成團結構的。而暗能量呢？是在宇宙當中均勻分布的。在宇宙膨脹過程中，它不是密度減小，而是密度保持不變。所以隨著宇宙的膨脹，宇宙中的暗能量總量就越來越多，排斥效應就加大了，因此宇宙就變成了加速膨脹。

對這兩個問題，很多人進行了研究。到現在為止，論文已經有一萬多篇，有的人說有兩萬篇了，但是問題沒解決。到底暗能量和暗物質是什麼，大家想了很多稀奇古怪的物質形態，但都不足以說服人。

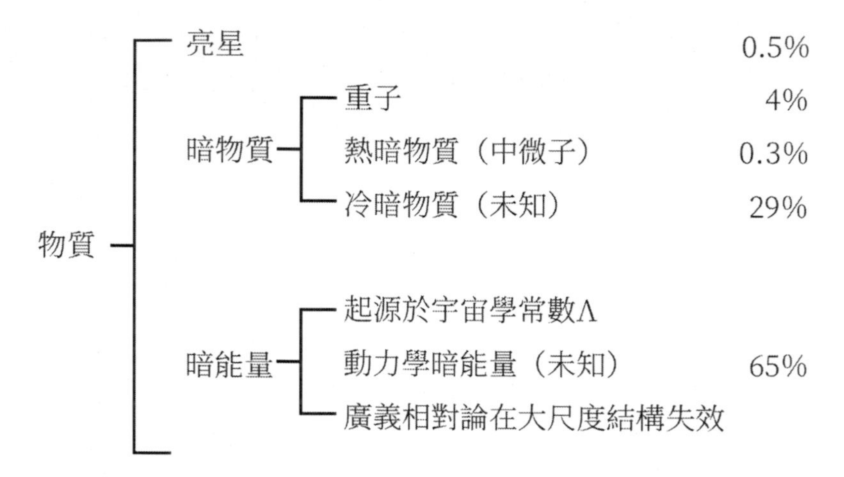

這個表告訴我們宇宙中物質的分布大概是什麼樣的。比如說，我們通常看到的亮星，根據現在的估計，質量大概占宇宙中物質的0.5%，而暗物質中的重子物質（這還不是真暗物質，這不是我剛才說的那種暗物質），包括塵埃啊，氣體啊，黑洞啊，都算在內，大概占4%。還有一部分是所謂熱暗物質，比如中微子，假如有質量的話，它能占宇宙中總質量的0.3%。這些加起來不到5%。這些物質是我們知道的，它們都是我們熟知的普通物質，它們的結構我們是知道的。

表中的冷暗物質才是我剛才說的那種暗物質。這種暗物質大概占宇宙中物質總量的29%。它不參加電磁作用，對光是透明的，產生萬有引力，只產生萬有引力。還有暗能量，大約占宇宙物質總量的65%，也是對光透明的，但是呢，它起排斥作用，因為它的壓力是負的，使宇宙加速膨脹。

現在對暗能量的猜測有幾種，一些人認為它是動力學暗能量，就是說它是一種新的物質形態，許多研究粒子物理的人想了很多稀奇古怪的模型來描述暗能量，論文發表了不少，但問題還是解決不了。看起來很困難，搞不清

楚是怎麼回事。

另外一些人認為，其實這東西並不神祕，並不存在什麼奇特的「暗能量」，宇宙加速膨脹其實是愛因斯坦方程式中含 Λ 的宇宙項造成的。看來愛因斯坦方程式還是應該含有宇宙項。

還有一些人認為，宇宙項這一項太簡單，只是一個常數 Λ 乘上一個 $g_{\mu\nu}$，僅憑宇宙項這個簡單的東西，不足以解釋宇宙的加速膨脹。他們認為可能要對愛因斯坦方程式做大的修改。在大尺度結構上，廣義相對論需要做大的修正。

如果只考慮宇宙項就能完全解釋宇宙的加速膨脹，那是最好的，也是最簡單的解決方式。不需要設想怪異的物質形態，廣義相對論也基本不用修改，愛因斯坦方程式還可以用，只需加入宇宙項。要是這樣子的話，那就表明愛因斯坦所認為的他犯的最大的錯誤其實不是錯誤。對於暗能量和暗物質，現在我們所知道的情況就是這樣。

自然科學從哥白尼到現在才 500 年，我們對宇宙，特別是早期宇宙的了解還是十分不夠的。現在可以肯定的是什麼呢？宇宙是均勻的，是無邊的，是膨脹的，是不斷演化的。這些認識大家還比較一致，至少現在的學術界是如此。至於宇宙是有限無邊呢，還是無限無邊呢？它膨脹以後會不會縮回來呢？這些事情現在還沒有比較可靠的、一致的看法。另外，對於宇宙早期演化的詳細描述，往往不夠清楚。自然科學距今才誕生 500 年，想把宇宙最早期都給描寫清楚，實在是不可能的事情。所以，對越早期宇宙的描述，越不可靠。隨著科學的發展，未來會不斷地使它更加完善。

有一位天體物理學家就說：「千萬不要去追一輛公車、一個女人，或者一個宇宙學的新理論，因為用不了多久你就會等到下一個。」

第六講　時空隧道與時間機器

圖：繪畫：張京

現在來講第六講《時空隧道與時間機器》，這些東西都是大家感興趣的。我這裡講的不是小說，而是從科學的角度來討論這些內容。不過在講之前，我還想對「大霹靂」宇宙再做一些解釋，原因是關於膨脹宇宙的內容太多，我們不可能用一講的時間講完所有內容，所以我現在要把上一講遺留的一個很重要的部分，也就是關於大霹靂的一些模糊觀念和認識，給大家講一下。我講述的這些內容，曾發表在《科學的美國人》上面，是美國的兩個天體物理學家寫的。有人介紹我看這篇文章，我看了以後，覺得澄清了我腦中很多錯誤的觀念。所以現在就把這部分內容介紹給大家。

1. 澄清對「大霹靂宇宙」的幾個模糊認識

大霹靂沒有中心

首先，「大霹靂」描述的宇宙膨脹（圖 6-1），是一種什麼種類的膨脹？一般人可能會想，這個大霹靂模型肯定是空間當中，有一包炸藥或者是什麼東西「咚」一下爆炸了。像圖 6-2(a) 這張圖似的，有一包炸藥，「咚」，炸了，剛開始，物質都集中在爆炸處，爆炸處的壓力大，外面的壓力小，然後爆炸物質逐漸擴散開來。顯示出爆炸有一個中心。

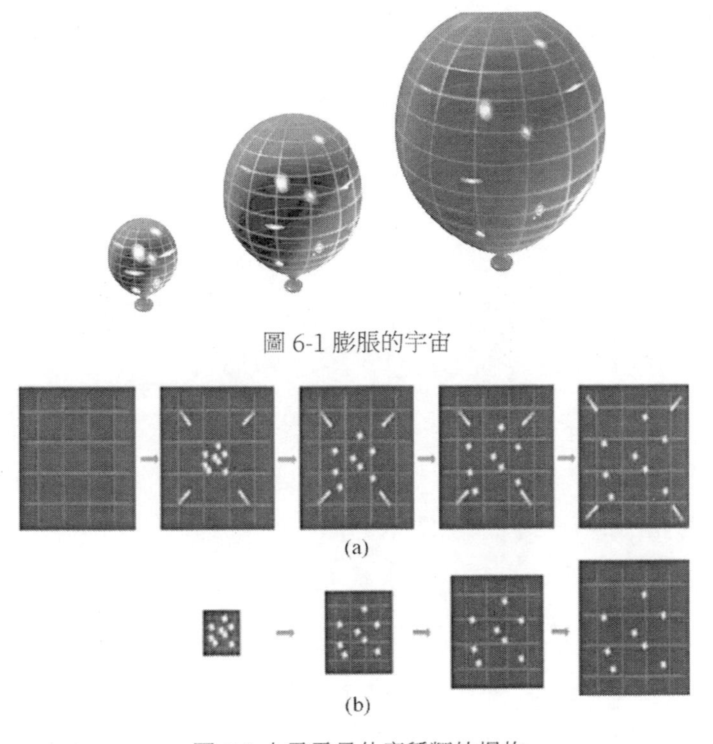

圖 6-1 膨脹的宇宙

圖 6-2 大霹靂是什麼種類的爆炸

但是，正確的膨脹宇宙模型不是這樣的，按照正確的膨脹模型（圖 6-2(b)），宇宙剛開始起源於奇點，其實奇點並不屬於時空。按照現在的看法，「奇點」就是時空當中的一個點，實際上宇宙是「無中生有」的。時間、空間和物質是同時誕生的，它們從奇點開始，或者說是從虛無當中產生出來的。然後你看，產生的物質是均勻分布的，空間在膨脹，物質的密度在減小，物質跟著空間膨脹散開，空間膨脹得大一點，物質就散得開一點。物質的密度隨著空間的膨脹在減小，但每一確定時刻空間各處的密度總是保持相同。爆炸沒有中心，或者說每一點都是爆炸的中心。

時間與物質一起從虛無中誕生

時間和空間是跟物質一起創生出來的。大家會想，科學家這想法很聰明啊。

我要跟大家講，時間跟物質同時誕生，不是科學家首先提出來的，而是神學家首先提出來的。西元 4 世紀的時候，也就是西元 300 多年的時候，有一位著名的基督教思想家聖奧古斯丁就提出來，上帝在創造宇宙的同時創造了時間，上帝是在時間之外的。

他為什麼想出這麼一個觀點呢，主要是有一群反教會的人，故意提一些怪問題，讓那些主教、神父們答不出來。比如有人就問了，說上帝在創造宇宙之前，他在做什麼呢？這個問題不好回答。有些神職人員答不出來，十分氣惱，就對提問題的人說：「上帝為敢於問這類問題的人準備好了地獄。」然而這種恐嚇並不能使提問題的人服氣，於是聖奧古斯丁出來說，根本就沒有「以前」，宇宙誕生「以前」根本沒有時間。上帝是在時間之外的，時間是和宇宙一起被上帝創造出來的，別問「以前」了，「以前」什麼都沒有。

現在的科學家也繼承了這個觀點，就是時空是和物質一起「同時」誕生的，在此之前沒有時間。

宇宙學紅移不是都卜勒效應

還有一個問題，宇宙學紅移是都卜勒效應嗎？我們看過的那些天文科普書都說，這是一種都卜勒效應，從哈伯開始就認為是都卜勒效應。

最近十幾二十年，開始有一些天文學的書，以及與相對論有關的天體物理的書上，不再說它是都卜勒效應，但是也沒說它不是。這是為什麼呢？也許是寫的人也沒有搞清楚，看到外國人不說了，他也不說了，但是也不

能肯定。

其實，真正的宇宙學紅移不是都卜勒效應。但是我們看到的天體紅移不都是宇宙學紅移，實際上有兩種情況，一種情況是我們星系群內部的這些星系，它們之間相對移動，在空間中作相對運動，我們看到有藍移有紅移，這種情況確實是都卜勒效應。

但是在我們本星系群之外的其他的那些星系團和星系群，全都產生紅移，全都在遠離我們，這就是宇宙膨脹造成的宇宙學紅移，遵從哈伯定律。這種紅移不是都卜勒效應，而是宇宙空間自身膨脹造成的。

都卜勒效應是空間本身不變化，觀測者和光源在空間中作相對運動造成的。或者是光源相對觀測者運動，或者是觀測者相對光源運動，總之是在空間中作相對運動，這種情況是都卜勒效應。你看圖 6-3(a) 這三張圖，宇宙空間不變化，星系在遠離我們。右邊是我們的地球，星系在向左運動，我們看到的景象是星系在退行，產生紅移。但是這種效應是各向異性的，為什麼呢，假如星系的左邊還有一個地球，那裡的觀測者覺得星系在向他靠近，他看到的就應該是藍移了。

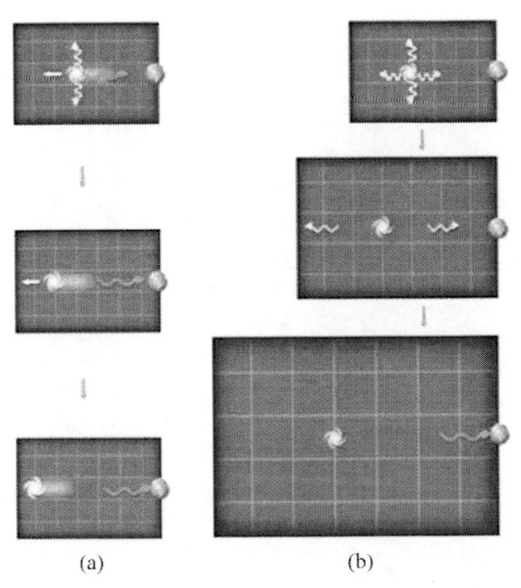

圖 6-3 宇宙學紅移不是都卜勒效應

但是我們看到四面的星系，除去本星系群內部的幾個星系之外，都是紅移。為什麼？這是因為宇宙學紅移的本質是空間在膨脹，但是星系和地球，在這個空間中的位置

（座標）並沒有動（圖 6-3(b) 的三張圖）。

什麼意思呢，設想空間有很多網格，有座標格，很多座標線打的網格。星系在這組網格上的座標點和地球在這組網格上的座標點本身都沒有變化，並不移動，並不是說跑到另外一個格點那裡去了，而是這些格子本身在擴大。這樣子的話，星系與地球在遠離，但它們不是在空間中作相對運動，而是空間本身在膨脹。這樣造成的紅移不是都卜勒效應，所有觀測者都會認為遠方的星系在遠離自己，都會看到紅移。這就是宇宙學紅移的本質。

星系的退行速度可以超光速

宇宙學紅移反映河外星系在退行，它們在遠離我們，遠離的速度可以超光速嗎？如果它是都卜勒效應的話，一定不能超光速。為什麼呢，因為相對論禁止超光速運動發生，如果一個物體在空間中作超光速運動，或者訊號超光速，因果性就會混亂。看一下圖 6-4(a) 的兩張圖，它們表示空間沒有膨脹，而星系都在遠離我們，離我們越遠的跑得越快，這是都卜勒效應。你會發現，越遠的星系逃離得越快，它逃離我們的速度會逼近光速，但是不能達到光速，否則就違背相對論了。

但是我們現在所講的情況並不是空間不動，星系在運動，而是如圖 6-4(b) 的兩張圖所示，這些星系在網格上的座標並不動，但是空間擴大了，格子在拉大，所以看起來這些星系都在逃離我們，都在退行。離我們越遠的，退行速度越快。為什麼呢？比如說，空間以 10%的速度擴張，那離我們 1 公里的物體，一秒鐘以後距離我們 1.1 公里；離我們 10 公里的物體，一秒鐘以後就離我們 11 公里；離我們 1 萬公里的物體，一秒鐘以後就是 1.1 萬公里了，所以越遠的跑得越快。

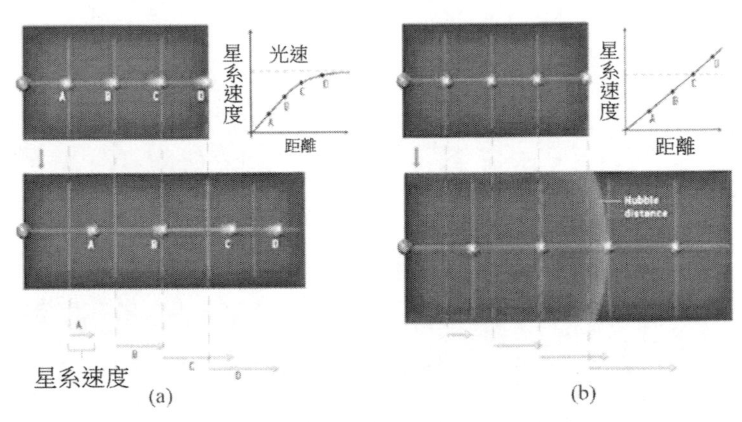

圖 6-4 星系的退行速度可以超光速

那麼有一個地方，星系的逃離速度會正好是光速，這個距離被稱為哈伯距離。比哈伯距離離我們更遠的星系將超光速地遠離我們。在哈伯距離之內的這些星系，退行速度沒有達到光速。

所以遠方的星系，可以以超光速逃離。我記得前些年有一位老師說，有本書上介紹，河外星系的逃離速度可以超光速，我說不會。其實我的理解是錯的，他看的那本書是對的，但是當時我沒有特別注意到這個問題。河外星系的退行速度是可以超光速的，它不違背相對論，因為這種退行速度不是物體的運動速度，也不能傳播訊號。

能看到超光速退行的星系

如果這個星系的逃離速度比光速快的話，我們還能不能看見它呢？也就是說它在哈伯距離之外，我們能不能看見它呢？回答是能看見。

為什麼？本來在哈伯距離之外的星系，它那網格擴張的速度比光速快。它發射的光朝你來了，是以光速過來的，但是光子所在的網格點逃離的速度比光速還快，你應該看不見。但是這個哈伯距離又是怎麼得出來的呢？大家

看這個式子，

$$d = c/H \tag{6.1}$$

這是哈伯距離的公式。它來自哈伯定律 $V=HD$，D 是星系離我們的距離，要注意：式中，V 是星系逃離我們的速度，如果逃離我們的速度 V 正好是光速 c，這個距離 D 就叫作哈伯距離，哈伯距離特別用小寫字母 d 來表示。哈伯距離是光速除以哈伯常數，可是天文觀測表明哈伯常數不是個常數。

哈伯當年認為它是個常數，望遠鏡越來越好以後就發現，哈伯常數是隨時間變化的，所以就改叫它哈伯參數了，只把我們今天的哈伯參數叫作哈伯常數。哈伯參數隨著時間的增大在不斷地減小，這個 H 在不斷地減小，所以 d 就在不斷地增大，這就是說哈伯距離會增大。

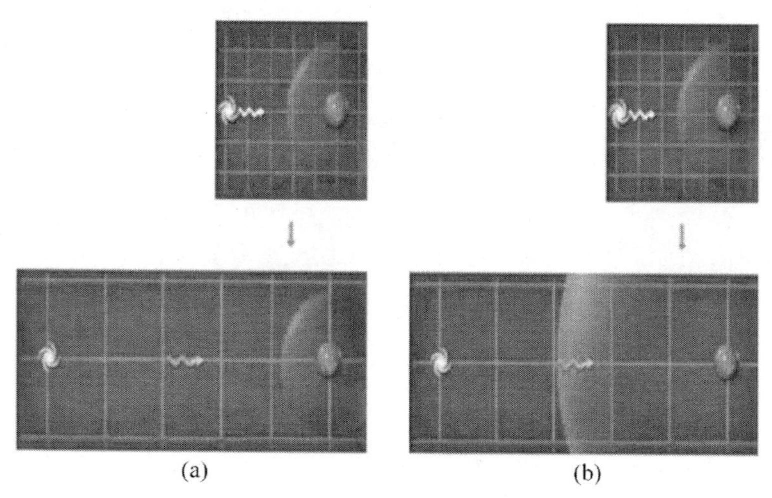

圖 6-5 為何能看到退行速度超光速的星系

你看圖 6-5(a) 這兩張圖就是錯誤的，它表示哈伯距離是不變的。這兩張圖的情況，隨著空間的膨脹，哈伯距離並沒有變。在哈伯距離之外的這個星系，以及它射出的光子，都永遠在哈伯距離之外，所以我們不可能看到這個

星系，因為空間膨脹造成的它的退行速度和它射出的光子的退行速度都超過了光速，所以我們看不見它。

但是請看圖 6-5(b) 這兩張圖。因為哈伯參數隨著時間在減小，哈伯距離在增大，最初哈伯距離比較近，後來哈伯距離變大了，光子被哈伯距離囊括進來了。這個時候空間膨脹造成的光子退行速度就小於光速了，光子就能到達我們這裡了，於是我們就能看見這個星系了。所以哈伯距離之外的星系發出來的光，我們還是能夠看見的，這是因為哈伯距離在不斷地增大。

可觀測宇宙有多大？

還有一個問題，可觀測宇宙有多大？我們知道宇宙的年齡大約是 140 億年，有人就想，我們所能看到的最大距離一定是 140 億光年。我以前也是這麼想的，實際上不是。為什麼呢，這是因為光源發出來的光，跑過來是需要時間的。在光跑過這段距離的時候，光源又往遠方跑了。設想一個發光時距離我們 140 億光年的星系，我們看到它發出的光的時候，已經過了 140 億年，在這段時間內，宇宙空間的膨脹，使它進一步遠離我們，這個星系已經離我們不止 140 億光年了。現在計算的結果認為，大概是三倍於 140 億光年，也就是說，我們應該能夠看到距離我們大約 460 億光年的東西（圖 6-6(b)）。現在我們看到的最遠距離大概是 100 億光年。這個距離說不大準，天文學上的東西，你把數量級說對了就已經很不錯了，經常連數量級都說不對。由於天體離我們太遙遠，你不能想像成物理實驗室精密測量的那些東西，那是無法比的。這就是關於可觀測宇宙的大小的問題。當然，如果空間不是膨脹的，宇宙學紅移反映的是都卜勒效應，那麼你只能看到 140 億年前的東西，也就是距離我們 140 億光年的東西。

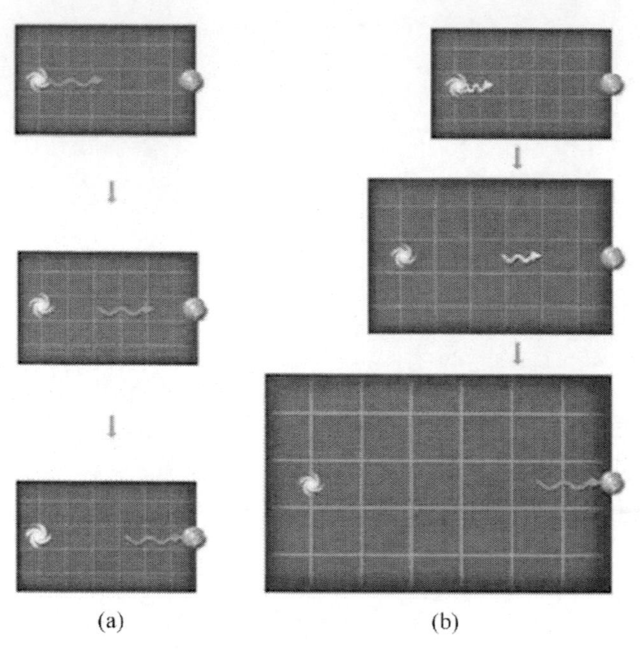

圖 6-6 可觀測宇宙有多大

宇宙膨脹，我們自身不膨脹

還有一個問題，既然宇宙在膨脹，那麼宇宙中所有物體是不是都在膨脹？大家想一下：假如我們人也在膨脹，桌子椅子都在膨脹，尺也在膨脹，這不等於沒膨脹嘛，是不是？都在膨脹就等於沒膨脹。既然我們能觀測出宇宙膨脹，那我們自己和我們用的尺一定是後來不膨脹了，否則我們怎麼能測出宇宙在膨脹呢？

為什麼我們自身後來不膨脹了呢？我們來解釋一下。圖 6-7(a) 是錯誤的，它表示所有的東西都在膨脹，星系本身也在膨脹，要是這種情況，我們就感覺不出膨脹來了。因為你的尺也在膨脹，那不等於沒膨脹？實際上是這樣的，剛開始的時候，空間在膨脹，隨著空間在拉大，星系本身也在膨脹，

所有的東西都在膨脹。但是膨脹到一定程度以後，物質的萬有引力效應（時空彎曲造成的吸引效應）就逐漸發揮作用了，這時候，星系團本身就不膨脹了，星系本身也不膨脹了，我們的桌椅也不膨脹了，尺也不膨脹了，但是星系團和星系團之間的距離還在拉大，還在膨脹，所以我們會看到，其他的星系團在遠離我們，但是星系團本身就這麼大了，不再膨脹了。有人說是不是絕對不膨脹，那也不敢說，也可能還有一點，這還需要進一步深入研究。現在通常認為是不膨脹了，比如說我們太陽系就不膨脹了，我們銀河系也不膨脹了，我們銀河系所在的這個本星系群也不膨脹了，其他的星系團也不膨脹了，但是星系團（群）之間的距離在拉大。

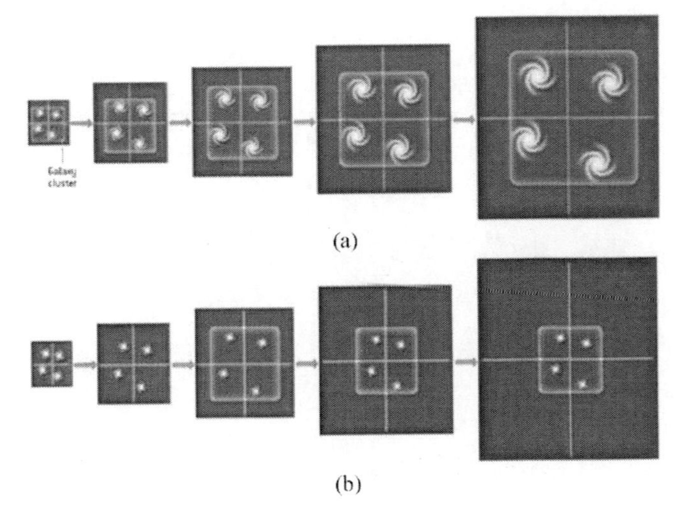

圖 6-7 宇宙中的星系團自身是否膨脹

2. 蟲洞——時空隧道

管道與手柄

現在我們就來講下一個問題，「蟲洞」與時空隧道。什麼是「蟲洞」？蟲洞就是時空隧道，就是連線不同宇宙的「管道」。研究表明，膨脹的宇宙可以有多個，如圖 6-8 所示，每一個泡代表一個宇宙，就是一個膨脹的宇宙。

圖 6-8 蟲洞與時空隧道：管道與手柄

膨脹的宇宙可以有一些管道相通，這些管道就叫「蟲洞」。有的管道的兩個開口在同一個宇宙當中，就像一個手柄一樣。還有一些管道，是連線不同的宇宙的。這些管道都叫作「蟲洞」，或者叫作時空隧道。有了蟲洞以後，時空的拓撲結構就不一樣了。比如在我們原來這個宇宙泡當中，從一點運動到另一點，只可以在這個泡當中走，雖然你可以走不同的路徑，但是它們都在這個泡當中。現在呢，多了管道，你可以從管子走了，所以時空的結構有了一個變化，時空從單連通變成了多連通。也就是說，可以走從管子的路徑，也可以不走有管子的路徑。

現在來具體介紹蟲洞，我們感興趣的首先是可以通過的蟲洞，不可通過的蟲洞我也會提到。現在來說兩種可以通過的蟲洞。

勞侖茲蟲洞

一種叫作勞侖茲蟲洞，還有一種叫歐幾里得蟲洞。勞侖茲蟲洞是能夠存在一段時間的，它真是一個管子。一個勞侖茲蟲洞出現的話，我們在天空中會看見一個球，這個球就是勞侖茲蟲洞的洞口。火箭從這裡進去，就會看到一條隧道（即蟲洞），通往別的地方。這條隧道處在更高維的空間中，火箭可以通過隧道前往它的另一個洞口。蟲洞的那個洞口在哪裡呢，它可能在別的宇宙當中，那你一去就很難回來了。也可能就在我們的宇宙當中，比如說它在另一個地方。例如兩個洞口，一個在 *A* 地，一個在 *B* 地，從 *A* 進去以後從 *B* 出來了。此外，這種蟲洞也有可能通到未來，或者通到過去。

歐幾里得蟲洞

還有一種蟲洞，歐幾里得蟲洞，看不見有洞口，它是瞬間通過的。就是說物體穿過它時用的是虛時間，不是通常的實時間。比如這種蟲洞口從這裡飄過去碰到一個同學，這個同學就沒了，沒了到哪去了呢，不需要任何時間，他就在另外一個地方冒出來了，比如紐約的某個大樓上，突然出現一個人。穿過它的人還可能回到過去，一下回到大禹治水的時候，大禹身邊一下冒出一個人，大禹一看：咦，怎麼來了一個怪模怪樣的人，哪來的呢？這種離奇的情況似乎可能發生。不過，現在的研究比較悲觀，認為這種歐幾里得蟲洞即使存在，也不會有太大個的。大概通過基本粒子還可以，太大的，通過人，現在認為可能性不大了。但是那種能長時間存在的勞侖茲蟲洞，大家還都在討論，也許有大的，人和火箭可以穿過的。

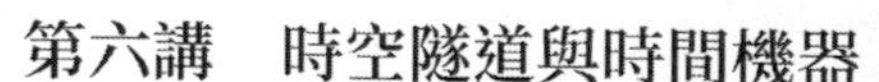

愛因斯坦的貢獻 —— 愛因斯坦 - 羅森橋

說起蟲洞的由來，最早還是愛因斯坦提出的。愛因斯坦 1915 年提出廣義相對論，1916 年的下半年，史瓦西，就得到了廣義相對論的第一個嚴格解，這個解表示一個不隨時間變化的球對稱的時空是怎麼彎曲的。這個解叫史瓦西解，最簡單的黑洞就是這種時空裡面的黑洞，叫「史瓦西黑洞」。

史瓦西解出來以後不久，就發現那裡面不僅有黑洞，而且有蟲洞。當時不叫蟲洞，叫愛因斯坦—羅森橋，是愛因斯坦跟他的助手羅森搞的，它是怎樣的呢？你看圖 6-9，這就是愛因斯坦—羅森橋。上面這個片（曲面）是一個宇宙，下面這個片是另一個宇宙。大家注意，宇宙指的是圖中上、下兩個片組成的曲面，指的是片，中間的空檔不是，空檔是更高維的空間了。這個模型其實應該轉 90 度，它轉 90 度以後，左面是一個宇宙，右面是另一個宇宙，這兩個宇宙之間，有一個喉嚨通過，這個喉嚨就是愛因斯坦—羅森橋，又叫「喉」。通過喉可以從一個宇宙前往另一個宇宙。但是很遺憾，研究表明，只有超光速的東西才能過得去。我們知道，超光速的東西和訊號都是不存在的，所以愛因斯坦—羅森橋是不可穿越的蟲洞。1935 年提出來以後，有一些數學家在那裡研究，搞物理的人興趣不大。一看過不去，物理興趣就小了。

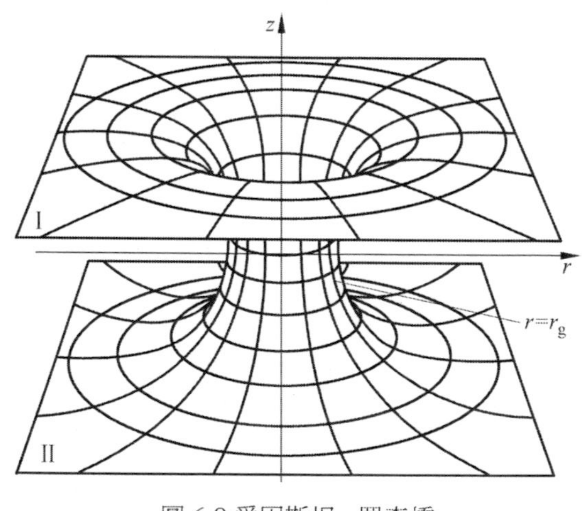

圖 6-9 愛因斯坦 - 羅森橋

沒有質量的質量，沒有電荷的電荷

1957年，米斯納和惠勒提出「蟲洞」這個名稱，但是他們研究的蟲洞（圖6-10），仍然是不可通過的蟲洞，仍然要超光速的東西才能通過。他們把蟲洞的洞口看成質量，或者看成電荷，叫「沒有質量的質量」，「沒有電荷的電荷」。在1950、1960年代的時候，他們的理論還風行了一陣，我60年代還買了一本他們寫的英文書，裡面就有提到蟲洞，在那慢慢看，當時看不懂。

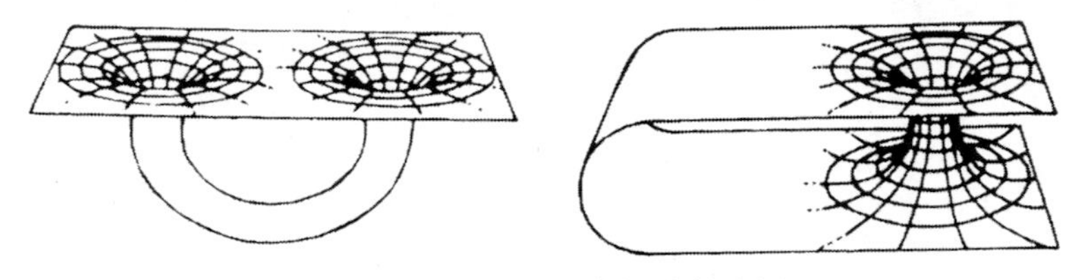

圖 6-10 米斯納與惠勒提出的蟲洞

這位惠勒，原來是研究氫彈的，是跟泰勒一起研究氫彈的。最早研究黑洞的一些著名人物，都是研究原子彈、氫彈的。歐本海默是原子彈的設計師，他提出黑洞的概念，當時叫「暗星」，惠勒給「暗星」取了個名字，叫「黑洞」，這個名字就沿用下來了。「蟲洞」也是惠勒取的名字，也沿用了。蘇聯最早研究黑洞的澤爾多維奇，也是研究氫彈的，後來研究黑洞、宇宙學。米斯納是惠勒的學生，他們和索恩一起，在1950年代合寫過一本巨著《引力》（*Gravitation*）。這是一本影響很大的廣義相對論百科全書。

3. 可通過的蟲洞

黑洞作為太空航行通道的猜想

真正提出可以穿越的蟲洞，並對這類問題進行科學研究，是從 1985 年開始的。當時有一個天文學家叫薩根，他寫了一本小說叫作《接觸未來》，講述人類通過時空隧道到織女星去旅行。他是這樣想的，你看圖 6-11，時空是彎曲的，上面是我們的地球，下面是織女星，織女星距離地球 26 光年，就是光要走 26 年才能到達。

圖 6-11 通過蟲洞做太空旅行

這個小說很難寫啊，譬如我發一個光訊號過去 26 年，回來又 26 年，這個小說就寫不下去了。但他說沒有關係，在地球附近有一個黑洞，有個黑洞的洞口，織女星附近有個白洞的洞口。從黑洞掉進去，從白洞出來，一個鐘頭就穿過去了。幾個小時火箭就從地球飛到織女星了，這樣小說情節就可以推展了。通過連線黑洞和白洞的管道，這個旅行就可以實現了（圖 6-12）。

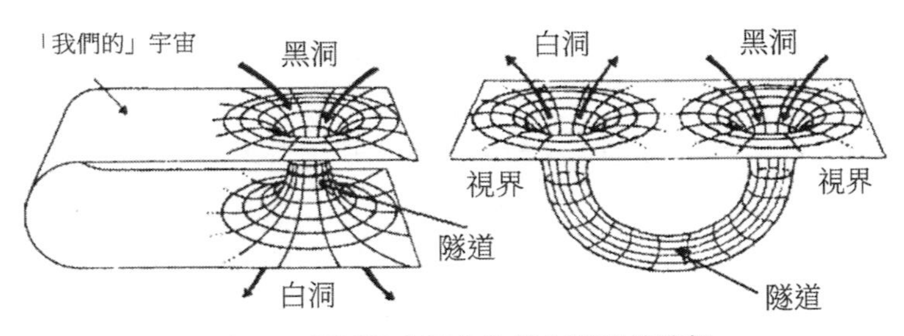

圖 6-12 黑洞與白洞作為時空隧道的猜想

薩根寫完以後，其實沒有把握。因為他不懂廣義相對論，他是個研究行星的天文學家。大家知道，通常研究天文的人都不懂廣義相對論，只有少數的人懂廣義相對論，其他人最多也就知道一點，但是沒有什麼把握。這就跟研究廣義相對論的人一樣，通常也是對天文可能知道一點，但是知道得不多。真正既懂廣義相對論，又懂天文的人，還真是極少數。

薩根既然沒有把握，他就寫信問他的朋友索恩。索恩是惠勒的學生，上面提過的那個米斯納也是惠勒的學生（索恩後來和魏斯、巴里什一起，因為直接探測到了重力波而獲得 2017 年的諾貝爾物理學獎）。

索恩的建議

索恩認為不行。有一些黑洞，進去以後，裡面似乎有個通道可以往前走，有人還覺得，通道的出口就是白洞。最初有些人真的覺得那地方可以通過，但是後來發現這種通道不穩定，只要有飛船在那一過，一經擾動就過不去了。索恩認為，設想通道的洞口是黑洞或白洞肯定不行，黑洞和白洞內部的通道不穩定，一擾動就斷掉。

索恩建議他改用蟲洞，乾脆就把這個通道看作蟲洞，兩個洞口就是蟲洞的洞口，這倒還是可行的。這樣一來，大量的小說、電影紛紛問世，描寫通過時空隧道，比如勞侖茲蟲洞（圖 6-13）、歐幾里得蟲洞，到未來、到過去、

到遠方，還有製造時間機器這一類的文學作品都出現了。

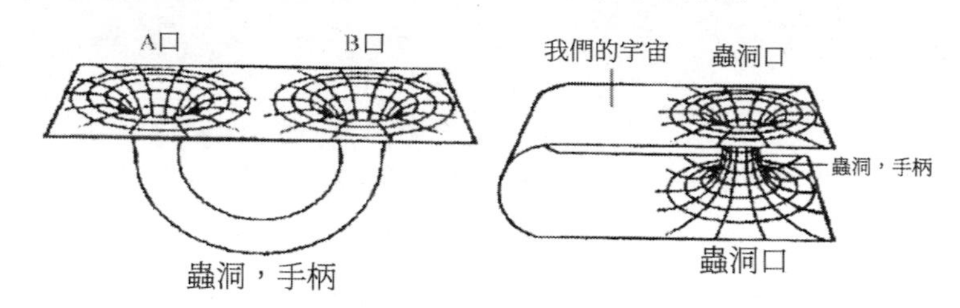

圖 6-13 勞侖茲蟲洞作為時空隧道

我看過一部美國電影，有一個人一下子穿越到了法國大革命的時候，國王被革命群眾抓到監獄裡面的時候，他一下子在法國國王那裡出現了，要救法國國王。這要是真給救出去了，歷史不就得改寫了嗎？這個國王路易十六最後是被送上斷頭臺的。當時那個革命黨也夠恐怖的，創造了一種殺人的機器，叫斷頭臺，把國王和王后都送上了斷頭臺。當然電影最後的結局是沒救成，要不然這事就麻煩了，歷史怎麼寫？

索恩的開創性論文

對蟲洞的真正科學研究，就是薩根的小說引起的，他使索恩開始注意蟲洞問題。索恩跟莫里斯（Morris）和尤爾特塞韋爾（Yurtsever），三個人合寫了一篇研究文章——《時空中的蟲洞及其在太空旅行中的用途》。這篇文章發表在《美國物理學雜誌》上，這份雜誌本來是給中學教師看的教學雜誌，突然登了這麼一篇高水準的論文，有人說使這份雜誌陡然生輝。索恩的研究發表以後，霍金這些人也都開始研究了。好多人都投入了研究，研究的結論是：現在的量子引力理論認為，有可能存在蟲洞；改變時空拓撲、製造時間機器都是可能的，但是也不保證一定能做出來。

量子引力的困難

所謂量子引力理論，就是把量子力學和廣義相對論結合的一種理論。大家都知道，量子力學跟狹義相對論的結合非常成功，這種理論叫量子電動力學，後來發展為量子場論。這個理論跟實驗高度符合。但把引力場量子化，也就是把廣義相對論與量子力學結合起來，這件事情碰到了意想不到的困難。好多人研究，都沒得出個所以然，反正每做出一個方案，最後都發現有毛病，也不知道怎麼回事。現在比較熱門的是超弦理論，另外一種理論叫作迴圈量子重力。這兩種理論都遇到很多困難，我覺得短期內前景都不樂觀，但是研究人員很頑強，還在研究當中。這項研究需要很艱深的數學知識，很難懂。

量子引力理論是把量子力學與廣義相對論結合的理論。由於它遇到的困難，所以又提出了量子宇宙學理論，作為研究宇宙的過渡性量子理論。但是這些理論，都還確定不了蟲洞一定有還是一定沒有。不過，因為它可能有，所以就有人進行研究。但是初步研究表明，一旦製造出蟲洞來，就會改變時空拓撲。霍金認為這就必定會出現封閉類時曲線。

回到過去的封閉類時曲線

什麼叫類時曲線？就是四維時空中的一種曲線。比如說，各位都在位子上坐著，在三維空間當中，上下、前後、左右都確定，你們每個人都是一個點。但是在四維空間中還有時間軸呢？你們一定會隨著時間前進。因為你們空間位置不動，每個人必定描出一條平行於時間軸的直線，這條線就叫作你的世界線。假如你運動，你在空間中作等速運動，它會是四維時空中的一根斜線，你要作變速運動就會是一條曲線。這種曲線，都叫世界線，只要是描

寫次光速粒子運動的，就叫類時世界線，簡稱類時線。

凡是靜止質量不為零的東西，比如說質子、電子或者人、火箭都沿著這類曲線走。光子是以光速運動的，描出的世界線就是類光線。如果是超光速的，就叫類空線。類空線是不能傳遞訊號也不能有物體走的，所以大家最感興趣的是類時線和類光線。霍金說，要是造出個蟲洞的話，必定會出現封閉類時曲線。

封閉類時曲線是什麼意思？就是說這個人沿類時線轉一圈又回到原來的位置了。這可不是說你們當中有個同學出去轉了一圈，回來又坐在這裡了，空間位置他是轉回來坐這裡了，但是時間已經不是剛才那個時刻了，所以他並沒有回到四維時空的同一點，只是回到了三維空間的同一點。類時線那種世界線是四維時空當中的曲線，所謂回到原位就是他要回到四維時空的同一點，回到自己的過去。也就是說，沿這條曲線的同學要回到以前的自己，這種曲線就叫封閉類時曲線。這種線的出現，對因果性的破壞會是很大的，一會兒我們還要再討論這種情況。

時空的泡沫與浪花

牛頓對時間和空間做了研究。其實牛頓的很多觀點來自他的老師巴羅。我們對巴羅知道得很少，巴羅是盧卡斯講座的第一任教授。巴羅這個人很了不起，他有很多思想，牛頓關於絕對時空的很多觀點是從他那兒來的。他認為牛頓比自己強多了，就把教授位置很快讓給了牛頓。巴羅這個人無論從學術還是人品來講，都很了不起。

牛頓認為時間是一條河流，一條永遠不停地流逝的河流。他認為有一個絕對的空間，還有一個絕對的時間，二者互不關聯。在他看來空間和時間都

是平直的。愛因斯坦則把時間和空間看作是一個整體。他的狹義相對論認為時空是不可分割的，但仍認為是平直的。廣義相對論進一步認為時空是彎曲的。物質的存在會造成時空彎曲。當然，沒有物質的時空仍是平直的。不過，無論牛頓還是愛因斯坦，都認為時空是平滑的、光滑的。

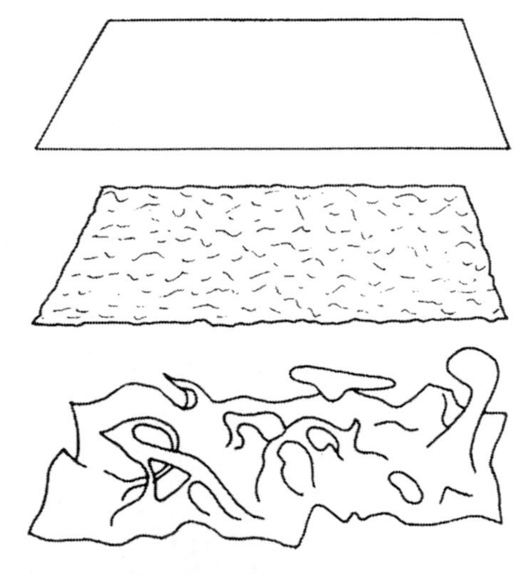

圖 6-14 時空如海面

但是從量子力學的角度來研究時空的話，你就會發現時空並不是絕對平滑的。在很小很小的範圍來看，時空就不是那麼平滑了，時空存在漲落，會呈現浪花與泡沫。這種情況就像海面上空飛行的飛機。當飛機在高空飛的時候，你覺得海面完全是平的，但你飛得低一點，就會看見微微的波浪，要是貼近海面去看，泡沫、浪花就全都看見了（圖 6-14）。

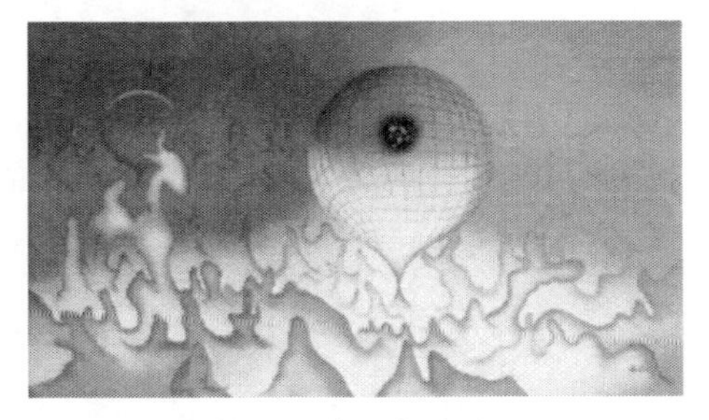

圖 6-15 極早期宇宙

宇宙泡的創生

時空也一樣，並不像你想的那麼平，從小範圍看就會不一樣。特別是在宇宙早期，整個時空處在很小範圍之內，所以它肯定是不平靜的。有人說，宇宙剛開始就跟一鍋粥似的，處於一種混沌狀態。突然冒出一個泡來，這個泡就是一個膨脹的宇宙。你看圖 6-15 這個泡就是一個膨脹的宇宙，這中間的一塊黑的，就是我們望遠鏡現在能看到的時空區域。突然又冒出一個來。最後隨著宇宙膨脹，逐漸降溫以後，時空就逐漸凝固了。

現在對宇宙的想像也是多種多樣的。比如圖 6-16，有人認為有一個母宇宙，有多個子宇宙，還有孫宇宙，反正想像成什麼樣的都有。

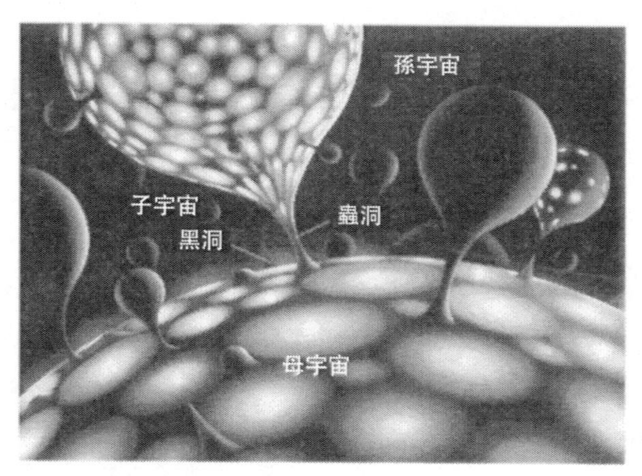

圖 6-16 母宇宙與子宇宙

維持蟲洞需要負能量

現在，經過仔細研究發現，你要維持一個蟲洞，把洞口撐開，中間還要有個通道，把通道也撐開，要想維持它的話，就需要有負能量。我們知道 $E=mc^2$，對於負能量，質量就是負的。對於負能的物質，按照牛頓第二定律 $F=ma$，你朝一個方向施力 F，它結果不是朝運動的方向加速，而是反向加速，這就是負能物質的一個特點。負能物質我們誰也沒見過。

有人說負能物質是不是就是反物質？不是反物質，反物質是什麼？就是構成原子的原子核，是由反質子和反中子組成的。反質子跟質子一樣，只是

帶的是負電。反中子與中子的差別只在於磁矩不同。圍繞這種「反核」轉的是正電子，正電子與普通電子的區別僅在於它帶正電荷，那就是反物質。比如說反氫，我們已經在實驗室造出來過幾顆反氫的原子。反物質與正物質一樣，質量都是正的。但是反物質在宇宙空間很少，當然現在有一個問題，為什麼反物質會很少，這個問題還不大清楚。

負能物質也不是暗物質，暗物質的質量是正的，它是產生萬有引力的。也不是暗能量，暗能量為什麼有排斥效應呢，不是因為它的能量是負的，而是因為它的壓力是負的，它的能量還是正的。

真空的邊界效應

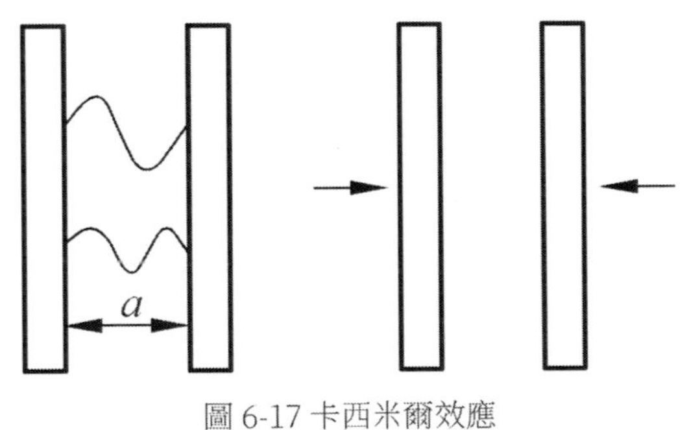

圖 6-17 卡西米爾效應

我們是不是絕對沒有見過負能量呢，在實驗室中見過——卡西米爾效應（圖 6-17)。卡西米爾在 1948 年提出一個觀點，他說在真空當中，平行放置兩塊金屬板，就會感覺到這兩塊金屬板之間有一種吸引力，向中間靠。這可不是說這兩塊金屬板帶電啊，一塊帶正電一塊帶負電，那大家早就知道電荷異性相吸了，那是庫侖定律，沒什麼奇怪的。卡西米爾用的這兩塊金屬板是絕對不帶電的，然而平行放置以後會產生吸引力，這種吸引力是怎麼產生的呢？卡西米爾認為，這是因為這兩塊金屬板放到真空中以後，就相當於把真空挖了兩個洞，真空的拓撲結構就變化了。

為什麼會有這麼一種往中間的吸引力呢？它是這樣的，因為真空並不是絕對的「空」、絕對的平靜，真空中會不斷地產生虛的粒子對，虛的正粒子和反粒子，產生又湮滅，產生又湮滅。同樣的，它要產生虛光子對，在真空當中不斷地有虛光子產生和湮滅。但是如果虛光子產生在這兩塊板之間，因為光是電磁波，電磁場在金屬板上的電場強度必須是零，因此在兩塊板之間的虛光子就必須形成駐波。這就對虛光子的波長產生了一個限制，兩板之間不是什麼波長的虛光子都可以存在，只有那些波長能形成駐波的虛光子才可以存在，這就對板間虛光子的數量有了限制。而兩塊板外側的真空中的虛光子，隨便什麼波長的都可以有，所以外面的虛光子遠遠多於裡面的，就產生一個往裡面的壓力，實驗中就會觀測到兩塊板似乎有一種吸引力。

荷蘭的萊頓實驗室早就測到了這種吸引力，而且測量值與卡西米爾的計算值相符。現在有很多文章研究卡西米爾效應。這兩塊金屬板之間的物質能量是負的，為什麼呢？我們知道真空是能量的零點，板之外的真空就跟普通的真空一樣，能量為零。這個能量零點是包括了真空漲落產生的虛粒子的貢獻的。兩塊板中間的這個區域，因為虛光子的數量少了，所以那裡的能量是低於一般真空的能量的，所以就呈現負能量。

大家看，這兩塊板之間的負能密度有多大。當兩塊板相距一公尺的時候，他們實驗室測到的是相當於每立方公尺有 10^{-44} 千克這樣的負能密度。這一負能密度導致兩板之間產生卡西米爾力。這個密度相當於 10 兆（10^{17}）立方公尺有一個基本粒子，這點負能量簡直是太小了。還有沒有其他負能情況呢？有，黑洞附近也有負能量。

黑洞與負能量

現在認為黑洞附近也有負能量，但是黑洞到現在一個也沒確認，而且黑洞附近的負能量也很弱。可是撐開蟲洞所需要的負能量實在太大了，撐開一個半徑 1 公分的蟲洞，需要相當於地球質量的負能物質，撐開一個半徑 1000 公尺的蟲洞，需要相當於太陽質量的負能物質，如果要撐開一個半徑 1 光年的蟲洞，需要大於銀河系發光物質總量 100 倍的負能物質。有人說有那個必要嗎，有必要撐開半徑 1 光年的蟲洞嗎，半徑 1000 公尺不就行了嗎？火箭從中間不就能飛過去了嗎？不行，蟲洞裡面有張力，那個張力大到能把火箭扯碎，不但把火箭和人扯碎，連原子都扯碎。

蟲洞作為時空通道的條件

蟲洞必須達到什麼程度才可通過呢？研究表明，這種張力是跟蟲洞半徑的平方成反比的。有人得到這麼一個公式，

$$F = \frac{F_{max}}{r^2} \tag{6.2}$$

式中，$F_{\max}$ 是什麼呢，就是物質所能承受的最大的張力，半徑是以光年來計量的。如果這個蟲洞的半徑小於一光年的話，那個 F，也就是蟲洞裡面出現的張力，會大於物質所能承受的最大的力。所謂物質能夠承受的最大的力，就是原子不被扯碎的力，現在我們就以這個為標準，來研究這個蟲洞是否可以穿過去。有人說那原子沒扯碎，人扯碎了怎麼辦？人扯碎了現在先不管，現在只考慮原子不扯碎，先考慮這個問題，人不扯碎那要求就更高了。要維持這樣一個蟲洞，需要相當於銀河系發光物質 100 倍質量的負能物

質。我們從來沒有看到過大量的負能物質，所以撐開蟲洞現在看來條件是很苛刻的。

資訊穿過蟲洞的奇想

但是有人產生了別的聰明想法，就是如果有個人想過去，扯得太厲害了過不去怎麼辦呢？是不是可以把那個人的資訊發給那邊的人。先給要過去的人做一個全像解剖分析，然後把他的所有資訊發過去。那邊呢，因為物質的結構基本上都是普通的這些物質，然後那邊再組裝一模一樣的一個人，這不就過去了嗎？可是這件事情不是像你想像的那樣簡單，只要肉體弄個一樣的就行。還有他的思想呢？他的意識呢？他的智慧呢？他的知識呢？這些東西該怎麼弄過去，都是問題。所以這件事情，雖然說起來好像是個辦法，實際上這個辦法也是不可行的，至少在我們可預見的將來是絕對不可能的。所以要撐開一個可通過的蟲洞還真是很困難的事。

4. 時間機器

從夢想到科學

現在我們來談一下時間機器。在相對論誕生之前，就已經有人在思考時間機器的可能性了。赫伯特．威爾斯，這個人是個很了不起的既有科學知識又有歷史、人文知識的作家，他寫過一本叫《時間機器》的小說，還寫過不少別的書，都寫得很好。1895 年，狹義相對論誕生之前十年，廣義相對論誕生之前二十年，他寫了這本《時間機器》。這本書我沒有看過，他不是根據相

對論寫的，那時候相對論還沒有誕生。

真正出現對時間機器的研究，是在相對論誕生之後，探討利用蟲洞來造時間機器。大家看圖 6-18 這個蟲洞，它有兩個洞口，一個洞口在地球上，另外一個裝在火箭上，然後人坐著這個火箭出去旅行，在宇宙空間中高速地運動，然後返回來。利用狹義相對論和廣義相對論結合，就能夠近似算出來。結果是，這個人在 12 點的時候進入蟲洞口，但是呢，他還沒進去，就看見自己乘坐的火箭回來了，10 點鐘的時候，就發現那個火箭回來了，自己從那個火箭上的另一個蟲洞口出來了，他還沒走就看見他自己從返回的火箭上下來了，回來了。研究證明，似乎能造出這樣的一個時間機器。

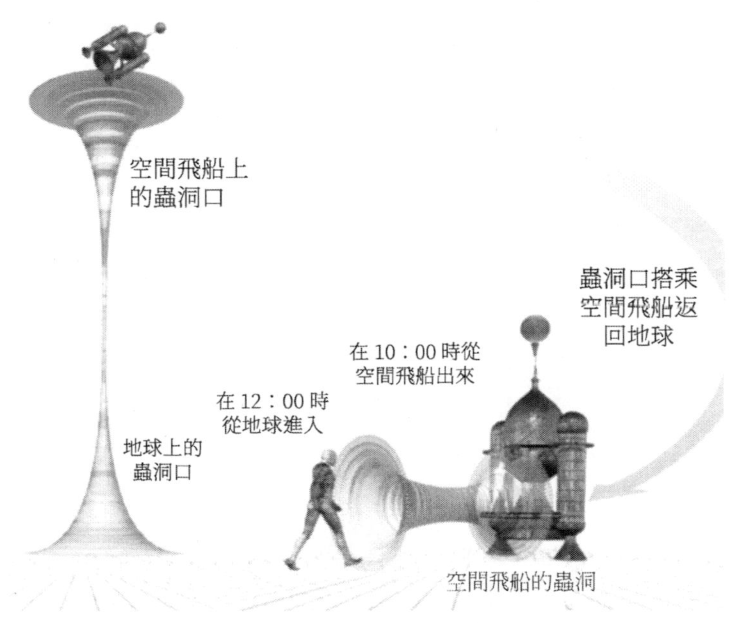

圖 6-18 利用飛船和蟲洞製造的時間機器

回到過去的時間機器

製造時間機器需要什麼呢？就是要有一個勞侖茲蟲洞（圖 6-19），它有兩個洞口，一個洞口，洞外的距離遠遠大於洞內的距離，洞內的距離是比較小的，然後一個洞口留在這兒，另一個洞口高速運動然後又返回來，運動足夠長的時間的話，利用狹義相對論的時間變慢效應，就可以造成一個時間機器。

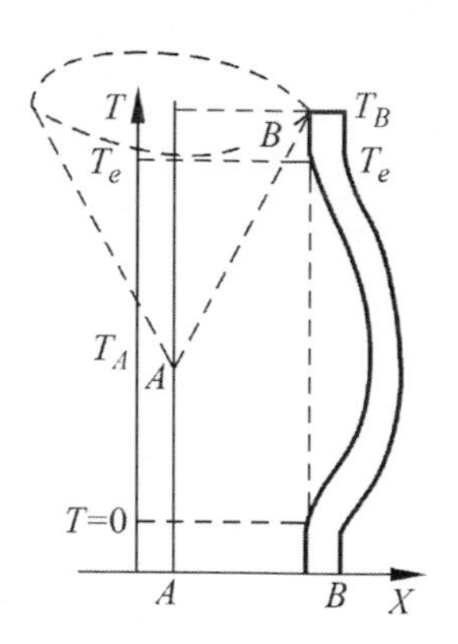

圖 6-19 構造時間機器的原理

構成時間機器就一定會出現封閉類時曲線。要不然你也不會把它叫作時間機器。它能使一個人回到自己的過去，大家感興趣的不就是這個問題嗎？但是回到過去就構成了封閉類時曲線，構成封閉類時曲線就有問題，比如說這人一下回到過去了，回到他父母談戀愛的時候，他把自己的父母給拆散了，那他該怎麼出生呢？對不對？要是這傢伙是個壞人，把他母親殺害了，那他更不可能出生了。這種問題怎麼解決呢？可以說，現在還解決不了。

現在認為，建造時間機器，大概要有這麼幾個時空區，一個就是一個正常的時空區，供我們生活。還有一個呢，就是有一個存在封閉類時曲線線的時空區，也就是存在時間機器管道的那個時空區。這兩個區之間，還有一個叫作柯西視界的類光超曲面，上面存在封閉類光線。一般來說，需要具備這幾個區域來構造時間機器。

猜想與爭論

因為時間機器會破壞因果性，就像我剛才說的，所以大家就很懷疑，時

間機器到底能不能造出來。霍金就認為，這個東西其實造不出來。他提出個「時序保護」猜想，說：一定有一個物理規律不允許出現封閉的類時曲線，不允許一個人回到自己的過去，也不准把資訊傳到過去。比如說這個人考大學沒考上，因為題目沒寫對。那怎麼辦呢，趕緊把答案發回去，發回到他考前的時候，看看這題是怎麼解的，看了以後他就又考上了。那他到底算考上還是沒考上呢？實在太荒謬了，所以一定要有一個物理規律能夠阻止他，不能回到過去，也不能把任何資訊傳回到過去。

另外有一位俄羅斯的物理學家諾維科夫，現在他去了美國了。這個諾維科夫也是一個不簡單的人物。他提出了一個「自洽性原理」，說可以讓人回到過去，但是不能破壞因果性。這叫「自洽性原理」。

諾維科夫一開始不認識沙卡洛夫。沙卡洛夫是蘇聯物理界的泰斗級人物，氫彈的設計師。一次，沙卡洛夫在核武器試驗場工作時，到諾維科夫所在的研究所辦事。沙卡洛夫這個人平常衣衫不整，不太注意外表。他一推門進了諾維科夫待的屋子，諾維科夫一看，以為沙卡洛夫是一個普通老百姓，就喊：「出去！把你的衣服好好整理整理。」沙卡洛夫還真的就出去了，到洗手間把衣服整理了一下。他們同屋的一個人，一下跳起來了，說：「你瘋了，他是沙卡洛夫。」不過，一會兒後，沙卡洛夫回來了，他也沒有為這事生氣，就和他們討論起問題來了。

那麼什麼物理規律能夠破壞封閉類時曲線呢，霍金認為，可能是真空極化的能量，靠近柯西面那兒有真空極化的能量，而且那個能量很大，可以把封閉類時曲線破壞掉，他做了一個證明。

那麼這個阻止回到過去、影響過去的規律到底是什麼呢，我自己有個猜想，也許就是熱力學第二定律。熱力學第二定律告訴我們，時間只能往前發

展，不能夠轉回來。所有的自然過程都是不可逆的。我認為霍金的時序保護機制可能就是熱力學第二定律。基本的物理定律不會太多，所以歸根究柢很可能是熱力學第二定律。

物理學的兩個特別分支

我們知道物理學當中有兩個分支是特別值得注意的，一個是廣義相對論，因為其他的物理學分支都認為時空是平直的，物質在裡頭相互作用，物質和時空之間相互沒有影響。就好像時空是舞臺，物質是演員，演員跟舞臺相互沒有影響。只有廣義相對論認為物質的存在會使時空彎曲，也就是說演員對舞臺會有影響，舞臺對演員也會有影響，這是廣義相對論的一個特點，除去廣義相對論的所有的物理學分支都是不考慮物質對時空的影響和時空對物質的反作用的。

還有熱力學，包括廣義相對論在內的所有的物理學分支都認為時間是可逆的，就是可以去又可以回來的。廣義相對論裡面雖然有黑洞還有白洞，但它算出來的只是個「洞」，並沒有告訴你是黑洞還是白洞。黑洞和白洞都是愛因斯坦方程式的解，兩者是對稱的，並不體現不可逆性。其他的物理分支，包括量子力學全都是可逆的。唯獨熱力學第二定律告訴我們，自然過程不是可逆的，時間是有一個流逝的方向的。雖然現在有人談論熱力學的時間箭頭，宇宙學的時間箭頭，心理學的時間箭頭，我認為所有這些箭頭歸根結底都是熱力學的時間箭頭，都是熱力學第二定律的表現。為什麼會有熱力學第二定律？為什麼會有不可逆性？不清楚。這種不可逆性，不能夠從其他的理論推出來，所有從其他物理理論推導出不可逆性的論述都失敗了，這也很奇怪。

阿癐癐！

好，我們看，假如宇宙中真的出現了一個蟲洞，大家會看到什麼呢？會看到一個球狀的蟲洞口。那個洞裡的景象跟外面的天空是不一樣的。正如李白的詩：

洞天石扉，

訇然中開，

青冥浩蕩不見底。

你看到的景象可以說是別有洞天了。還有一位藝術家寫過這麼一首詩，說：

只聞白日昇天去，

不見青天降下來，

有朝一日天破了，

大家齊喊阿癐癐。

這個球狀的蟲洞口，難道不像天破的一個洞口嗎？「癐癐」兩個字我問了好幾個人念什麼，然後又查了字典，最後確認它念ㄍㄨㄞˋ ㄍㄨㄞˋ，蘇州那邊的人表示驚訝的時候常常說：癐癐。這首詩的作者是誰呢，是才子畫家唐伯虎，是他在自己的畫卷《白日昇天圖》上面題的一首詩。

第七講　激動人心的量子物理

圖：繪畫：張京

這一講介紹量子物理的內容。主要介紹原子物理學和量子力學的發展，以及在發展過程中的論戰。大家都知道，量子力學發展中的論戰是很激烈、很有趣的，也很具啟發性。

1. 原子物理學的發展

元素週期律的發現

我們首先要講一下原子物理學的發展。原子論是從古希臘開始就有的，古希臘人認為，原子是物質的最小單元，是不可分的。到了 19 世紀，人們逐漸發現了一些新東西。首先是，1869 年門得列夫發現元素週期律。

在此之前，英國的化學家紐蘭茲做了重要的探索，他發現，如果把元素按照原子量大小的順序排列起來以後，就會有一個規律，基本上是 8 個元素一個週期，化學性質會有一個週期性變化，他把這個規律叫作八音律。在英國皇家化學學會上，他做了一個報告，結果被大家諷刺了一通。有人說，你很聰明啊，你怎麼想到把元素按原子量的順序排一排，你怎麼不把元素按拉丁字母的名稱 abcd 排一排，看看有什麼規律啊？結果紐蘭茲就沒有再研究下去。當然，人家也指出了他的一些弱點，他的順序排得比較呆板，8 個，8 個，……，前兩行還不錯，第三行以後就有點問題了。

比紐蘭茲稍微晚一點，俄羅斯的化學家門捷列夫得到了一個更準確的規律。門捷列夫，有一本書上說他是俄羅斯人和蒙古人的混血兒，出生在中亞。他們家八個孩子，他是最小的。父親去世以後，他母親經營工廠，最後經營不下去了，於是就回到了俄羅斯的內陸。他母親非常辛苦，一個人將八

個孩子帶大，最後把最小的兒子送進了師範學院。這個最小的兒子就是我們熟知的化學家門捷列夫。為什麼把他送進師範學院呢？因為師範學院不用交學費，他家裡經濟條件實在太困難了。

我想，化學家中沒有比門捷列夫更傑出的人物，只有跟他水準差不多的。但是，門捷列夫既沒有得諾貝爾獎，也沒能當上科學院院士。為什麼沒當上科學院的院士呢？因為他同情學生運動，沙皇政府不允許他當院士。諾貝爾獎呢，在評獎的時候，有一次是提名了，討論的結果是四票對五票，一票棄權，否決了他。

那次獎頒給誰呢？頒給了一個假發現：化學家莫瓦桑用石墨製出了金剛石。因為當時化學家已經知道石墨和金剛石都是碳元素，莫瓦桑是一位傑出的化學家，他就想用石墨燒製出金剛石。結果，燒了一爐沒有，燒了一爐又沒有，但他堅信一定能燒出來，就繼續燒。他的助手都認為他燒不出來，但是又無法說服這個老闆，所以在有一次裝爐的時候，有一個助手就在裡面放了一顆金剛石。等到開爐的時候，發現裡面有一顆金剛石，高興壞了，燒出金剛石來了。莫瓦桑到死都不知道他其實沒燒出金剛石來。

現在我們知道石墨是可以造出金剛石的，但是需要高壓，莫瓦桑是在常壓下做的。這件事情責任不在莫瓦桑，但是這個發現是個錯誤發現，使得門捷列夫沒有能夠得獎。

第二年，這個評委會覺得，這次獎該頒給門捷列夫了，結果他死了。諾貝爾獎只給活人，不給死人，所以在座各位要想得諾貝爾獎，還得保持身體健康。不但要做出成就，還要活得夠久，等到頒獎的那一天，對吧？

光譜線的規律

在週期律發現前後，還有一些重要發現。一個是發現了光譜線，發現各種元素都有一根根光譜線，但是找不到規律。

有一個做光學實驗的人，想起自己的一個朋友，是位中學的數學老師。這人有一個愛好，對任何自然現象都想找找有沒有數學規律。於是，這位搞光學實驗的人就把這件事告訴了這位數學老師。

這位數學老師叫巴耳末。巴耳末弄來弄去就做出來一個巴耳末系，找到了規律。第一個規律找到了，第二個規律大家就會用類似的方法找，就比較容易發現了。這些規律的發現，對波耳軌道模型的提出，是有啟發性的。所以巴耳末的貢獻是很大的。

X 射線的發現

此外，1895 年的時候，倫琴發現了 X 射線，又稱 X 光。別的發現，一般老百姓都不大容易知道，也不太感興趣。這 X 射線一問世，立刻轟動了當時西方世界。

為什麼呢？別的你不懂，說這東西一照能把骨頭照出來，老百姓都能懂。所以大家很感興趣。有很多貴族和貴婦人都要求看看倫琴的裝置和 X 射線，想把手放在那裡照一下，看看怎麼樣。倫琴也不嫌麻煩，每次都細心地準備、講解，講完以後，就說我們實驗室缺經費。

我們現在已經知道了，光譜線是原子外層電子的能級躍遷，或者說外層軌道之間的電子躍遷產生的，是外層軌道的行為。

那麼倫琴射線呢，倫琴射線也不是原子核反應，它是用電子束把原子內層電子打飛以後，外層電子躍遷過來產生出來的，能量比較大。但還不是核

反應，只是核外電子的行為。

天然放射性的發現

真正的核反應是 1896 年貝克勒爾和居禮夫婦發現的。貝克勒爾是法國的一位物理學家。他研究鈾的時候，有一次把鈾礦石放在了抽屜裡面，抽屜裡面有一堆沒有感光的黑紙包著的膠片，上面有一把鑰匙，他把鈾礦石放在了鑰匙上面。結果，在他要使用這些膠片的時候，發現膠片感光了，有這把鑰匙的像。他猜測鈾礦石是不是發出了什麼射線呢？當時大家認為可能是 X 射線，或者是什麼其他的穿透力強的射線。

不久居禮夫婦對這一現象進行了深入研究。當時皮耶．居禮剛剛結婚，他的夫人就是非常著名的居禮夫人。那時居禮夫人要做博士論文，皮耶建議她選了這個題目。

奮鬥的女性

居禮夫人是波蘭人。當時波蘭已亡國了，被俄羅斯和德國瓜分了，東部歸了俄羅斯，西部歸了德國。他們家分在俄羅斯占領的那一半。居禮夫人的父親是一位中學老師，他們家的孩子都很用功。居禮夫人的波蘭名字叫瑪麗亞，她年輕的時候受過兩次人格上的侮辱。第一次是沙皇派來的監督官，認為她的俄語講得不好，把她叫起來站在那裡，訓了一頓。她感到非常大的屈辱，覺得自己的祖國滅亡了，才受到這樣的侮辱，因此她非常愛國。

第二次發生在瑪麗亞高中畢業以後。她本來想繼續進修，但是那時候全世界只有法國的大學招收女生。而當時，她姐姐已經去法國了，他們家的經濟條件不可能再供她上大學，她就當了家庭教師。那一年放暑假的時候，主

人家在外面上大學的大兒子回來了，跟瑪麗亞的年齡差不多，兩人戀愛了。這一家的女主人，也就是男孩子的母親，把兒子訓斥了一頓，說你怎麼能找一個平民的女兒呢？我們家是貴族。雖然他們都是波蘭人，瑪麗亞的父親還是知識分子，是中學的教師，但他沒有貴族身分，於是女主人堅決反對這段關係。瑪麗亞感到非常屈辱、難過，一氣之下去了法國，到法國求學。

瑪麗亞上大學的時候很刻苦，大家可以看她的小女兒給她寫的傳記——《居禮夫人傳》，從這本書裡可以看到她的奮鬥經歷。這本書寫得非常好。瑪麗亞當時生活很艱苦，住在一個小閣樓裡，有好幾次暈倒了，鄰居趕緊去找她姐姐和姐夫來看她。一看，她家裡什麼吃的都沒有，就只有一點醃蘿蔔，嚴重的營養不良。後來姐姐就把她接到自己家養幾天。但是她姐姐家離學校很遠，她很快又跑回去住了。這樣，到畢業時候，她拿了數學和物理兩個碩士學位。特別幸運的是，在畢業前夕，經人介紹她認識了皮耶．居禮。

居禮夫婦的結合

皮耶．居禮比她大好幾歲。皮耶當時已經有所成就了，他的實驗做得很好，跟他哥哥一起得出了磁學的居禮點和居禮定律，還發現了壓電效應。皮耶很喜歡瑪麗亞。因為當時女孩子學自然科學的很少，即使能夠上大學，也基本上都是學文科的。皮耶希望瑪麗亞畢業後能留在法國。她說不行，她想她的父母，她想回家，怎麼說都不行，皮耶很遺憾，只得看著她走了。

走了半年多，皮耶突然收到了瑪里的信（瑪里是瑪麗亞的法文名字），說她在家的情況確實像皮耶對她說的：你回去什麼也做不了，還是留在法國得好。她覺得真是這樣，她說還想回法國。皮耶．居禮一聽喜出望外，立刻就歡迎她來。瑪里回來後，皮耶還領她到自己家裡。

皮耶的父親是醫生。國外醫生的待遇是非常高的，是知識分子中的頂層。法國是當時世界上最民主、最自由、最平等的一個國家。法國人種族歧視很少，特別是在皮耶家裡面，他父親曾經是巴黎公社社員，本來就十分同情底層人民。

皮耶的父母對於出生於被壓迫民族的女孩子完全不排斥，很樂意兒子和她來往。於是，他們兩個在父母的支持下結婚了。他們採「旅行結婚」，兩人騎著自行車在巴黎周遭遊玩。

默契的合作成就偉大的發現

回來以後，他們兩個就開始研究鈾的放射性。在研究過程當中，居禮夫人覺得很可能在鈾礦石裡面還有放射性比鈾強的其他元素，應該將它提煉出來。

居禮夫人提議是不是可以用瀝青，也就是從人家修路的瀝青渣滓中去提煉。皮耶．居禮認為可行，但是這項工作太艱苦了，尤其不適合一個女人去做，於是建議她放棄，但是瑪里堅持要做，最後皮耶說好，那就一起做吧。

兩個人把學校裡一個廢棄的、放化學儀器的舊倉庫租下來，那個倉庫裡面是一個儲藏室，外面是一個小院子。他們就在外面建了一個灶，用一口鍋熬瀝青。倉庫裡面呢，把實驗臺清理了一下，架起了一些儀器在那兒做實驗。皮耶在裡面做實驗，瑪里拿一個大鐵棍在鍋裡面攪瀝青。

每到喝咖啡的時候，兩個人就坐在一起商量，下一步應該怎麼辦。兩個人做不同的題目，提煉新元素這件事情主要由瑪里在做，皮耶替她出主意，兩個人不停地討論、提煉、實驗（圖 7-1）。

圖 7-1 居禮夫婦在實驗室工作

最後終於做出來了，發現了一種新元素——釙，取這個名字是為了紀念居禮夫人已經滅亡了的祖國——波蘭。幾個月後，又發現了另一種放射性更強的元素——鐳。

這些放射性元素的發現立刻轟動了世界。首先，做出這個發現本身就令人震驚，而且是位女科學家做出來的，還是一位被壓迫民族的婦女做出來的。居禮夫婦和貝克勒爾一起由於發現天然放射性獲得了 1903 年的諾貝爾物理學獎。

在不幸中奮鬥

此時，居禮夫婦的科研事業正如日中天，可是很不幸，不久皮耶·居禮就在過馬路的時候被馬車撞，去世了。這件事情對他們的家庭打擊非常大，居禮夫人一下子失去了事業上的摯友和生活上的伴侶，但是她非常堅強，帶著兩個女兒，仍然繼續做實驗，繼續研究。

皮耶·居禮去世以後，他所負責的有關放射性的課沒有人能講，只有居禮夫人能接手。學校原先不想讓居禮夫人講課，因為那時法國大學的講臺只有男人可以站在上面，沒有女人講課的先例。

德國也是那樣。德國有位女數學家當時也是講不了課，希爾伯特後來生氣了，說，怎麼了？這講臺又不是澡堂，為什麼只有男人能站在上面，女人就不行？

那時婦女走上講臺也是很困難的。法國的大學雖然收女生，但女的主講

教師還沒有。由於實在沒有其他男人能講這門課，沒有辦法，法國這所大學只好破例，讓居禮夫人上講臺。那天她穿著黑衣服、披著黑紗 —— 喪服，走上講臺講課。

後來，居禮夫人由於建立放射化學，又獲得了諾貝爾化學獎。下面我們還會講到她的大女兒、大女婿得諾貝爾獎。這是令科學界相當振奮的一件事情。

西瓜模型和土星模型

圖 7-2 西瓜模型和土星模型

1897 年湯姆森發現了電子。原來人們認為原子不可分，後來發現的光譜線、X 射線、放射性等現象，都似乎表明原子是有結構的，但又都說不出進一步的東西來。如今發現了電子，原子裡面竟然有電子，帶負電，那是不是還有一些東西帶正電呢。

於是，湯姆森就提出西瓜模型，這是大家比較熟悉的，就是說，原子就像一個均勻帶正電的西瓜一樣，其中那些瓜子是帶負電的電子，鑲在西瓜裡面。這個模型可以解釋週期律，但是不能解釋光譜線。

日本有一位學者叫長岡半太郎，我們沒怎麼聽說過他，但是拉塞福的論文當中引用過這個人的工作。長岡提出了一個土星模型，他也認為，原子是個帶正電的球，但是電子並不像湯姆森的西瓜模型那樣位於原子裡面，而是

在原子外面，像土星的光環一樣，有很多電子圍著它轉（圖 7-2）。他這個模型能解釋光譜線，但不能解釋週期律。不過土星模型不同於後來的核模型，長岡認為原子是一個像西瓜一樣的實心球，質量和正電荷並不是集中在核心，而是均勻分布在整個球上。

行星模型

後來，拉塞福發現了 α 射線和 β 射線，不久之後別人又發現了 γ 射線。拉塞福是紐西蘭人，是一個農場主的孩子。他來到英國繼續求學，成為一位非常傑出的學者。他發現了 α 和 β 射線，更重要的是他用 α 粒子做了一個散射實驗：用 α 粒子去打擊原子。拉塞福是湯姆森的學生。他想，按照導師的這個模型：原子像個大西瓜，均勻帶正電的西瓜，如果用帶正電的 α 粒子打過去，由於正電荷間的排斥作用，α 粒子打進原子以後會有一個偏轉角。拉塞福經過計算，認為應該是圖 7-3 這樣的一個偏轉影像。

可是實際上，實驗中打過去的結果，卻是向四面八方的散射（圖 7-4）。只有正電荷集中在核心，才可能產生這樣子的散射。由此看來，原子裡面基本上是空的，似乎所有帶正電的物質都集中在原子的中心，就是今天所說的原子核。

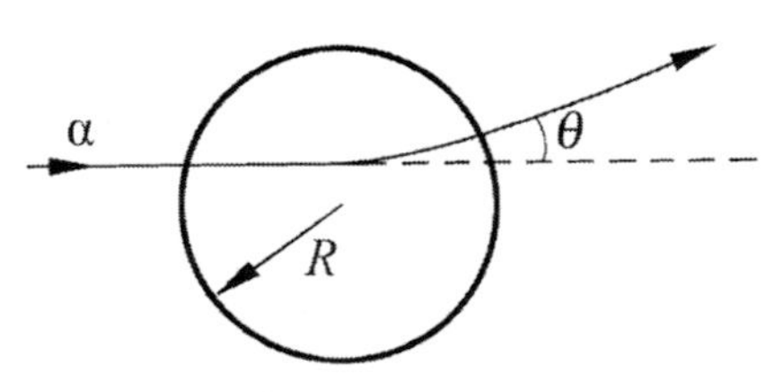

圖 7-3 西瓜模型預測的 α 粒子偏轉

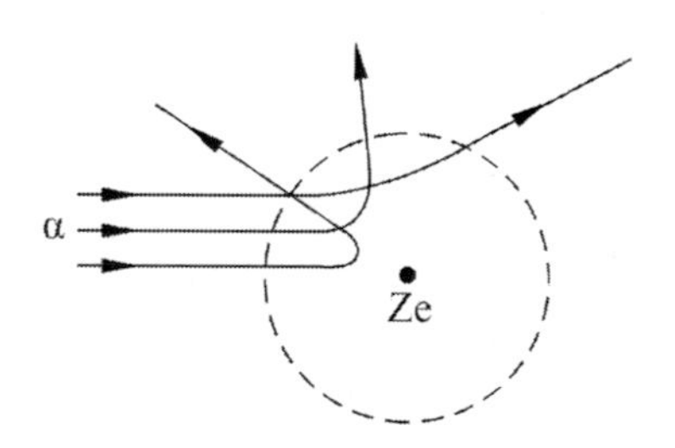

圖 7-4α 粒子的散射實驗

於是拉塞福提出了原子的核模型，中間是個原子核，電子圍繞著它轉，像行星圍繞太陽轉一樣，這叫作行星模型。

行星模型有一些缺點，它解釋週期律和光譜線好像都還有問題。另外，學過電動力學的人都知道，一個帶電粒子如果作變加速運動的話，它應該有電磁輻射。電子圍繞原子核轉，肯定是個變加速運動，它要產生輻射。一旦輻射，能量就會減少，那麼電子就會越轉圈越小，越轉圈越小，最後就會落在核上。因此這個原子模型是不穩定的，這是拉塞福模型的一個嚴重缺點。

傑出的拉塞福

拉塞福是一位傑出的導師，他培養了很多優秀的學者，培養了 11 個獲得諾貝爾獎的學生，特別著名的就是波耳和查兌克，還有卡皮察。卡皮察是研究低溫物理的。

卡皮察是來自蘇聯的優秀學生。蘇聯在十月革命以後，有幾次稍微開了國門，派出一些學者。卡皮察跟一位老先生來到英國考察，考察以後他就不想回去了。但是拉塞福怕影響英國和蘇聯的關係，不願意收他當研究生，勸他回去，說：「我已經招滿了。」「你招多少？」「我每年就招 30 個學生，我已經招滿了。」「那麼嚴格嗎？沒有誤差？」拉塞福說：「有誤差，5%。」「你看，加上我還不到 5%」，於是拉塞福就把他留下來了。

卡皮察留在拉塞福那裡學得很好，成為一位傑出的低溫物理專家。後來他訪問蘇聯，被扣下，讓他留下來，為祖國服務。按西方的說法是：你做不做？你要不做就把你槍斃了；如果你要做，那麼你要多少經費就給你多少，會為你購置所有需要的儀器。於是，卡皮察就留了下來，蘇聯也確實買了很多儀器裝備給他，從此蘇聯的超導研究便得以發展了。

拉塞福後來得了諾貝爾獎。他獲得的是化學獎，不是物理學獎。當時物理學獎和化學獎沒有嚴格的界限。當諾貝爾獎評委會評獎的通知寄來的時候，他的學生從收發室拿到諾貝爾獎評委會的信，就跑上樓去，「老師啊，諾貝爾獎評委會寄信給你了。」拉塞福和在場的人都很高興。拉塞福拿過來一看，就哈哈大笑起來了，說：「你們看哪，他們給我的是化學獎。我一輩子都是研究變化的，不過這次變化太大了，我一下從物理學家變成化學家了。」

波耳模型：軌道量子化

現在我們再來看一下拉塞福的學生波耳。波耳（Niels Henrik David Bohr）是丹麥人。丹麥古代曾經是一個強國，但那個時候已經比較落後了。丹麥現在在歐洲也不算最發達的國家，有點像歐洲的農村似的，不過它們的農村也還算發達。因為那個地方的人能吃苦，也是不少優秀運動員的搖籃。

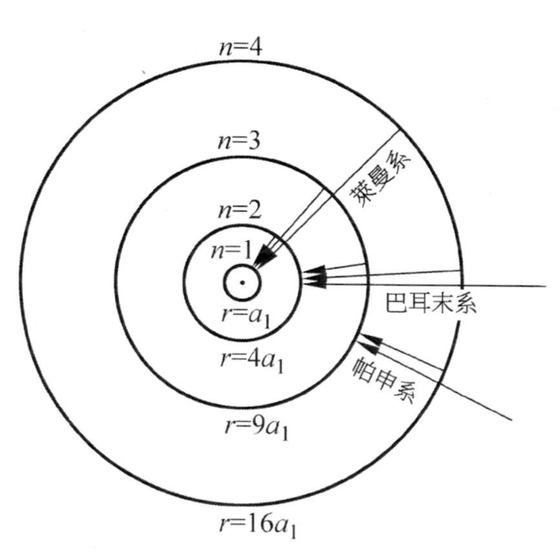

圖 7-5 波耳的軌道量子化

波耳對他老師的模型進行了重大改造。大家都知道，就是軌道量子化（圖 7-5）。波耳認為，核外的電子只能在若干特定的軌道上執行，這些軌道不會變化。為什麼軌道會這樣分離？為什麼不會變化？波耳說他不知道，但是只要這樣假定，就能解釋週期律和光譜線，而且原子結構也會穩定。

包立不相容原理

當時還有一位年輕物理學家 —— 包立，他提出了不相容原理。因為有了這個軌道模型以後，人家還會想，既然電子應該往最低的能級跑，為什麼電子不都聚集在最下面的能級呢？如果電子都聚集在最下面的能級，不僅難以解釋光譜線，週期律也是。

包立假定，每個軌道上有兩個狀態，每一個狀態只能容納一個電子，這叫不相容原理。這兩個狀態是什麼？包立說不清楚。為什麼會有這個原理？也不清楚。有了這個原理，最裡層軌道的狀態填滿後，電子就要填外層軌道，然後再填更外層軌道，一層一層往外排，這樣就把週期律和光譜線全都給解釋清楚了。當時人們覺得這簡直太棒了，終於搞清楚量子的規律了。

尖刻的批評家

包立（Wolfgang Ernst Pauli）是奧地利人，這個人非常聰明。他不太會做實驗，他到哪個實驗室，哪個實驗室就出問題，不是瓶子打碎了，就是儀器燒了。但是這個人對理論特別有一套，他非常聰明。他太聰明了，就總是覺得別人都不行。他預測過中微子，21 歲出版過一本相對論。即使今天回頭看，這本書都很有水準的。可他 21 歲就把這本書寫出來了。

包立曾反對李政道和楊振寧的宇稱不守恆猜想。當時李楊兩個人說，弱相互作用下左右不是嚴格對稱的，左好像比右強一點，於是就提出宇稱不守恆的觀念。但是左和右對稱多美呀，不對稱顯然就不太美，包立跟別人講：「我就不相信上帝會是個左撇子。聽說吳健雄要做實驗，我相信吳健雄的實驗一定會證明李楊兩人是錯的。」那時包立在德國，跟他的同事講：「你們信不信，我可以和你們打賭，我可以把我全部家產都押上來打賭。」沒有人反駁他，也沒人和他賭。

過了些日子，吳健雄的實驗出來了。包立在後來回憶時說：「那天下午我一連收到了三封信，都是告訴我說吳健雄的實驗支持了李政道和楊振寧的理論，當時我幾乎休克過去。現在李楊兩個人很高興，我也很高興，因為沒人跟我打賭，要是有人賭的話，我就破產了。」

大家知道，楊振寧有三個重要貢獻是可以得諾貝爾獎的。有一個比發現「宇稱不守恆」更重要的貢獻是「楊—米爾斯場」，這是對韋爾規範場論的重要發展。現在所有的規範場理論都是建立在「楊—米爾斯場」基礎上的。簡單地說，規範場就是一種物質相互作用的場。

楊振寧研究出這個理論以後，在一次研討會上作介紹。主持會議的是歐本海默（Julius Robert Oppenheimer，第一顆原子彈的總設計師），包立坐在旁邊。楊振寧剛說了一句，包立在臺下就問了一個問題——你這個場質量是多少？

什麼意思呢？電磁場量子化後是光子，所謂電磁場質量就是光子質量。電子場量子化後就是電子，所謂電子場質量就是電子質量。

包立就問這個場質量是多少。楊振寧說這個場的質量現在還不太清楚，然後就想繼續講。包立又問：「質量到底是多少？」楊振寧只好面對包立，說質量現在還不太清楚。包立說，你這理論連質量都不清楚，還有什麼好報告的。楊振寧當時沒辦法，只呆站在那裡。因為那時楊振寧很年輕，包立、歐本海默這些人都是老前輩。此時歐本海默就擋下包立，說：「你先讓他講。」於是楊振寧才往下講了。

楊振寧做完報告的第二天，他住的旅館房間外面放著一封信，一看是包立的。包立說，像你這種治學態度，我根本就沒有辦法和你討論。然後就說

你看過誰的論文沒有……據楊振寧的說法，包立的建議非常有用。

包立也批評過那位發現反質子的塞格雷，他是義大利的物理學家。塞格雷有一次報告完，步出會場的時候，包立和塞格雷一起往外走，一邊走一邊說：「你今天的報告，是我這幾年來聽過最差的一個。」後面有個年輕人聽見包立講這句話就笑起來了。包立一回頭看他笑，又說：「你上次那個報告除外。」

上帝的皮鞭

學者們給包立起了個外號，叫「上帝的皮鞭」，表示他一針見血，不留情面。為什麼叫「上帝的皮鞭」？

「上帝的皮鞭」是對匈奴領袖阿提拉的一個稱呼。大家知道，東漢的時候大將軍竇憲把北匈奴擊敗以後，北匈奴越過中亞往西遷移。兩百年以後出現在歐洲平原上，把歐洲的那些國家打得落花流水，歐洲所有的民族都往西移了個位置。這叫民族大遷徙，歐洲歷史上的民族大遷徙。後來，西元 400 多年時又出現一個匈奴領袖阿提拉，率領軍隊一直打進法國和義大利，歐洲人稱他為「上帝的皮鞭」。這就是包立綽號的由來。

2. 人才特別快車

你學數學沒有希望

現在我們該講量子力學的建立了。先講一下海森堡。海森堡從小喜歡數學。他的父親是慕尼黑大學教希臘文的文學教授。海森堡中學畢業以後，想

學數學，父親就去找他們學校的數學家林德曼，想把兒子推薦給林德曼。林德曼讓海森堡去面談。

林德曼是研究超越數的，這個方面我不懂。但是林德曼有一項研究，我一說大家就會明白。自古以來幾何作圖題裡面有三大難題。一個是用直尺和圓規能不能三等分一個角，這是大家最熟悉的；還有一個，能不能用直尺和圓規做一個正方形，使它的面積和一個已知圓的面積相等，即化圓為方；第三個問題是能不能用直尺和圓規畫出一個立方體，使它的體積是原來立方體體積的兩倍，即立方倍積問題。

這三個難題都持續了上千年，無人能解。現在我們知道這三個難題的答案都是不行。而林德曼首先證明了化圓為方不行。

海森堡去見林德曼時，推開他的辦公室以後，光線很暗，半天才看清楚，一個白鬍子老頭坐在桌子後面，抱著一隻小狗，那隻小狗汪汪直叫，鬧得海森堡心神不定。林德曼問了幾個問題，越聽越覺得不行，眉頭越皺越緊，後來他又問了一個問題：「你都看過什麼數學書？」海森堡說看過外爾的，聽完這句話以後，林德曼說了一句，「看來你學數學是沒有什麼希望了。」

為什麼呢？外爾這個人研究的不是純數學，是應用數學。外爾是非常傑出的數學家，他在物理上的貢獻是很大的，但在純數學上可能貢獻不大，他搞的不是那種純數學。

索末菲的人才快車

海森堡一看反正學不成數學了，他想那就學物理吧。於是他父親就又介紹他去見物理教授索末菲。海森堡去見索末菲，索末菲模樣很威嚴，穿得非

常整齊，西裝革履，鬍子翹著，很像普魯士軍官，但是說話很和藹。問他：「你看過什麼書？喜歡什麼？」聽他講了以後，說：「好吧，我收下你。但是你要記得，作為一個初入門的學生，首先你要立大志做大事；另外要從簡單的問題開始，要先易後難，積累經驗，樹立信心，然後去做更難的題目。」並鼓勵他要勤奮地練習。

索末菲培養學生有一套辦法，他辦了一個由研究生和優秀本科生組成的研討班，叫作「人才特別快車」，其中有包立，還有海森堡。包立先在這個班學習，畢業後留在這個班當助教。

學術的天堂：哥廷根大學

除去慕尼黑大學之外，對海森堡產生重大影響的還有哥廷根大學。哥廷根大學是全世界第一所在教學和科研上具有充分自由空氣的大學。那所學校所在的小城是一座大學城，居民大都是為這個學校服務的，比如說給學生提供宿舍、午餐……

這所大學學術氛圍非常之濃厚。教授講完課以後，走在半路上碰到學生，學生會在路上問老師問題，最後學生越聚越多，在馬路上圍成了一圈，聽那位教授在街上演講。學生們討論問題的時候也是如此，有時候白天習題沒有做完，半夜裡有人做出來了，就跑出去找他的同學，敲敲窗戶，喊這題我做出來了。還有個學生，摔跤倒在地上，別人要來扶，他說：「別扶，別扶，別打擾我，我的問題正有點開竅呢。」

大學本就該是一個自由討論的、具有自由學術空氣的地方。

大家來看哥廷根大學，這個學校在數學方面，有高斯、黎曼、克萊因、希爾伯特、外爾、馮．卡門、馮．諾依曼等，這些數學家都是在那裡工作或

學習過的。物理方面有波恩、勞厄、歐本海默、康普頓、狄拉克、鮑林、洪德和約爾旦，這一個個物理學家也都是從那裡出來或者在那裡工作過的。

愚蠢的問題受歡迎

當時波恩在哥廷根大學主持一個理論物理研討班，數學大師希爾伯特經常來聽。這個研討班有一句格言叫「愚蠢的問題不僅允許，而且受歡迎」，就是要自由討論，鼓勵青年人勇敢發言。因為數學邏輯是很嚴謹的，而研究物理的這群人，是一邊猜想著一邊研究。希爾伯特聽完他們的討論之後覺得：怎麼會是這樣啊！希爾伯特感嘆之後就諷刺地說了一句話：「看來物理學對於物理學家來說實在是太困難了！」

由於處在世界數學研究的中心，又經常有數學家光臨，波恩的課題組，比其他大學的物理課題組更加偏愛數學。海森堡剛開始到那裡覺得很不習慣。海森堡是在慕尼黑大學學習和工作的，後來，索末菲介紹他和包立到哥廷根大學去看一看，使得他們跟哥廷根大學有了一些來往。

波耳曾到哥廷根大學訪問了十天，這十天在哥廷根大學的歷史上叫波耳節。索末菲帶著包立和海森堡去參加。海森堡和包立在會上向波耳提問題，索末菲又帶著他們和波耳一起出去散步，波耳對這兩個年輕人非常器重，就對他們說：「隨時歡迎你們到哥本哈根來！」然後波耳就回國了。（編按：波耳是丹麥人。因此說邀請兩人到哥本哈根，也就是丹麥的首都來。）

3. 矩陣力學與波動力學

當時量子力學有 3 個帶頭人，一個是索末菲，他比較偏重實驗；一個是

波恩，比較偏重數學；再一個就是波耳，比較強調物理思想。

海島上的靈感：海森堡建立矩陣力學

現在來講真正的量子力學的建立。真正的量子力學，首先是從矩陣力學開始建立的。建立矩陣力學，海森堡的貢獻最大。海森堡在波恩的啟發下，認識到看不見的東西其實並不重要，重要的東西是我們能夠看見的，實驗上能夠測到的東西。他注意到波耳說的那個電子軌道，誰也沒有看見過。能看見的是什麼呢，是光譜線，光譜線反映的是兩個軌道的能級差，而不是軌道本身。所以海森堡認為：重要的不是軌道，而是軌道之間的能量之差。能級差，才是最重要的。

1925 年的春夏之交，海森堡患上一種過敏性疾病，在北海的一個小島上療養。在輕鬆悠閒的生活中，他的思想終於有了飛躍。他創造了一套符號，用這套符號，不依賴波耳的模型就能算出光譜線來。波耳他們知道後很感興趣，也都很高興。

波耳這個人非常大度，跟學生總是平等地討論，從來不擺架子。所以他能吸引一大批年輕人在他的周圍，比如說海森堡、包立、狄拉克、朗道這些人都在他身邊工作過。

海森堡成功地創造了一套符號，但這套符號不滿足乘法的交換律。海森堡當時很擔心，覺得「這東西怎麼會不滿足乘法交換律呢，我這裡面說不定會有問題，如果有問題就會在這個地方！」其實他的理論正確就正確在它不滿足乘法的交換律上，正是不滿足乘法交換律，把量子效應引了進來。

這一年海森堡寫了一篇文章，海森堡的數學能力不是非常出眾，但他的物理思想非常棒，他寫的文章物理思想很創新，但文章結構不是那麼嚴密。

文章出來以後波恩看見了，覺得：「海森堡文章中的這些符號有點像矩陣啊！」因為波恩在哥廷根大學，哥廷根是數學中心，所以他知道數學中有矩陣這個分支。波恩這麼一說，他身邊的一個年輕人約爾旦就說：「波恩教授，我熟悉矩陣，我們一起研究？」波恩同意了，於是兩個人一起在海森堡工作的基礎上，完成了一篇文章。然後他們再把海森堡拉進來，三個人又寫了一篇文章，總共三篇文章就把矩陣力學建立起來了。波耳他們非常高興，覺得把軌道模型的理論往前推進了一大步。

山峰上的靈感：薛丁格建立波動力學

正在他們高興的時候，卻聽說瑞士那邊有一個叫薛丁格（Erwin Rudolf Josef Alexander Schrödinger）的物理學家，搞了一套波動力學，沒用他們的矩陣，只用微分方程式就把那些光譜線也算出來了，他們覺得很奇怪。這個時候索末菲就邀請薛丁格到慕尼黑大學做報告。

薛丁格建立波動力學的過程是這樣的。先是法國的德布羅意（Louis Victor de Broglie）提出了物質波的理論，認為正像光波具有粒子性一樣，電子等實物粒子也具有波動性。

公式

$$E = h\nu \tag{7.1}$$

和

$$p = hk \tag{7.2}$$

就是德布羅意波長的表示式，其中 E、p 分別為粒子的能量和動量，ν、k 分別為對應的德布羅意波長的頻率和波矢，其中

$$k = \frac{2\pi}{\lambda} \tag{7.3}$$

$$h = \frac{h}{2\pi} \tag{7.4}$$

λ 為波長，h 為普朗克常數。

德布羅意的老師朗之萬不知道這個理論對不對，就把有關的東西寄給了愛因斯坦，愛因斯坦看後非常讚賞。

奧地利物理學家薛丁格當時在瑞士的蘇黎世大學工作，他們那個學校經常與蘇黎世聯邦理工學院一起在週末的時候舉行聯合的學術研討會。有一次薛丁格報告完以後，主持會議的教授德拜對薛丁格說：「你今天講的那些沒有什麼意思，聽說德布羅意研究了一個物質波，你下次能不能介紹他的這項研究？」薛丁格說：「可以！」在第二次會議的時候薛丁格就介紹了，結束以後德拜就問：「它既然是個波，它的波動方程式是什麼樣啊？」薛丁格想，對啊，德布羅意波長沒有方程式啊！於是他就努力尋找。過了一段時間以後，他又上臺報告說：「上次德拜教授說德布羅意波長沒有方程式，我現在找到了一個！」

這就是著名的薛丁格方程式，量子力學最基本的方程式。他是用經典力學和光學的類比建立起來的，他有一本小書叫《關於波動力學的四次演講》，你們可以翻一翻。

公式

$$ih\frac{a\psi}{at} = \frac{h^2}{2\mu}\nabla^2\psi + V\psi \tag{7.5}$$

就是薛丁格方程式。式中，μ、V 分別為粒子質量和勢能，ψ 為對應的德布羅意波長的波函數。

薛丁格是在 1925 年末和 1926 年初的時候找到這個方程式的，當時他跟他的一個女友在阿爾卑斯山上度聖誕節和新年。薛丁格年輕時候曾經有一個非常喜歡的女孩，但是這個女孩的母親堅決反對他們交往。這位母親覺得薛丁格是平民出身，配不上自己貴族家庭的女兒。這件事對薛丁格打擊很大，但也可能起了積極的作用。有人認為，當初薛丁格如果跟這位最喜歡的女孩結婚的話，也許他心滿意足，可能就無法在相關領域有所建樹了。

這次在阿爾卑斯山上跟他共度聖誕節的女友是誰？不清楚。有人認為，這位女友與他的共同生活激發了他的靈感，對他建立波動力學起了積極作用。所以有一些傳記作家，專門到那裡去研究和考察，最後也沒考證出來這位女士到底是誰。

剛開始的時候，薛丁格建立的是一個相對論性的波動方程式，但這個相對論性的方程式跟實驗對不上，他後來又退回到非相對論情況，才得到那個正確的方程式。為什麼相對論的不行，非相對論的反而行呢？相對論性的方程式是跟粒子的自旋有關的，不同自旋的粒子有不同的波動方程式。薛丁格得到的那個方程式對於自旋為零的粒子是對的，但是電子自旋是 1/2，所以這個方程式不行。非相對論的波動方程式跟自旋無關，因此他退到非相對論情況反而成功了。

海森堡與薛丁格的初次交鋒

薛丁格方程式問世以後，引起極大的轟動，因為物理學家都熟悉微分方程式而不知道矩陣。今天在你們看來，矩陣其實很簡單，可是當時的物理學家都沒聽說過這個東西，所以海森堡他們那套矩陣力學的影響還不如薛丁格的波動力學大。薛丁格的波動力學一出來，大家就都注意到了，於是索末菲

邀請薛丁格到慕尼黑大學來報告一下他的研究成果。

1926 年 7 月薛丁格來了。他作報告的時候，教室擠得滿滿的。他講完以後，坐在聽眾當中的海森堡就從擁擠的人群裡站起來，提了幾個問題，說：「你這個理論裡沒有不連續性，它怎麼能得出量子效應呢？」然後又問了一些問題，把薛丁格給問住了，弄得薛丁格很難堪。這個時候主持會議的維恩站起來示意海森堡坐下，說：「薛丁格教授的理論當中的問題，他自己會慢慢解決，你還是在自己的研究上多用點心吧！」

維恩為什麼這麼說呢？原因是此前不久，他參加了海森堡的博士學位答辯，海森堡的導師是索末菲。答辯委員會主席就是維恩，維恩是位實驗物理學家，海森堡的論文是研究流體力學的，本來他這論文報告得沒什麼問題，好像就可以通過了，結果維恩無意間問了一個關於光學誤差的問題，海森堡不會，這就引起維恩注意了。又問他，「談談法布立—佩羅干涉儀是怎麼回事？」他講不出來，維恩一看，怎麼會講不出來？又問：「講一講顯微鏡的原理吧。」 海森堡也不會，然後維恩說：「那望遠鏡呢？」他也不會。「那蓄電池呢？」不會。維恩想，這個傢伙簡直連大學畢業的水準都達不到，怎麼能給他博士學位呢？就不想讓海森堡通過。在他們討論的時候，海森堡的導師索末菲出來力保。最後答辯委員會投票，索末菲給了一等，還有一位也給了一等，另外的人給了二等，維恩堅持給了海森堡一個四等，就是不及格。折衷了一下，給他三等，也就是勉強及格。當時海森堡很生氣，本來博士答辯完了之後有一個酒會，他連酒會都沒參加就跑了，當天晚上直接去了哥廷根大學，去向波恩訴苦。波恩人很好，說沒關係，成敗不決定於一兩件事，還是歡迎海森堡經常到他們那裡去。

在薛丁格的報告會上，維恩還記著這事，又衝海森堡來了，海森堡當時

很不高興，第二天就不參加研討會，出去玩了。他同時給波耳寫了一封信，告訴他這邊討論的情況。

4. 關於量子力學本質的大論戰

我真後悔來這裡：波耳與薛丁格的論戰

波耳也知道薛丁格這個研究是很重要的，於是邀請薛丁格到他那裡。薛丁格到了哥本哈根，波耳到車站去接他，寒暄了幾句之後波耳就開始問問題，之後一直到開會，繼續問問題。波耳的助手是一批非常優秀的年輕人，提的問題都非常尖銳，他們問：「你這個波是什麼波啊？」「粒子和這個波是什麼關係啊？」薛丁格說:「粒子就是『波包』。」但是那些人反應很快，說:「在真空當中，德布羅意波長的各個頻率成分的波速是不一樣的，會發生色散。要是基本粒子是『波包』的話，這『波包』一下子就散開了，消失了。」問得薛丁格面紅耳赤答不出來。

兩天以後，薛丁格就病倒了。波耳去看他。薛丁格說：「我真是後悔，我幹嘛要來這裡呢？」波耳說：「你不能這麼想，大家提問題是因為你的研究很不錯，假如你的研究不行，我們就不會問那麼多問題了。」然後波耳又繼續問他問題。

薛丁格待了幾天以後，很不愉快地離開了哥本哈根。回去以後他又繼續研究，1926 年的下半年他證明了波動力學和矩陣力學是等價的，以後就把矩陣力學和波動力學合在一起稱為量子力學。

論戰愈演愈烈：機率波與不確定性原理

1926 年，波恩提出了波函數的機率解釋，認為德布羅意波長是機率波。波函數的模的平方表示粒子出現的機率。

後來，海森堡又在 1927 年提出了不確定性原理，如以下兩式所示，

$$\Delta x \Delta p \sim h \tag{7.6}$$

$$\Delta t \Delta E \sim h \tag{7.7}$$

式 (7.6) 表示位置和動量不能同時確定，這樣粒子就沒有軌道了。式 (7.7) 表示時間和能量也不能同時確定。例如激發態的能級寬度和電子在這個能級上的平均壽命之間，滿足這個不確定性原理，能級越寬越不穩定，電子在這個能級的壽命越短。第二個不確定性原理一般人不大注意，一般比較注意第一個。

量子力學誕生之後，一直伴隨著論戰，它的主流派稱為哥本哈根學派，承認不確定性原理。這個主流派的理論是在矩陣力學的基礎上建立起來的，他們也認識到了矩陣力學和波動力學是一致的。這個學派認為波動力學中的波是一種機率波，表示粒子在一點出現的機率。量子力學只能告訴我們粒子處於某種狀態的機率，不能確定地告訴我們是否一定在某種狀態出現。

這個理論遭到了一些優秀的物理學家的反對，比如愛因斯坦、薛丁格和德布羅意，還有後來的玻姆，他們堅決不同意這個觀點。雙方經常論戰，反對的一方不斷地提出各種反例來說明機率波的理論不對，但是都被哥本哈根學派的人一個一個地駁倒。

薛丁格始終不願意承認機率波這套理論。愛因斯坦也認為機率的描寫肯定不是最終的理論。有一些波耳那邊的年輕人就諷刺薛丁格，說薛丁格方程

式比薛丁格本人更聰明。

薛丁格引領生物學革命

是不是這樣呢？歷史表明，不是這樣。薛丁格非常了不起。薛丁格是個大器晚成的人。當時的許多傑出學者都是二十幾歲就做出成就了，薛丁格是三十九歲才建立波動力學的。

薛丁格後來又創出新成就，在生命科學方面作出了劃時代的貢獻。他 1943 年在愛爾蘭都柏林的三一學院發表了連續演講，題目是「生命是什麼？」。

薛丁格提出幾個重要觀點，一個是「生命來自負熵」，這個觀點很重要。一般人都以為人們吃東西只是為了補充能量。維持生命最重要的條件是補充能量，能量是生命的源泉。薛丁格指出這種看法不對，沒有抓住本質。如果只是為了補充能量的話，我們都不用生產糧食了，只要挖煤就行了，只要把這屋裡的暖氣燒得比 37°C高一點，那熱量不就往身體裡面流嗎？但是經驗告訴我們，這樣並不能維持生命。

薛丁格指出，關鍵在於生命需要負熵來維持。需要高質量的能量，低熵的能量。與低熵相伴的能量才是生命的可用能，或者叫有用能。與高熵相伴的熱能是比較低階的能量，對生命用處不大。他認為，生命的關鍵不在於能量，而在於負熵。這是一個非常重要的結論。

他又說：「遺傳密碼的資訊存在於非週期的有機大分子當中。」歷史表明他的預測是正確的。現在的 DNA 理論和他的預測正好相符。

他還指出，「生命是以量子規律為基礎的，量子躍遷可以引起基因的突變。」這一預測也已被實驗所證實。

DNA 的雙螺旋結構的兩個發現者 —— 生物學家沃森和物理學家克里克，青年時代都讀過薛丁格的《生命是什麼？》這本重要著作。

單電子引來的疑難

我們現在要對波函數的機率解釋說幾句。先來看一下經典粒子的運動（圖 7-6）。比如說有一支槍往靶上打子彈，槍和靶之間有一個屏，上面有兩個縫，把下面的縫 2 關住，只開上面那個縫 1 的話打出來的強度（即打在靶上的子彈數密度）分布是 P_1 這根曲線；要是把 1 這個縫關住開 2 的話打出來的強度分布是 P_2 這根曲線；你要是兩個縫都開啟的話打出的是 P_{12} 這根曲線，它正好是 P_1 與 P_2 兩根曲線的疊加。這是粒子的情況。

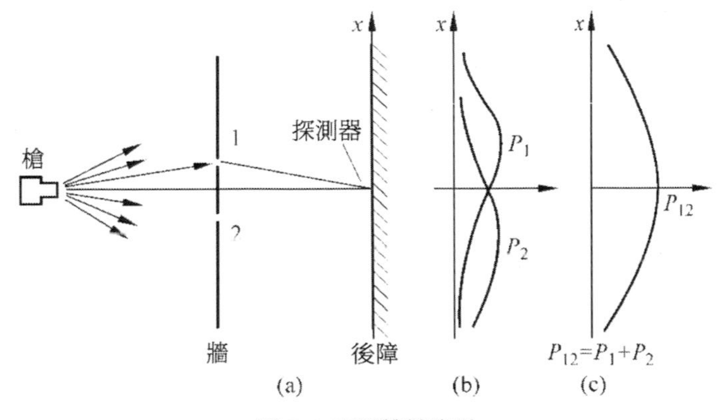

圖 7-6 子彈雙縫實驗

那麼波的情況呢（圖 7-7），你把縫 1 擋住，它的強度分布曲線是 I_2 這根曲線，如果你要把 2 這個縫擋住呢，得到的是 I_1 這根曲線。兩個縫都開啟，就會有干涉現象，出現的強度分布曲線不是 I_1 和 I_2 的簡單疊加，而是後面的有干涉條紋的這條線。

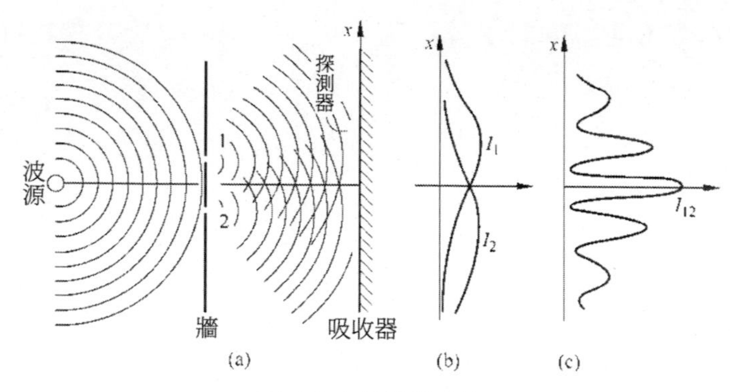

圖 7-7 水波雙縫實驗

現在用電子來打靶（圖 7-8），這麼小的粒子打靶的話，就會發現，跟波的情況非常相像。你把 2 這個縫擋住它打出來的強度分布是 P_1，你要把 1 擋住，打出來的是 P_2，兩個都開啟，居然出現了干涉條紋，這就說明了電子是波，電子的運動具有波動性。

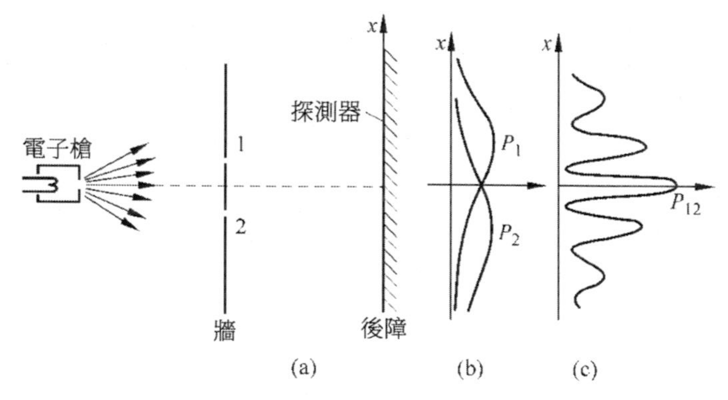

圖 7-8 電子雙縫實驗

有人猜想這或許是電子之間的相互作用造成的，是大量電子的行為，如果電子一個一個發射，可能就不會出現干涉條紋了。

後來人們做了單電子干涉實驗，就是讓電子槍裡出來的電子幾乎是一顆一顆的，它們之間相互沒有影響，結果仍然打出了干涉條紋。這個問題，一

直到現在，都有很多人覺得不清楚。就好像一個電子能夠同時穿過縫 1 和縫 2，其行為就像圖 7-9 所畫的這個量子滑雪者一樣，相當詭異。甚至有人猜測是不是電子有「自由意識」，在過縫 1 的時候，它知道縫 2 開沒開。因為電子波如果是機率波的話，電子作為一個粒子似乎它只能走縫 1 或者只能走縫 2，似乎不可能同時走縫 1 和縫 2。但這又如何理解干涉條紋的出現呢？只好想像它走縫 1 的時候知道縫 2 開沒開，它走縫 2 的時候又知道縫 1 開沒開，只有這樣才會出現干涉條紋。這太令人難以理解了，所以這個問題一直引起大家很大的興趣。

圖 7-9 量子滑雪者

機率波的實驗支援

大家知道，其實我們打出來的干涉條紋，我們通常看到的干涉條紋，是大量的光子或者電子形成的條紋（圖 7-10）。如果粒子（光子或電子）是一個個打過來的話（圖 7-11），剛開始螢幕上沒有點，或者有一個點，然後稍微多一些點，點打得多了，就逐漸地形成了條紋。

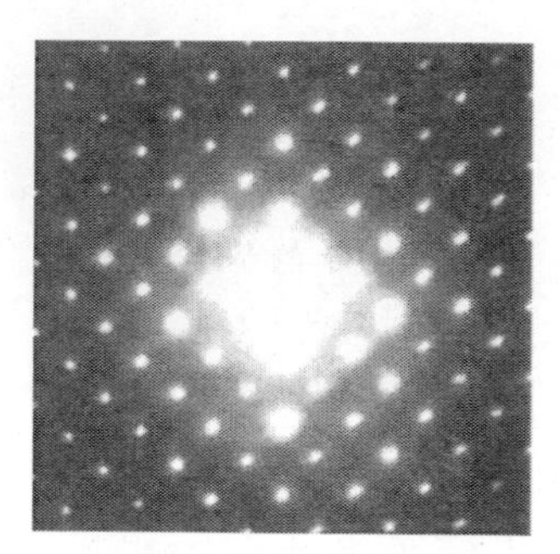
(a) MoO_3單晶的勞厄相

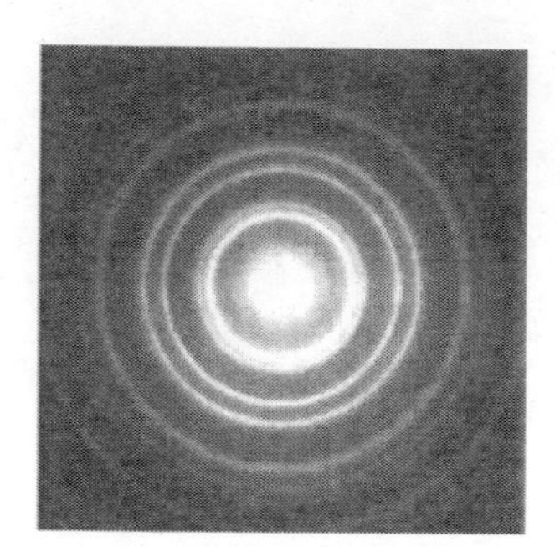
(b) Au多晶的德拜相

圖 7-10 電子衍射的勞厄相和德拜相

也就是說，這個波，粒子對應的波，它傳播的過程是以波動的形式，但是相互作用的時候是粒子的形式，集中在一個點上，打得多了，才逐漸形成干涉條紋。這種波為什麼會是這樣？當然用量子力學是可以嚴格算出來的，但是許多人還是覺得在物理影像上很難讓人理解。我想一般人都會覺得確實很奇怪。

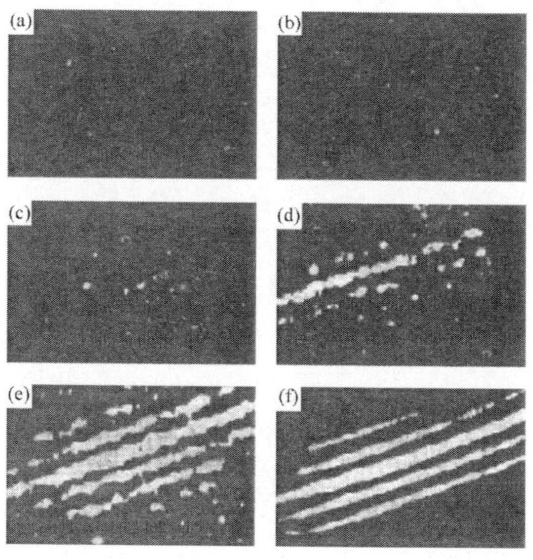

圖 7-11 真實實驗中獲得的電子干涉圖樣

神奇的隧道效應

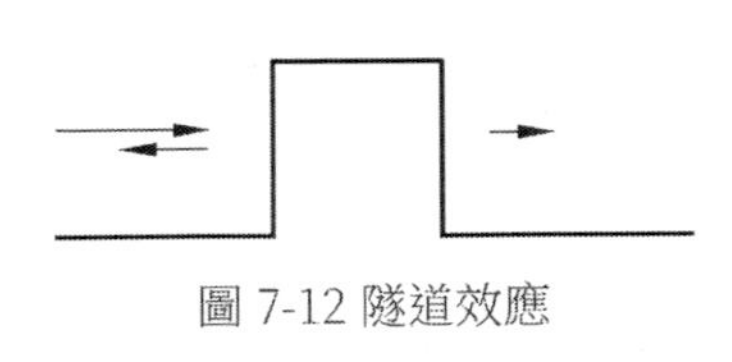
圖 7-12 隧道效應

還有一個有趣的問題是隧道效應（圖 7-12）。有一個高的勢壘，一個經典粒子射過來，如果粒子的能量低於這個勢壘的話，粒子就肯定過不去，如果能量高的話就肯定過去了。

但是量子的情況卻不同，粒子過來的時候如果它能量比勢壘低，仍會有一定的機率穿過去，當然也會有一定的機率被反射回去。如果能量比勢壘高，也會有一部分被反射，不會都越過去。這就是量子力學中的隧道效應。

為什麼會有隧道效應，粒子能量不夠為什麼也會越過去？現在一般的解釋是：這個粒子過勢壘的時候借用了能量，利用不確定性原理提供的可能性，它從「虛無」中借用了能量。越過去後再把借用的能量還給「虛無」。由於不確定性原理的限制，粒子借用的能量 ΔE 越多，它可借用的時間 Δt 就越短。因此粒子穿越勢壘的過程必須很快。有時甚至必須超光速。這是一種直觀的理解。

有一種觀點認為，穿透勢壘好像是瞬時的，好像不需要時間，為什麼會是這樣子還不太清楚。穿過勢壘不需要時間，這件事情有些人研究過。

我們最近在彎曲時空當中也研究過這個問題。在平直時空中，假如粒子穿過勢壘不需要時間的話，它進入勢壘的時刻 T=1，那麼從勢壘穿出的時刻也是 T=1。可是在有的彎曲時空當中，兩個時間點「同時」，並不意味著兩個點的時間值等同，它會有一個差，「同時」的時刻值由於時空彎曲會不相等，會有一個有限的差值。我們就按照那個差值來算，得出來的是跟其他理論相符的結果。

我們在一篇計算黑洞輻射機率的論文中，研究了黑洞附近的勢壘貫穿效應，結果發現粒子「瞬時」穿過勢壘的觀點是有道理的。

暗箱中的粒子

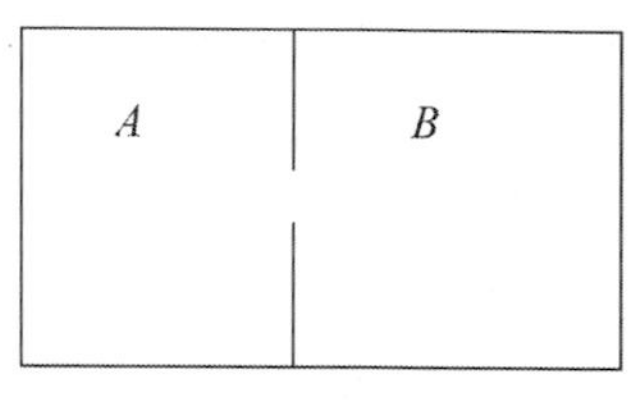

圖 7-13 暗箱中的粒子

再看一個粒子在箱中位置的實驗（圖 7-13）。有一個暗箱，隔成 A 和 B 兩個部分，隔板上有小孔，電子可以通過。箱子裡頭有個電子。它在 A 還是在 B？大家想，它不是在 A 就是在 B。

但是量子力學計算的結果是，你開啟這個箱子看之前，電子同時在 A 和 B，它是同時處在這兩個部分，那開啟箱子呢，你一開箱它就縮到 A，或者縮到 B 了。但你開箱之前，它不是說已經在 A 或者已經在 B 了，你一開，一觀察，它就縮到一個點上去了。

也就是說，在觀察之前，電子是處在狀態 1 和狀態 2 這兩個波函數的疊加態中，電子的波函數是一個疊加的波函數。你一觀察，它就縮到狀態 1 或者縮到狀態 2 了，它不會在觀察時還同時處在狀態 1 和狀態 2 兩個狀態中。

既死又活的貓

許多人覺得哥本哈根學派的上述理論很難讓人接受，薛丁格就提過一個反例，叫薛丁格的貓（圖 7-14）。他說，把一隻可憐的貓關在一個箱子裡，這個箱子內部上面有個電磁鐵，是個繼電器，吸著個鐵錘，底下有個裝氰化氫毒藥的瓶子，旁邊有個放射性原子。這個原子如果衰變了，發射粒子了，打進這個蓋格計數器，計數器一接收粒子，繼電器就斷電了，一斷電，鐵錘就掉下來，把毒藥瓶打碎，貓就死了。如果這個原子在這段時間裡頭沒有衰變，它不發射粒子，繼電器就不斷電，毒藥瓶就不會碎，這貓就活著。

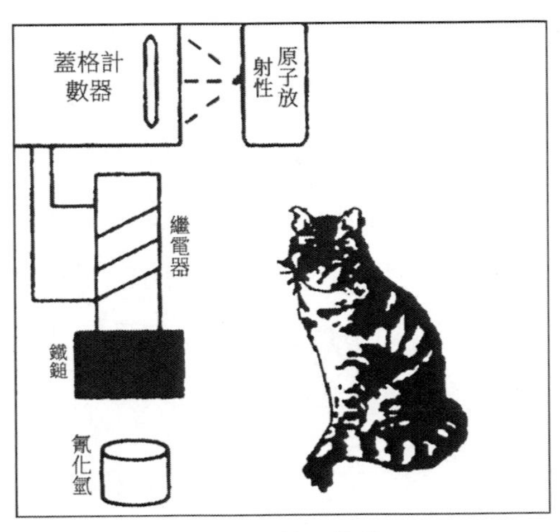

圖 7-14 薛丁格貓

這樣就會有一個問題，在你開這個箱子之前，這貓是處於什麼狀態，是死還是活？你開啟箱子，它肯定不是活著就是死了。那麼開箱之前是什麼樣，根據量子力學的理論，開箱之前它處在既死又活的狀態。而且按「既死又活的狀態」計算的結果，跟開箱之前它就已經死了或者依然活著，這樣計算出來的結果是不一樣的。也就是說，如果你承認量子力學的話，你就得承認開箱前，貓同時處在既死又活的狀態，但是你一開箱它就死了或者活著。

愛因斯坦、薛丁格一方覺得這個思考實驗表明量子力學的統計解釋有問題，波耳一方也無法解釋清楚。愛因斯坦諷刺說：「我就不信，一隻老鼠，你看它一眼整個宇宙都會變化了，這怎麼可能呢。」一直到現在，學術界還在爭論薛丁格貓這個反例，當然整個的討論還是有利於哥本哈根學派的。

愛因斯坦的光子箱

1930 年，在第六次索爾維會議上，愛因斯坦向波耳提出挑戰說：「你看我能同時確定能量和時間。你們那個不確定性原理，不是說能量和時間不能同時確定嗎？你看，這裡有個箱子（圖 7-15），箱子上面有個彈簧秤，箱子裡頭有個鐘，箱子旁邊有個小口。設想一個光子從這個小口出去。我開啟這個口，光子一下出去了，它的質量不就減少了嗎？減少了一個光子的質量，那麼彈簧秤指針就會移動，所以我就可以從彈簧秤指針位置變化知道出去的這個光子的能量，又可以通過鐘錶指針知道它出去的時刻，這兩項測量互不影響，這不就把光子射出的時刻和光子能量兩個量同時精確確定了嗎，怎麼會遵從你那個時間能量不確定性原理呢。」

提出這個反例以後，當天晚上有人對波耳說，愛因斯坦一定又是錯的。但是波耳覺得很震驚，覺得這個反例還真的不好回答。他一晚上沒睡好覺，研究這個問題。波耳在夜裡經過仔細思考，最後得到一個答案。

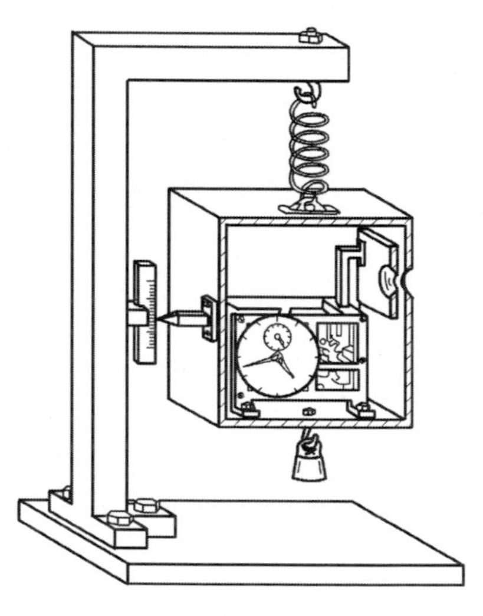
圖 7-15 愛因斯坦的光子箱

這個答案大致是說，光子射出時盒子會獲得一個向上的動量 p，它來源於光子逸出造成的衝量。然而盒子的指針位置 x 會有不確定度 Δx，它來源於盒子動量的不確定量 Δp 及位置動量不確定關係 $\Delta x\Delta p \sim h_0$。盒子動量不確定度又來源於光子逸出造成的衝量的不確定，而衝量不確定來自光子質量 m 的不確定，從質能關係 $E=mc^2$ 可知，m 的不確定本質來自光子能量的不確定量 ΔE。另一方面從廣義相對論可知，重力位能低處會產生紅移和時間變慢。光子高度的不確定 ΔH 就是指針位置不確定值 Δx，所以 Δx 導致的重力紅移（即時間變慢），會造成光子從小孔射出的時間的不確定量 Δt，而且計算可以證明，此 Δt 與光子能量的不確

定量 ΔE，恰好滿足不確定性原理 $\Delta t\Delta E \sim h_0$。

愛因斯坦聽了波耳的上述答覆後不再講話。波耳運用愛因斯坦自己的廣義相對論的重力紅移理論，成功地反駁了他的反例。圖 7-16 是他們討論的時候，兩人在思考問題。

圖 7-16 愛因斯坦與波耳在沉思

爭論還在繼續

然而，愛因斯坦等人始終沒有服氣，量子力學的爭論一直持續，愛因斯坦後來說了一句很有名的話：「上帝是不擲骰子的。」不可能最後的結果就只是個機率，機率性的理論不可能是最終理論。他還說：「我花在光量子上的時間是花在廣義相對論上的 100 倍，可還是不知道什麼是光量子。」這是愛因斯坦對這個問題的看法。

著名的物理學家費曼（Richard Phillips Feynman）是非常聰明的一個人，他也寫過一段話，說：「有人告訴我說他懂得了量子力學，他錯了，我相信現在世界上沒有一個人真正懂得了量子力學。」

今天波耳的理論已占了上風，大家都得承認。不管你懂不懂，反正用量子力學機率解釋算出的結果跟實驗相符。物理學是一門實驗和測量的科學，它只承認與實驗相符的理論，即使它很難理解。在哥本哈根學派理論占了統治地位的今天，波耳強調：「新理論被接受，不是因為反對它的人改變了立場，而是因為反對它的人都死了。」

索爾維會議

圖 7-17 是第一屆索爾維會議的照片，這裡面都是重要人物。這次索爾維會議是愛因斯坦跟龐加萊唯一的一次見面，坐著的右邊第一人是龐加萊。龐加萊是卓越的數學家，同時也在法國的大學裡講理論物理。。右邊坐著的第二人是居禮夫人，他們是德高望重的學術界老前輩。站立的右邊第二人是愛因斯坦。

圖 7-17 第一屆索爾維會議

圖中從左到右，坐者：能斯特、布里淵、索爾維、勞侖茲、瓦伯、佩蘭、維恩、居禮夫人、龐加萊；站者：哥茨米特、普朗克、魯本斯、索末菲、林德曼、莫里斯．德布羅意、克努曾、海申諾爾、霍斯特勒、赫森、金斯、拉塞福、卡麥林—昂納斯、愛因斯坦、朗之萬

第七講附錄
波耳對愛因斯坦光子箱實驗的答覆

1930 年，在布魯塞爾召開的第六屆索爾維會議上，愛因斯坦提出著名的「光子箱」思考實驗，用來否定「時間能量不確定性原理」。

愛因斯坦設想，把箱上小孔的快門開啟，其間只讓一個光子逸出。由於光子逸出而造成的箱子重量變化，將使箱子上方彈簧秤的指針發生移動。箱子質量的變化等於逸出光子的質量，從質能關係可得到光子的能量。因此，從彈簧秤指針的變化，即可確定逸出光子的能量。而光子逸出的時間即快門開啟的時間，可由箱子裡的鐘準確測定（圖 7-15）。

由於光子能量是由彈簧秤測定的，逸出時間是由鐘測定的，這兩個操作毫無關聯，應該能夠分別精確測定。這樣，光子的能量和逸出時間就同時精確測定了，時間能量不確定性原理則不再成立。

愛因斯坦認為，這說明不確定性原理有問題，波耳他們對量子力學的解釋不自洽。

波耳經過一夜的苦苦思索，終於找到了問題的答案，在第二天的會議上，波耳做了如下答覆：

光子的逸出，會使箱子受到一個向上的衝量，這一衝量是由逸出光子的重量 $\left(\frac{E}{c^2}g\right)$ 和逸出過程的時間 t 決定的。此衝量轉化為箱子向上的動量 p，顯然

$$p=\left(\frac{E}{c^2}g\right)t \tag{7.8}$$

根據量子力學，箱子的動量和彈簧秤指針顯示的箱子的位置 x 應滿足不確定性原理式（7.6）

$$\Delta x\,\Delta p\sim h$$

其中

$$\Delta p=t\frac{\Delta E}{c^2}g \tag{7.9}$$

另一方面，根據愛因斯坦廣義相對論，時空彎曲得厲害的地方，時間會走得慢，即有重力紅移現象。箱子在引力場中高度的變化（彈簧秤指針指示的變化）Δx 造成的時間變慢為 Δt，可從廣義相對論算出

$$\frac{\Delta t}{t}=\frac{g\,\Delta x}{c^2} \tag{7.10}$$

把式（7.9）與式（7.10）代入式（7.6）馬上得出式（7.7）

$$\Delta t\,\Delta E\sim h$$

這就是時間能量不確定性原理。波耳用愛因斯坦自己的廣義相對論，成功地否定了他的「光子箱」反例。愛因斯坦聽了波耳的答覆後不再說話。

實際上，廣義相對論的時間變慢式（7.10），從牛頓引力論也可以近似得出。

若光子在引力場中高度升高 Δx，光子的重力位能將增加，此增加來源於光子動能 ΔE 的減少，所以有

$$-\Delta E=mg\,\Delta x=\frac{E}{c^2}g\,\Delta x \tag{7.11}$$

由於 $E=hv$，所以有

$$-\frac{-\triangle v}{v}=\frac{g}{c^2}\triangle x \qquad (7.12)$$

又由於 $v\sim\frac{1}{t}$ ，所以有

$$\frac{\triangle t}{t}=\frac{g}{c^2}\triangle x$$

此即引力場中時間變慢的式子（7.10）。

第八講　比一千個太陽還亮

圖：繪畫：張京

這一講將介紹核能的利用，特別是原子彈和反應堆。首先講一下中子的發現。我們已經講過了元素週期律的發現、光譜線的發現、X 射線的發現、天然放射性的發現和量子力學的建立。量子理論發展的同時，核物理的研究也在進展，首先是實驗方面。

1. 中子的發現

拉塞福的猜想

1920 年左右，拉塞福有一個猜測，覺得原子核裡，除去質子以外，還應該有一種粒子，質量跟質子差不多一樣，但是不帶電，也就是我們今天所說的中子。他為什麼這樣猜測呢？他是根據對元素原子量和原子序的分析，比如說，氦元素的原子量是 4，而原子序數是 2，也就是說，有兩個質子，似乎還有兩個與質子質量相似，但是不帶電的東西。於是他就產生了可能存在中子的猜測。

拉塞福的學生當中，有人就開始尋找，但沒有找到。1930 年，普朗克的研究生博特，用 α 粒子轟擊鈹，打出了中子。博特當時覺得是一種穿透力很強的不帶電的射線，以為是 γ 射線。他把這個發現公布了。第二年，約里奧·居禮夫婦，對這個問題又進行了研究。

約里奧—居禮夫婦

約里奧—居禮夫婦（圖 8-1）就是居禮夫人的大女兒和大女婿。約里奧出生於一個無產階級家庭，他祖父是鋼鐵工人，父親是巴黎公社社員。巴黎公

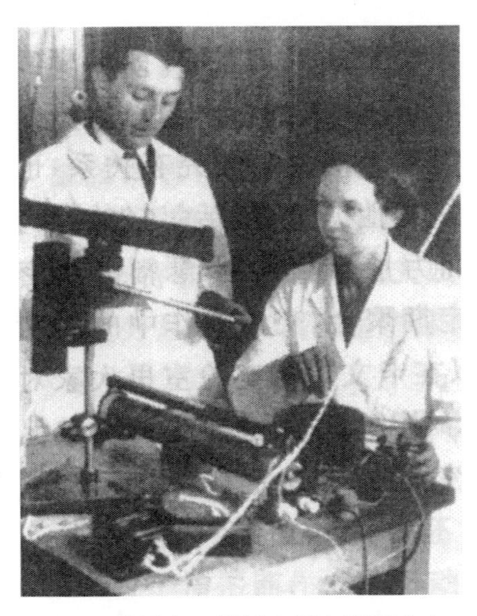
圖 8-1 約里奧—居禮夫婦在實驗室中

社失敗時他父親突圍，跑到盧森堡，後來平靜下來以後，又返回了法國。

約里奧本來跟居禮夫人家沒什麼關係，原本不容易接觸到居禮夫人。但是，他有一個同學，也是他的朋友，是朗之萬的兒子。他們兩人，一起上學，後來又在「一戰」中一起當兵。戰爭結束，兩人復員後工作不好找，朗之萬的兒子就上他父親的實驗室去了。約里奧找不著工作。朗之萬的兒子跟他父親講，說你看我這個好朋友找不到工作，我們這裡是不是還需要人。他父親說我們這個實驗室已經滿了。朗之萬的兒子又問那你能不能問問居禮夫人，看看她那個實驗室還缺不缺人。結果他父親真去問了居禮夫人，居禮夫人說那讓他來吧。經過面談，覺得這年輕人還行，就留下來工作了。

約里奧是學化學出身的。居禮夫人的大女兒伊雷娜．居禮比他大兩三歲吧，也在那個實驗室工作。伊雷娜．居禮從小沒有上正規學校，而是由幾位科學家輪流講課培養的。當時居禮夫人等幾個科學家正在實驗教育改革，不讓他們的孩子上學，由他們幾個人親自講課，培訓這些孩子。伊雷娜主要學化學，就在實驗室幫她媽媽做實驗。她的妹妹，是學音樂的，後來幫她媽媽寫了本傳記，就是著名的《居禮夫人傳》，忠實地記錄了她媽媽艱苦奮鬥的一生。

伊雷娜很文靜，不愛講話，而約里奧剛好相反，於是兩人互相吸引。他們晚上做實驗總是做到很晚，約里奧經常送伊雷娜回家。在居禮夫人的同意之下，兩個人談戀愛，並結婚了。這就是著名的約里奧—居禮夫婦。兩個人在學術領域方面都能力出眾。

中子的發現

約里奧夫婦對博特發現的射線很感興趣，他們做了詳盡的實驗進行研究，就用這種射線打擊石蠟，從中打出了質子。他們覺得這可能是 γ 射線。實際上，從動量守恆和能量守恆來看，用 γ 射線不可能打出質量那麼大的質子來，但是他們物理略遜一籌，而且頭腦中沒有可能存在中子的想法。

約里奧夫婦的論文一出來，拉塞福的學生查兌克看到後，高興極了，「啊！他們看見了中子還不知道！」於是，他也設計了一個類似的實驗，把結果登在《自然》雜誌上面，題目是《中子可能存在》。接著又登了一篇長文章，在英國皇家學會會刊上登出，題目是《中子的存在》。這下中子就被發現了。

約里奧夫婦很懊喪，自己做出來的發現，就從眼前溜走了。這正應了法國著名的生物學家巴斯德的一句話：「機遇只偏愛有準備的頭腦。」沒有準備的頭腦，就會錯過機遇。實際上，人的一生當中都會有很多機遇，絕大部分都被忽略了。一旦抓住，就可能有所成就。

約里奧夫婦雖然沮喪，但沒有停止科學探索。他們兩個人繼續研究。不久，就用人工的方法製造出了放射性元素。在此之前放射性元素都是天然的，他們最先用人工的方法製造了放射性元素。

1935 年，諾貝爾獎評委會認為中子的發現應該得獎，但是有點爭議；有人認為，應該由查兌克和約里奧夫婦分享這次的諾貝爾獎，但是這個委員會

的主席是查兌克的老師拉塞福。拉塞福說：「約里奧夫婦那麼聰明，他們以後還會有機會的，這次的獎就給查兌克一個人吧。」當然他也有一定的道理，因為還有博特呢，一次獎最多只能發給三個人呀。

當年的下半年，同一個評委會評化學獎，因為物理學獎和化學獎是同一個評委會評的。大家一致同意把化學獎給約里奧夫婦，理由是他們發現了人工放射性。其實大家也在想，中子的發現他們也是有貢獻的。博特後來因為研究宇宙線獲得了諾貝爾物理學獎。大概評委會也考慮了他對中子的發現也是有貢獻的。大家都得了獎，應該說最後還是比較公平的。

2. 裂變與核連鎖反應

裂變的發現

現在來講裂變的發現。1938 年，約里奧夫婦用中子轟擊鈾，發現似乎生成了鑭這種元素。在此之前發現的放射性，都是放出一個質子，原子序數減少 1，放出一個 α 粒子，原子序數減少 2，發射一個電子，原子序數增加 1，反正原子序數只改變 1 或 2，這回一下子從 92 似乎變成 57 了，此外還產生了一大堆其他東西，一時也不清楚是什麼。當時，約里奧夫人，即伊雷娜．居禮，在實驗室中宣布了這個結果。但是大家沒有弄清楚這是怎麼回事，覺得非常奇怪。

這個訊息傳到德國，德國有一個研究核物理的實驗室，其中，有一個化學家叫哈恩（Otto Hahn），哈恩他們重複了約里奧夫婦的實驗，肯定了產物就是鑭和鋇，他也覺得很奇怪。他們實驗室原本有一個女物理學家，但礙

於希特勒的打壓，不得不離開了，因為她是猶太人。這個人就是邁特納（Lise Meitner）。邁特納研究物理，哈恩研究化學，兩個人有交情，合作得也不錯，研究做得很出色（圖 8-2）。

圖 8-2 哈恩和邁特納在做實驗

邁特納家的人都非常聰明。她由於是猶太人，察覺到希特勒上臺以後迫害越來越嚴重，於是就離開了這個實驗室，流亡國外。她有一個姪子，叫弗里施（Otto Robert Frisch），也是個核子物理學家。他走得比較晚，想走的時候已經來不及了，希特勒準備把德國的猶太人都就地正法，不允許他們走了。

這時，恰好波耳來訪，波耳跟弗里施獨處的時候，悄悄問他：「你需不需要什麼幫助？」弗里施說：「我想趕快離開德國，你能不能幫我？」波耳回去以後，邀請弗里施到哥本哈根做短期訪問。納粹官員覺得很為難，波耳威望那麼高，不讓弗里施去也不好，反正就是個短期訪問。想當然爾，弗里施一去就不回來了。

核的液滴模型

1939 年的新年，弗里施跟他的姑姑邁特納兩個人，在瑞典共度新年。猶太人不過聖誕節。因為耶穌雖然是猶太人，但他是猶太窮人的領袖。一般的猶太人不承認天主教，他們信猶太教，不承認耶穌，不承認耶穌的神聖地位。

邁特納他們滑雪回來的時候看到了哈恩的信。看過信以後，對他的實驗結果非常驚訝。弗里施覺得這根本就不可能，肯定是哈恩的實驗做錯了。邁特納說不會的，她跟哈恩合作多年，他的實驗技能非常精細可靠，這個實驗一定是可靠的。如果是這樣的話，就好像是一個鈾核分裂成了大小相近的兩塊。

於是邁特納他們就構造了一個液滴模型，鈾核像液滴一樣，然後有可能變形、拉長、最後分裂（圖 8-3）。他們用這樣的模型，在理論上對核分裂做了解釋。鈾核分裂會有能量放出來，但是僅僅一個單獨的鈾核裂成兩個，沒有多大能量，在工業上無法利用。

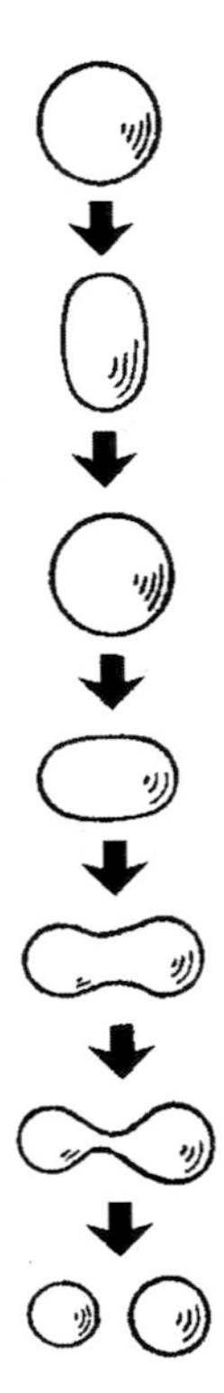

圖 8-3 核裂變的液滴模型

核連鎖反應

這時候約里奧－居禮又做出一個重大的發現，約里奧－居禮發現重核裡的中子數是遠遠大於質子數的。比如鈾，它的原子序是 92，也就是說原子核中含有 92 個質子。但是它的原子量是兩百多，也就是說中子數是遠遠大於質子數的。大家知道，氦核有兩個質子兩個中子。一般輕原子核中的中子數和質子數基本上是相等的。所以如果一個鈾核裂成了兩個較輕的核，應該有多餘的中子出來，而且這些中子出來以後，還有可能刺激別的鈾核分裂，因為他們知道中子是可以刺激鈾核分裂的。

如果一個鈾核自發地裂變放出了多餘的中子，這些中子刺激其他的鈾核再裂變，再放出更多的中子，使更多的鈾核再裂變⋯⋯，這就形成了一種核連鎖反應，如圖 8-4 所示，像雪崩一樣，能讓核能大量地釋放出來。這就可以用於工業生產，也可以用來製造武器了。

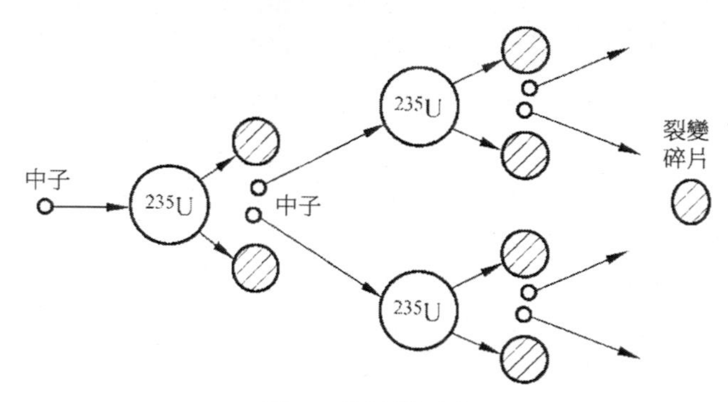

圖 8-4 核連鎖反應

約里奧很快就用實驗證實了自己的想法，他明白自己找到了一條大規模利用核能的途徑，找到了一種新的、可以大規模應用的能源。

約里奧立刻把自己的兩個助手約到咖啡館，商量是否公布這一重大發現。當時歐洲已經戰雲密布，他們的發現有可能被用於戰爭，帶來災難。他們三個人討論以後認為：火和電的發現都曾經給人類帶來過災難，但更多的是人類文明的進步，應該相信人類可以掌握自己的命運，所以他們公布了自己的發現，把論文登出來了，但是他們沒有說出能造原子彈，所以一般人也沒多在意。

半年多之後，美國的兩個小組，即費米和西拉德領導的兩個研究團隊，也分別得出了同樣的發現。但是約里奧他們是最早做出來的。約里奧後來於 1944 年擔任法國科學院院長，1946 年擔任法國原子能委員會主席。他設計建造了美國之外的第一座核子反應爐。

裂變與聚變

現在解釋一下原子核裂變為什麼會放出能量。假如有一個原子，它是由 Z 個質子和 N 個中子組成的，那麼它總質量是不是就是 Z 乘上 m_p 加上 N 乘上 m_n 呢？這裡 m_n 是中子質量，m_p 是質子質量，是不是就是前面這兩項相加呢？實驗發現不是如此。測得的核質量是式（8.1）中後面那一項 m，比前兩項加起來要小。

$$B=\left[Zm_p+Nm_n-m(Z,A)\right]c^2 \tag{8.1}$$

為什麼呢？就是這些質子和中子聚集在一起形成原子核時會放出一部分能量，放出的這部分能量，就是可以利用的能量。這個差 B 叫作結合能。

許多人研究過單個核子的平均結合能，就是用這種原子核的結合能的數量 B，除以核中的核子（質子和中子）數 A（約等於原子量），所得結果就是單個核子的平均結合能。圖 8-5 中有一條實驗曲線，這條實驗曲線顯示了各種原子核的平均結合能。

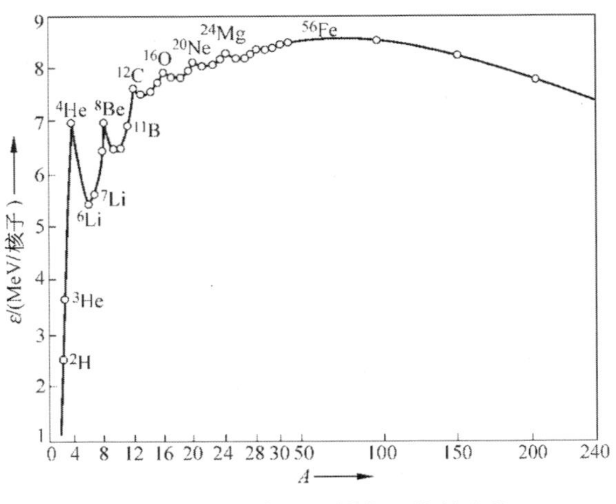

圖 8-5 各種元素原子核的平均結合能

對於輕元素來講，它是比較低的，對於特別重的元素來說也是比較低的，但位於中間的元素則比較高。也就是說重的核一旦裂變，分裂為中間這些小的、比較輕的核，就會有能量放出來。因為中間的這些核的平均結合能比重核高。另一方面，中間的這些核的平均結合能比輕核也要高，所以輕元素的核聚合在一起也會放出能量，一種是裂變，一種是聚變，都可以獲得能量。

湯川的交換力

日本的湯川秀樹是亞洲第一個得諾貝爾獎的人。

當時猜測原子核內部有一種很強的引力，否則的話，原子核就會分裂了。這種力在原子核內部應該很強，應該遠強於質子所帶正電荷間的斥力。但是它的作用半徑應該比較短，超出原子核之外就沒有了。這種力就叫作核力。

湯川秀樹推測這是一種交換力。中子和質子之間，或者質子和質子之間，中子和中子之間，交換一種粒子，交換這種粒子，就會產生一種吸引力，產生一種很強的吸引力。他利用不確定性原理和質能關係，也就是利用式（8.2）、式（8.3）這兩個關係，估算出了這種交換粒子的質量，是在質子和電子之間，所以叫作介子。實驗證實了確實有介子存在。近年來，物理學家把湯川的理論發展改造成夸克理論和量子色動力學。大家可以利用這兩個關係自己推算一下介子的質量。

$$\triangle t \triangle E \sim h \tag{8.2}$$

$$\triangle E = \triangle \mathrm{m} \cdot \mathrm{c}^2 \tag{8.3}$$

3. 科學中心向美國遷移

約里奧首提原子彈

接著講原子能的利用。首先是用在軍事上。1939 年，德國進攻波蘭，歐洲戰場全面爆發，法國對德宣戰以後，約里奧找了法國軍備部部長，建議法國製造原子彈對付希特勒。但是，法國沒能挺住，馬奇諾防線很快被突破了。

第一次世界大戰的時候，德國和法國打塹壕戰，死的人很多。德國人總結出一套理論，說不用管對方的防禦工事有多厚，有多結實，只要我們的大炮造得夠大，就能把它轟開。法國人發展了一套相反的理論，說不用管對方的炮有多大，只要我們的防禦工事修得夠厚的話，它就轟不開。

所以第一次世界大戰結束以後，法國把它的軍費都用在修馬奇諾防線，一個固定的很牢固的防線上，以為這樣就可以在未來的戰爭中擋住德國人。結果希特勒的軍隊繞過了馬奇諾防線，法國軍隊一下子就垮了。這樣法國就無法造原子彈了。

約里奧在緊急情況之下，把他的實驗室中的重水押運到法國南部的一個港口，裝上了一艘去英國的船。然後他就返回巴黎，回到巴黎的時候，巴黎已經被德國占領了。德國占領軍傳訊約里奧，問他重水哪兒去了？約里奧在回巴黎的路上，就聽說從那個港口開出的另外一條去挪威的船被炸沉了，他就說放在那條去挪威的船上了。那些重水是挪威的，他打算還給挪威，就在那條被炸沉的船上。德國人也就沒有再問。因為德國當時已經教育普及化了，德軍官兵都知道居禮這個偉大的名字，誰也不想沒事找麻煩。德國人沒有再找他碴，但他也無法造原子彈了，只能搞些普通的科學研究。他後來參加了地下的法國共產黨，在實驗室中幫游擊隊製作炸藥。第二次世界大戰快結束時，約里奧還拿著手榴彈參加了解放巴黎的最後的巷戰。

這個時候，在美國的科學家開始建議美國造原子彈了。他們很擔心希特勒能造出來。因為德國有海森堡，有哈恩，專精實驗和理論的人都有，而且海森堡非常支持納粹，極力吹捧希特勒。大家覺得他們一定會幫助希特勒造原子彈。希特勒如果造出來，大家都毫不懷疑他肯定敢用，他絕對不會有什麼顧慮的。

費米 —— 物理的全才

此時，已有一大批歐洲的物理學家逃到了美國，其中一個是費米。費米是義大利的物理學家。他是在相對論、統計物理、核子物理這些方面，都做出了重大貢獻的物理學家，而且理論和實驗都行，後來設計了世界上第一座核子反應爐。他還培養了六個得諾貝爾獎的學生。所以費米是非常了不起的科學家。

在義大利，費米剛開始冒出來的時候，自己並沒有太多的信心，他覺得義大利的科學不行。他說，在一個全是聾子的國家裡面，有一個人有一隻耳朵好用，大家就覺得這個人聽力好得不得了，但是別的國家的人可能都有兩隻耳朵呀，你去比就覺得不行了。後來他有一次到德國去訪問了幾個月，訪問後他覺得自己還是屬於有兩隻耳朵的人，並不比德國人差。

費米後來有很多不俗的成績，並獲得了諾貝爾物理學獎。他去領獎的時候，準備趁此機會逃離義大利。他本人並不是猶太人，但他的夫人是猶太人，費米夫人跟他從小青梅竹馬一起長大。費米帶著全家到瑞典去領諾貝爾

獎。那時為了安撫義大利的使館，不要讓他們懷疑自己準備走。費米還特地跑到義大利的使館去問一問，回國的時候要辦什麼手續。結果當別人都不在場的時候，義大利使館那位跟他談話的工作人員就悄悄跟他說：「費米教授，您全家不是都出來了嗎？您夫人不是猶太人嗎？你還回去幹嘛？」於是他就放心了。其實，離開義大利之前，他就去過美國大使館，要求移居美國。美國大使館的人不認識他，說：「我們美國，歡迎歐洲移民。前提是，我們不要弱智的人，所以明天您和您全家必須來檢測一下智力。」做過智力檢測後，美方突然發現這位是諾貝爾獎得主，趕緊就說不用再等什麼了，馬上就給他們簽證，來美國吧。

費米的夫人回憶跟費米的相識。他們的父親是好朋友，所以他們從小就認識。費米的夫人說：「我小時候第一次參加舞會時，只有十五歲，我打扮了很長時間，覺得非常高興，不過當時我還是一隻醜小鴨，我一直在那裡坐著，都沒有一位男士來請我跳舞，真是非常尷尬。後來終於有個年輕人走到我跟前，邀請我跳舞，這個人就是費米。」她說她非常感激，讓她從這種尷尬的局面下解脫出來。

彈藥庫裡的波耳

有猶太血統的波耳也移居到了美國。第二次世界大戰時，丹麥對德國是有條件投降。因為開戰以後，德國的軍艦一下就把丹麥唯一的軍艦打沉了。丹麥海軍根本沒多少裝備，但是哥本哈根衛司令不想屈服，準備把武器發給老百姓進行巷戰。國王說算了，我們根本打不過德國，和德國簽訂停戰協定吧。投降，但是要有條件，其中一個條件就是猶太人你們不能帶走。丹麥人說，你們強迫把猶太人聚集到一起可以，但是要允許他們的鄰居（編按：此

應指丹麥人自己。）去探望他們，因為他們的鄰居很關心他們是否安全。所以在丹麥的猶太人大多都活下來了。

當時希特勒在德國大量屠殺猶太人，所以波耳心裡很擔憂。這時候海森堡跑到哥本哈根去了。在波耳的研究所附近，一些擁護納粹的丹麥人建立了另外一個由純種雅利安人組成的物理研究所，就是沒有屬於猶太人的研究所。

海森堡到那裡報告研究成果，報告時他還故意問了一句，說波耳教授怎麼沒來，還提醒大家波耳沒有來，波耳不是純種人。接著海森堡又去拜訪波耳，兩個人在實驗室裡談話，又在外頭談話；至於談了些什麼，後來兩個人說的完全不一樣。第二次世界大戰結束以後，海森堡被捕，海森堡說他當時一直勸告波耳，說波耳是安全的，絕對沒有任何問題等。波耳卻說根本不是這麼一回事，他認為海森堡是堅定的希特勒擁護者。

波耳覺得自己非常不安全，他最後選擇了偷渡，坐一艘小船冒險逃往挪威，海水把他全身都打溼了。逃到挪威以後，他又坐上一架英國的轟炸機，飛往了英國，然後坐船去了美國。坐轟炸機的時候，轟炸機上每個人都有位置，當然也不能讓機槍手讓出位置，為什麼呢？因為中途可能碰上德國飛機，機槍手還有任務。波耳由於沒地方坐，只好到彈藥庫裡了。結果因為高空缺氧的緣故，他沒有戴好氧氣面罩，休克了。幸好還是到了倫敦。

第二次世界大戰以後有些記者就質問英國政府說，聽說你們命令駕駛員：飛機如果要迫降的話，不能把波耳交給德國人，要把他扔到海裡。是不是有這件事？一直質問，一直到 1970、1980 年代還有人繼續質問英國當局，英國當局斷然否認。後來波耳終於順利逃到了美國。

4. 原子彈的研製

美國啟動曼哈頓計畫

這些逃到美國的科學家都覺得希特勒可能會製造原子彈，所以他們就希望美國趕緊搶在希特勒之前製造出來。於是，幾個物理學家，西拉德、泰勒、維格納，打算寫信給美國總統，勸美國趕緊造原子彈。他們覺得自己的影響力不夠，就去拜訪愛因斯坦，請愛因斯坦寫封信；愛因斯坦同意了，在信上簽了名。當時有一個羅斯福的朋友薩克斯，拿著這封信去見羅斯福，想跟羅斯福談談，但羅斯福沒怎麼聽懂，羅斯福那時忙得不得了。

當時美國正在備戰，因為覺得德國可能馬上就會進攻美國，所以羅斯福當時緊張得不得了。美國總統是三軍統帥，各種外交活動也非常多。美國當時已經在把大量軍火賣給英國，還派艦隊給運輸船護航，以防德國潛艇攻擊。同時允許他們的空軍人員退役以後參加陳納德的志願空軍到中國作戰，不過現役人員必須選擇退伍才能去。美國和德國、日本的矛盾日益加深。

這時候，科學家們談製造原子彈的事，羅斯福根本聽不進去，因為他非常忙碌，這件事到底有什麼用也搞不清楚，態度自然很冷淡。後來羅斯福看這個朋友不太高興，就說：「這樣吧，明天早上，我請你吃早餐，你還可以利用時間再談談你那個東西。」薩克斯一晚上沒睡好，第二天吃早餐，見了羅斯福就問：「你知道拿破崙為什麼會失敗嗎？」羅斯福問為什麼，他說就是因為拿破崙當時沒有相信先進的科學技術。

薩克斯說，當時有兩個美國工程師向拿破崙建議過，把蒸汽機裝到船上，造機器船，這樣一來，即使在逆風的時候，也可以在英國登陸。拿破崙

就笑了，說他不相信沒有了帆這船還能航行。於是沒採納這兩個美國工程師的意見，結果法國就是因為海軍打不過英國，最後失敗了。

羅斯福說：「那照你的意思，我要是不造這個大炸彈的話，我最後也會跟拿破崙一樣失敗？」薩克斯說是。「好，」羅斯福就把他的副官找來，對他說：「現在有個重要的任務，這位先生會跟你說，這件事情要馬上行動。」

這件美國政府稱為「曼哈頓計畫」的事情剛安排下去，第二天珍珠港事件就爆發了。日本海軍航空兵襲擊了珍珠港，把美國炸個措手不及。為什麼呢？美國當時沒想到日本敢這麼做，雖然也想過將來日本必會來犯，但是覺得那還是以後的事情，因此毫無防範。當時美國最擔心的主要是德國，所以美國把大的戰艦，都從大西洋挪到太平洋來了，因為離德國遠點，以為移到珍珠港會更安全。沒想到日本人先動手了，在珍珠港把美國的大戰艦炸了個正著，幸虧航空母艦當時不在港裡，還趕得上還擊，否則後果不可想像。

歐本海默臨危受命

太平洋戰爭爆發了，美國馬上宣布對日本、德國開戰。後來，羅斯福任命熟悉工程建設的格羅夫斯將軍負責曼哈頓計畫，對格羅夫斯說這件事情只對他一個人負責，缺錢直接找他，不要跟國會、跟政府的任何人員談起，只對他負責。格羅夫斯將軍接受了這個使命，開始物色人選。有的人主張找一些德高望重的老教授來做，但是老教授一般都比較保守，而且精力也有限。將軍發現有一個 40 歲左右的中年人比較合適，此人叫歐本海默，是在德國哥廷根大學畢業的。

第二次世界大戰前，很多美國人跑到英國和德國去留學，因為美國那個時候科學還不太發達，最先進的還是歐洲。歐本海默就跑到德國去，在哥廷

根大學上學。歐本海默在德國表現得很出色。他是波恩的學生。他經常打斷別人的報告，別人在臺上報告，正講到一半，他就上臺，把對方粉筆搶過來，說這個問題其實根本不用這麼解釋，要是照自己的方式解釋就簡單多了。歐本海默常常做這種事。有一次波恩寫了一篇論文，給他看，說過兩天討論討論。過兩天他來了，波恩問他那篇文章看了嗎？覺得怎麼樣？他說這篇文章寫得很好，真的是波恩自己寫的嗎？大概是因為波恩的論文平時出錯的可能性比較高，歐本海默有點懷疑他的老師是不是能寫出這樣的文章來。總之，歐本海默因為這種性格，得罪了不少人。

有些人向將軍提議，歐本海默這個人可以勝任原子彈的研究。這時候他已經預測過暗星了，也就是後來說的黑洞。但聯邦調查局說歐本海默不行，將軍問為什麼，聯邦調查局說歐本海默這個人傾向共產黨，他弟弟和弟媳都是美共黨員，他的女朋友也是美共黨員，他常看共產黨的宣傳品，說他這個人不可信。可是將軍覺得又沒有其他合適的人。

格羅夫斯將軍就跟聯邦調查局的人說，先把資料拿過來看一看。他一看，也不覺得有什麼關係。因為職業軍人和一般科學家在政治上並不那麼敏感，即使負責情報工作的人說得非常嚴重，其實在外人看來，也沒有什麼太多的證據說明他有什麼問題。於是將軍就說還是用歐本海默；他向聯邦調查局的人表示，這件事情他直接對總統負責。

歐本海默受命擔任了原子彈的總設計師。歐本海默開始找人到他那裡工作。其中很重要的一個任務，是測鈾的臨界質量。大家知道，原子彈爆炸，原則上來講，只要這個鈾的大小，超過了一定的臨界質量，它就會爆炸。原因是這樣的，鈾裡面一定會（有一定的機率）有一些鈾核自發裂變，放出中子。放出的中子，會刺激別的鈾核發生裂變，但是如果這個鈾不夠大，那麼

很多中子就飛出去了，碰不到別的鈾核，也就沒有用了。再來，鈾裡有雜質，這些雜質會吸收掉一些中子，使它們不再反映。因為造原子彈的鈾是工業品，它一定有雜質，而且每一次造出來的鈾，雜質的成分和含量都會有差別，所以，就要經常測定鈾的臨界質量，以便確定多大的鈾塊會爆炸。當時要找一個人來測臨界質量，這項工作需要一個實驗非常精細，又非常勇敢的人來做，必須是具有犧牲精神的人。

勇於獻身的斯洛廷

有人推薦加拿大的年輕物理學家斯洛廷（Louis Alexander Slotin），說這個人可以勝任。他實驗做得不錯，而且很勇敢，戰爭一爆發他就要求參軍，後來發現他有近視，軍隊不要他。但是測臨界質量的話，近視也可以做。於是把斯洛廷找來，他同意了。他把兩塊鈾裝在一個架子上，然後用螺絲起子擰，使兩塊鈾靠近，周圍放了很多計數器，如果計數器嘎嘎響得厲害了，就趕緊把兩塊鈾再擰開。擰開以後拿刀片削下一塊，再讓它們靠近，一直到計數器不響的時候，這時鈾的質量就是臨界質量，超過這個值它就會自動爆炸了。這樣我們就知道，多大塊的鈾，就可以製成原子彈了。斯洛廷知道自己的工作很危險，他說自己是在玩龍的尾巴。（編按：此語接近東方人所說的「在太歲頭上動土」。）

第二次世界大戰之後，斯洛廷他們有一次測定的時候出事兒了。兩塊鈽（鈽是另一種可製成原子彈的元素）靠近的時候，計數器開始響了，正在此時他的螺絲起子一下掉到了地上，無法擰了，頓時那間屋子全被鈽發的光照亮了。他只好馬上用手把這兩塊鈽掰開。當時屋裡幾個人坐成一圈，斯洛廷說自己是活不了多久了，但是其餘的人還可以多活一段時間，然後他就把每一

個人的位置，身體的什麼部位對著鈽塊，都畫在了黑板上。

5. 愛開玩笑的費曼

保險櫃怎麼開了？

核基地裡有很多很優秀的人，比如費曼，他很年輕時就到這個地方工作了。費曼這個人非常聰明，又非常愛開玩笑。他到原子彈試驗場後很不習慣，因為美國人都自由散漫慣了，這裡的工作要保密，弄得又是門禁卡，又是什麼別的措施，每天工作完的那些資料都要放進保險箱啦，他都覺得很不習慣。特別是太太來信了，還有人要拆開看一下，他很不高興。

有一次他回去探親的時候，就一連寫了好幾封信，把每一封信都撕成碎末，塞到信封裡面，然後讓他太太每過一個星期給他寄一封。信寄到後，聯邦調查局的人一查，唉，怎麼都是碎末啊。就試著拼湊，拼了半天也沒看出有什麼問題。然後又來了一封，又是碎末。

費曼覺得那些人只顧形式，你看，把大門看得那麼嚴，查得那麼勤，牆上有個洞他們卻不管。有一次，他就從大門出去，然後從那個洞鑽進來，然後又出去，再鑽進來，想吸引警衛的注意。警衛剛開始沒注意他，後來終於有人注意到了，說這個人怎麼只看見他出去，沒看見他進來啊，就把他攔住了，這才發現牆上有個洞。

還有一次，他把工作人員鎖保險櫃的密碼猜出來了。趁著工作人員出去，他就把保險櫃一個一個都打開，每個保險櫃裡都放了一張紙條後，他就躲起來了。那工作人員回來一看，咦？這保險櫃怎麼打開了？馬上就按響了

電鈴。警衛人員趕緊跑過來，研究所裡面所有的人都跑出來看，費曼也混在人群裡跑出來看。一看，保險箱裡有張紙條，說看幾號保險箱，然後大家就去看那個保險箱，又有一張紙條說看幾號保險箱，一直看到最後一個保險箱，箱裡的紙條寫著：猜猜是誰做的。

被當做學生的教授

第二次世界大戰之後，費曼離開了核試驗基地，到康乃爾大學工作。第二次世界大戰期間，美國動員了一兩千萬人參軍。戰爭一結束，這麼多年輕人該往哪安置呢？暫時安排不了工作，於是送進大學。當時的大學裡簡直人滿為患，而且多大年紀的人都有。費曼去報到，那時候正逢下班時間，他想先找一個住的地方，就找到學校宿舍的管理員。那個管理員說：「告訴你啊，年輕人，真的是沒有地方。」管理員把他當成學生了，他說要是有剩任何一個地方都會讓他住，但實在是沒有了。

費曼沒辦法，就想在樹林裡坐一晚，第二天早上再去找系辦公室解決。但是晚上坐得很冷，不得不返回宿舍樓。沒辦法，只好在宿舍樓走廊裡的長椅子上睡了一晚。等到天亮一上班，他就去找物理系主任。系主任說：「咦？怎麼會沒有你的房子？單獨給你留了房子啊，他們一定是搞錯了，以為你是學生。」於是系主任馬上打了個電話，讓費曼趕快過去，說有你的房子。他就去了。去了一看，原來值夜班的管理員下班了，換了個值日班的。值日班的人也不認識他，就對他說：「年輕人，我告訴你，真的是沒有房子。你知道嗎？昨天有個教授就在那張長椅上睡了一夜。」費曼說：「我就是那個教授，我不想在那裡再睡一夜了。」管理員恍然大悟，馬上幫他開了一個房間。

費曼剛安頓好，就有人敲門，一開門，是兩個高年級的女同學來找他。

她們對他說：「你這個年紀上大學呢，雖然有點晚，不過沒關係，如果你有困難的話，我們可以幫助你。」費曼說：「我不是學生，我是教授。」那兩個人一聽，覺得這傢伙是個騙子吧，就走了。因為美國人很討厭說謊的人。還有一次他跟著大家去參加舞會，有個女生和他跳舞，問他是哪個年級的，他說自己不是學生，是教授。那個女生就開玩笑地說：「我猜你還造過原子彈吧？」他說：「是啊，我是造過原子彈。」那個女生把手一甩，說：「該死的騙子！」轉身就走了。

「神奇」的製圖板

美國的教授還真的什麼課都教，費曼甚至教過製圖課。他說有些學生很呆板，完全不會靈活運用。在製圖課上，他拿起製圖板，說你們看，製圖板上有很多曲線，各式各樣的曲線。他說，製圖板上的曲線都有一個特點，不管怎麼轉，它最低的那一點的切線一定是水平的。於是，他看見所有的學生都把自己的製圖板拿起來在那裡轉，以為這真是製圖板上的曲線的特點。大家知道是怎麼回事嗎？學過微積分的人就知道，不管這曲線怎麼轉，這極小值處的導數肯定是零啊，最下面的那一點（極小值）的切線當然是水平的。他說你看，這些學生真是太呆板了。

誰經歷的時間最長？

費曼不僅跟學生開玩笑，還跟愛因斯坦的助手開玩笑。他問人家一個問題，是與孿生子悖論有關的一個問題。他說，有幾個人，從地面飛到高空，然後落下來。他可以坐火箭上去，然後落下來；他也可以被扔上去然後落下來；或者通過其他各種各樣的途徑（方式）升上去然後落下來。如果地面上

的人看到他們同時出發，又同時落地，費曼問，根據相對論，他們當中誰經歷的時間最長。愛因斯坦的那個助手沒答出來。其實按照相對論，當然是沿測地線運動的那個人經歷的時間最長，也就是拋上去，再作自由落體運動，即一直作慣性運動的那個人，經歷的時間最長。可是愛因斯坦的這位助手當時沒有答出來。第二天那助手找到費曼說：「你怎麼跟我開這個玩笑啊！」他回去思考了半天，也許還和別人討論過，最後才明白過來。費曼的意思就是說有些人學得太死，愛因斯坦的這位助手自己就是研究相對論的，這個問題他居然答不出來。

費曼圖和路徑積分

費曼這人最大的貢獻是發明費曼圖。基本粒子之間的相互作用計算起來非常困難，他發明了一種圖，大大簡化了複雜的計算。費曼非常聰明，他創造費曼圖的時候，連歐本海默那麼聰明的人都沒看懂。

歐本海默在第二次世界大戰結束以後，離開了核試驗基地，轉而帶領非軍事的理論物理研究。第二次世界大戰結束以後，歐本海默曾經風光過一段時間，因為他是原子彈之父。但是很快地，美國的原子彈的機密洩露了。聯邦調查局就說：「你看，我們早就說歐本海默不可信，一定是他把祕密洩露給蘇聯了。蘇聯甚至還拿到了一塊原子彈的樣品，一定是歐本海默去洩密。」於是就開始找證據，要把歐本海默從原子彈試驗場趕出去，但又找不到任何證據。在持續的政治迫害下，歐本海默最後不得不離開了原子彈研究基地。費曼等很多人都跟著歐本海默一起離開了，到歐本海默主持的那個研究機構去工作。多年後查證，歐本海默是清白的，原子彈機密不是他洩露的。

費曼發明了費曼圖，但是沒有人能看懂它。直到有一次，另外一位同樣

年輕的物理學家，和他一起去開會，走到半路上被洪水給擋住了。兩個人只好在一個城裡的旅館住下，沒有地方可去。那個人就說再跟我談談那張圖吧。費曼又講解了一番，那個人終於聽懂了。回去以後那位物理學家就對歐本海默說，費曼講的是對的，費曼圖是對的。

費曼還有一個重大創新 —— 路徑積分。根據量子力學，基本粒子是沒有軌道的，電子從一點運動到另一點，沒有軌道。但是狄拉克有個思想，認為沒有軌道等價於有無窮多條軌道，就是說從一點到另一點，所有的軌道都有貢獻，包括超光速的軌道也有貢獻。把這些貢獻都加起來，最後的結果，跟沒有軌道是一樣的。狄拉克曾經提到過這個思想，但是他沒有往下做。費曼往下做了，而且做成功了，這叫路徑積分量子化。

狄拉克的年紀比費曼大很多，有一次，他們兩人見面了，這是第二次世界大戰結束很久以後的事。費曼見到狄拉克非常高興，就不斷地跟狄拉克講他研究的成果，「你看我做的這個東西都是在你研究的基礎上做的……」興高采烈地跟他說。狄拉克就靠在那裡不發一語，圖 8-6 是當時有人拍的照片。費曼講了大概一兩個小時，狄拉克始終沉默，最後狄拉克終於發言了，他說：「你等一下，我有一個問題。」費曼一聽，有個問題，非常高興，想著能互動一下了。馬上就問狄拉克有什麼問題。他說：「洗手間在什麼地方？」

圖 8-6 費曼與狄拉克在交談

6. 廣島與長崎的蘑菇雲

槍法與內爆法

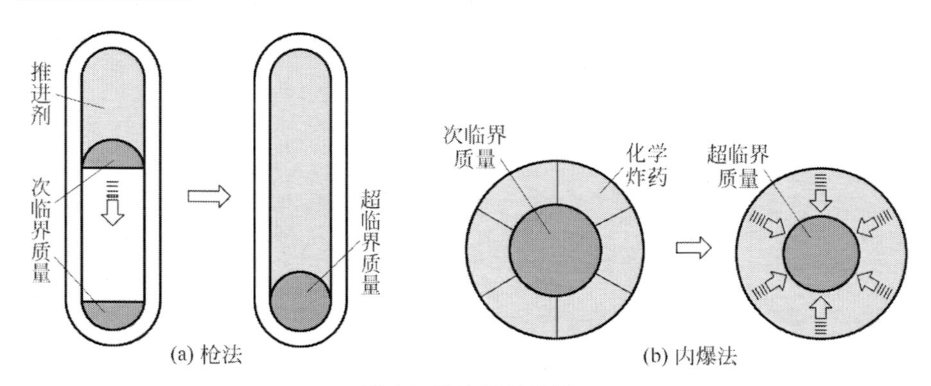

圖 8-7 槍法與內爆法

我們再來看原子彈。原子彈引爆有兩種辦法，一種引爆法是槍法。兩塊鈾，上面放一點推進劑，就是炸藥，這兩塊鈾的任何一塊的質量都小於臨界質量，炸藥一炸，使兩塊鈾合到一起超過臨界質量，原子彈就爆炸了。還有一種，是鈾在中間，周圍一個球面上，全是炸藥，炸藥一炸，鈾塊就往中心擠，一擠緊，鈾之間的空隙就小了，那麼臨界質量的要求就低一點，然後就引爆了。這種方法叫作內爆法。

美國 1945 年 7 月 16 日，試爆了第一顆原子彈，在新墨西哥州，這是一顆採用內爆法的鈽彈。當時德國已經投降了，美國準備對日本使用，因為美軍跟日本在海島爭奪戰中死的人太多了，包括硫磺島等很多島。美國人在有些島準備拍電影，拍美國軍隊怎麼迅速占領這個島，結果這個島，打了一兩個月也打不下來，日本軍隊幾乎沒有人投降。美國人覺得傷亡太慘重了。

廣島

圖 8-8 廣島的核爆炸

1945 年，美國人決定要使用原子彈來迅速結束戰爭。討論是否使用原子彈的時候，歐本海默不同意用。歐本海默認為現在戰爭已經到最後了，原子彈分不清平民和軍隊，這樣是不人道的，不同意使用。但是美國政府整個戰爭期間什麼都沒做，主要就製造了原子彈，現在不用一下也覺得很遺憾。所以美國人還是決定要用原子彈。他們選擇四個日本沒有被同盟國軍隊轟炸過的城市，要試一試原子彈的威力。其實，廣島是其中的第二個目標，並不是首選的那個城市。

1945 年 8 月 6 日，美國的一架轟炸機帶著原子彈去了，正好第一個目標那裡是陰天，看不見下面。於是就選第二個目標，也就是廣島。廣島本來也陰天，正好一陣風把雲吹開了。飛機到那以後就把原子彈拋下去了。日本有發布防空警報。後來看見空中只有一架美國飛機，而且轉了一下就飛走了，只留下一個降落傘，吊著個東西。日本人以為那是個氣象儀器，以為那架飛機是氣象飛機，就把警報解除了。很多日本人就從防空洞中出來，這時候原子彈爆炸了（圖 8-8），這是一顆用槍法引爆的鈾彈。我看過一個日本記者描寫當時廣島被炸的慘狀，確實很驚人。

長崎

1945 年 8 月 9 日，美國又在長崎扔了一顆，是用內爆法引爆的鈽彈。

扔這個原子彈的時候，蘇聯已經對日宣戰了。蘇聯原來答應各同盟國的條件就是，德國投降之後不超過三個月，蘇聯對日宣戰。5 月 9 日，德國正式投降。所以 8 月 8 日下午，蘇聯通知日本，從 8 月 9 日 0 點開始，蘇聯對日本開戰。8 月 9 日呢，美國又在長崎扔了一顆原子彈。現在有很多討論，到底該不該扔這顆原子彈，當然每個人都有自己的理由。一方面確實日本死了很多平民，但是戰爭如果不盡快結束，那不是其他國家的人民也受害嗎？日本的炸藥、炮彈、子彈不也在殺人嗎？日本軍隊不也一直在屠殺平民嗎？所以每個人對這件事會有不同的看法。

泰勒與氫彈

原子彈造好後，又開始造氫彈。氫彈是由泰勒設計的。泰勒這個人有個特點，他一天能出十個主意，其中有九個半都是錯的。但是那半個對的，就會對工作有所幫助。泰勒本來在歐本海默手下工作，他所在的小組組長來找歐本海默，說：「你趕快把這個人調走，這個人三心二意。昨天我們剛商量好一個方案，他也同意了，今天剛開始做，他又說不行了，這樣下去無法完成研究，你乾脆把他調走。」於是歐本海默就把泰勒叫來，對他說：「現在有一項重要的工作，需要有一個可靠的人獨立行事，我想你能勝任。」這項工作就是研製氫彈。泰勒就去了，當時他不知道是上司嫌他礙事。後來他才明白了，其實是有人對他有意見。

圖 8-9 給出的就是氫彈的原理。當然真正的氫彈的詳細原理是比較麻煩的，現在我們給出的是一個示意

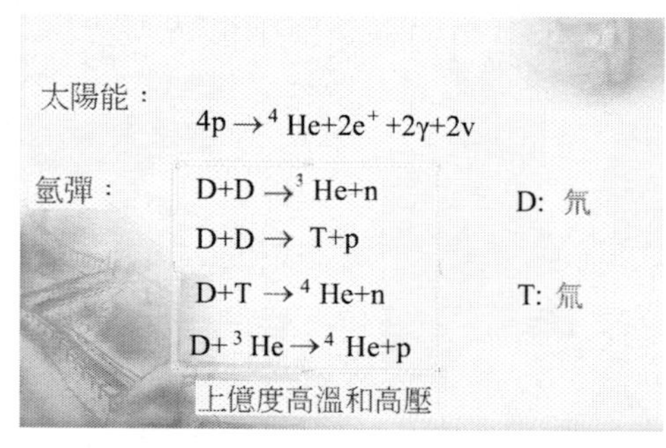

圖 8-9 聚變原理

圖。就是質子，結合成氦 4。但是實際上，往往不是用通常的氫，而是用氘（氫的同位素，由一個質子和一個中子組成），或者氚（氫的另一種同位素，由一個質子和兩個中子組成）來進行。

圖 8-10 第一座核反應堆

核電的發展

原子彈是快中子引爆，快中子誘發核裂變的機率低，所以鈾必須濃縮。而反應堆個頭可以大，用慢化劑可以把中子速度減慢，慢中子容易被鈾核吸收，裂變機率高，所以對鈾的濃度要求不高。

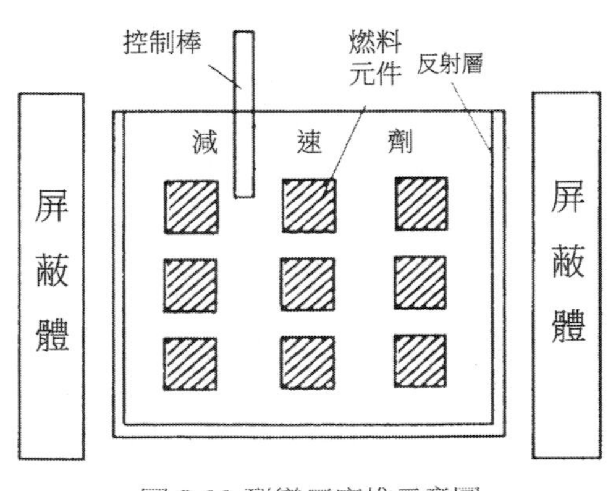

圖 8-11 裂變反應堆示意圖

圖 8-11 是裂變反應堆的示意圖。第一座核電廠是蘇聯造的。現在核電廠在法國占 80% 左右，在美國占 20%，其他很多國家也占比不低。雖然說核電不夠安全，但是現在來說大致上還是能控制的。如果不用核電，只能用石油、煤什麼的。但石油、煤

是會燒光的。燒石油很可惜，石油是很好的化工原料。有人說燒點也不算浪費，能取暖啊。門捷列夫說過一句很有名的話：「你要知道鈔票也是可以用來生火取暖的。」

取之不盡的聚變能

不過裂變的燃料鈾等元素是有限的，在地球上並不多，用不了多少年也會用完。真正可以長期利用的是聚變的原料，這是取之不盡用之不竭的。1升海水中提煉出來的氘用於聚變，相當於300升汽油。對人類來說這是用不完的。問題是沒有很好的方法控制核融合反應，控制聚變反應。人類知道的唯一的辦法就是做成氫彈。

現在就是要想辦法來控制核融合反應。另外，用氦3作原料比用氚和氘要好。用氘和氚的話，產物當中有中子，中子穿透力太強，很容易毀壞裝置，但是氦3的生成物中沒有中子，生成的是質子。質子帶電，容易遮蔽。月亮上有大量的氦3，所以登月這件事情，從長遠看也有實用意義。有人算過，要是運回一飛船的氦3，就夠人類使用一年。但是聚變反應控制起來很困難，因為聚變反應需要上億度的高溫。反應的「容器」用什麼材料製造，如何使反應發生，又如何控制，如何把能量引出來，都是難題。現在是試圖用托克馬克（超強磁場形成的容器）或雷射束聚焦，來實現可控核融合反應。各個國家都在研究這類裝置。但是，離實用還有很長一段距離。

第八講附錄　湯川對介子質量的估計

在原子核的狹小空間裡，聚集著大量的中子與質子，由於核內的質子靠得很近，相互間一定會有很強的正電推斥力。所以科學家們推測，原子核內的核子（質子與中子統稱核子）之間應該還存在一種極強的吸引力，能夠克服正電荷間的推斥力，科學家們稱其為核力。核力應該是一種短程力，只在原子核大小的尺度（10^{-15} 公尺）下存在，超出原子核外就迅速消失。由於它比電磁力強得多，人們稱之為強相互作用（強力）。1935 年， 日本物理學家湯川秀樹提出交換力的思想來解釋核力，並因此獲得了 1949 年諾貝爾物理學獎。他認為質子與中子等核子之間的核力，是由於交換某種粒子而產生的，湯川還利用不確定性原理，預測了這種粒子的質量。

湯川是這樣估算傳播核力的粒子的質量的：核子間交換粒子的過程能量不守恆，因此只能是不確定性原理允許的虛過程，交換的粒子只能是虛粒子，虛粒子可視為以光速 c 傳播。核子間的距離大約是原子核半徑 r 的大小，因此交換虛粒子的時間大約是

$$\Delta t = \frac{r}{c} \tag{8.4}$$

從式（8.2）的不確定性原理

$$\Delta t \Delta E \sim \mathrm{h}$$

可估算出被交換粒子的能量為

$$\Delta E \sim \frac{h}{\Delta t} = \frac{hc}{r} \tag{8.5}$$

再從質能等價（8.3）

$$\Delta E = \Delta m \cdot c^2$$

可知，這種粒子實化後的質量大約為

$$\Delta m = \frac{\Delta E}{c^2} \approx \frac{h}{cr} \approx 200 m_e \tag{8.6}$$

式中，m_e 為電子質量。由於這種粒子的質量介於核子和電子之間，湯川稱其為介子。

湯川的理論被物理界普遍接受，但是，這種力的規律究竟如何用數學公式來描述，當時在理論上還不清楚。

今天，強相互作用理論已經取得了長足的進展，量子色動力學給出了強作用的嚴格的數學表示式。新理論繼承和發揚了湯川的「交換力」的思想。另外，湯川估計介子質量的方法，對後人也頗有啟發作用。

湯川秀樹是最早對近代自然科學做出重大貢獻的亞洲人之一。在那個種族主義甚囂塵上的時代，他也為所有亞洲人樹立種族自信心做出了貢獻。

第九講　漫步太陽系

現在介紹一下太陽系。主要分六個部分講：太陽與月球、行星與衛星、小行星、彗星、隕石與流星、天文觀測簡介。

1. 太陽與月球

圖 9-1 是太陽系的示意圖，中間是太陽，然後是一顆一顆的行星，外邊這顆是土星，一看光環就知道。還有彗星，走的是很扁的橢圓軌道。其實有的彗星走的軌道是拋物線，還有的是雙曲線，走這兩種軌道的彗星一去就不再返回了。我們最注意的是那批走橢圓軌道的，他們離去後還會再回來。

圖 9-1 太陽系示意圖

太陽簡介

圖 9-2 是太陽。太陽表面溫度是 6,000 度，中心溫度是 1,500 萬度，那裡不斷地進行著氫聚合成氦的核融合反應，維持它的生存。太陽屬於主序星，處於恆星的中青年時代。太陽在這個時期能維持 100 億年，現在過了 50 億年，還有 50 億年基本上會是現在的樣子，所以我們都可以放心地活著，沒有問題。太陽表面有很多閃焰、黑子（圖 9-3），黑子是太陽表面的旋風。黑子的溫度都是幾千度，只不過比其周圍的溫度稍微低一點，所以你覺得它好像處於低溫。其實不是，也是高溫，只不過外面 6,000 度，它不到 6,000 度就是了。

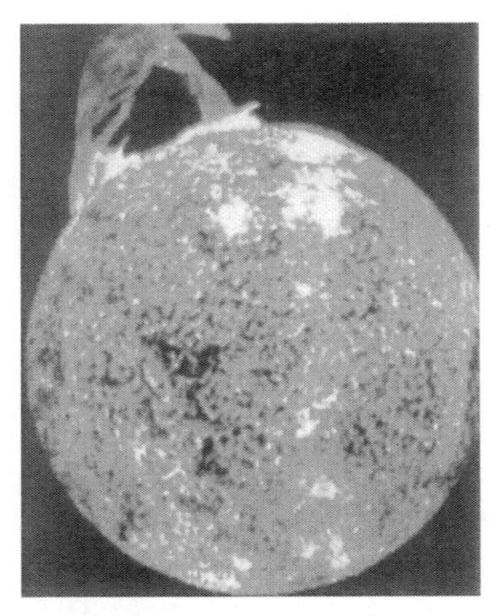

圖 9-2 太陽

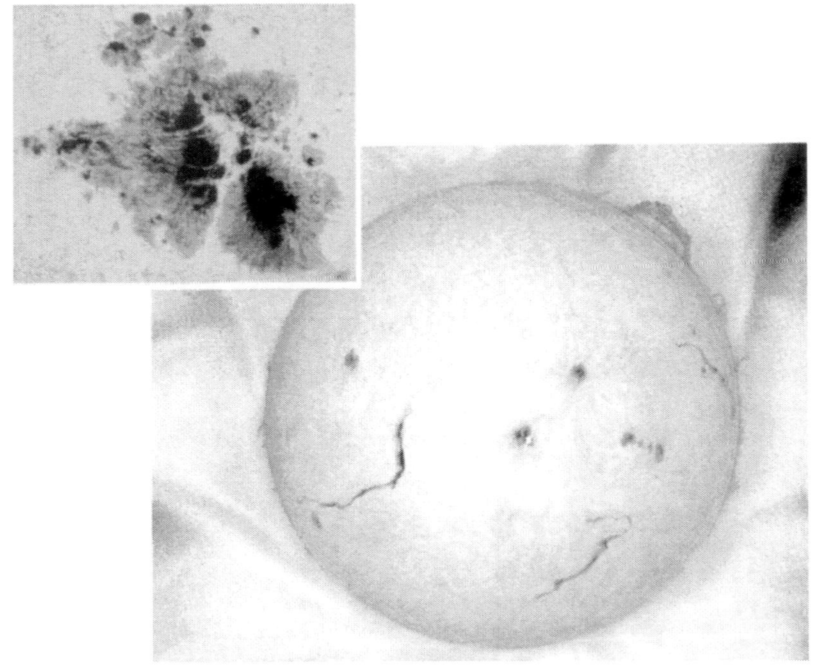

圖 9-3 太陽上的黑子

太陽的質量大概占太陽系總質量的98% ～ 99%。你看那一個一個的黑子，都是可以把地球放進去的。太陽的質量相當於33萬個地球質量。對於太陽我就簡單說這些。你們要是感興趣，還可以看看其他書籍。

月球與探月歷程

圖9-4是月亮的照片。我們人類在發射月球火箭之前，只看到過月球的正面，也就是左面這一張照片。因為月亮一直是用同一面對著我們的，它圍著地球轉的公轉角速度和自轉角速度是一樣的，所以我們看到的總是這個面。

一直到1959年蘇聯發射月球火箭，它連著發射了三枚，當然也還是隔了一些時間，但隔得不是很長。第一枚從旁邊過去了，第二枚直接命中月球，第三枚圍著月球轉，然後拍回了月球背後的照片，這樣我們才看到月球的背面是什麼樣的。在沒有看到月球背面以前，科幻小說就可以隨便想像，例如說：月亮都快裂開了，背後有個大裂口。反正誰也看不見，科幻小說可以這樣寫。

月球正面

月球背面(在地球上看不見)

圖9-4 月球的正面與背面

從圖 9-4 中大家可以看到一個一個的環形山。環形山的起因曾有過爭議，有兩種觀點。一種觀點認為它是隕石撞的；另一種觀點認為這是火山爆發留下的。

主張火山爆發的人說，你仔細看這些環形山，這些環形山中間往往有一個尖，那就是火山口。主張撞擊的人就做了一個實驗，弄了一攤泥巴，拿塊石頭往裡一扔，石頭一彈中間彈起一個尖來。所以那個尖不一定是火山口，不足以說明環形山是火山爆發形成的。

後來的研究表明，環形山基本上都是撞擊的結果。這兩張圖看得還不是很清楚，後面看看水星，就會看得很清楚。

月亮面向我們的這一面算是比較平的，背對我們的那一面，坑坑窪窪的。為什麼呢？因為背對我們的那一面，被撞擊的機率大多了。要撞地球的很多天體都撞在它上面了。從地球這邊撞過去的天體，則被地球擋住，撞在地球上了。所以月亮衝著我們的這一面是顯得比較平的。

月亮表面沒有空氣，也沒有水。月球南極的中心，有人認為那裡可能有冰，但還沒有證實。

圖 9-5 和圖 9-6 是登月的圖片，登陸月球是美國完成的。本來美國一心認為航太工業一定是他們領先，結果沒想到蘇聯捷足先登，先發射人造衛星，接著是載人宇宙飛船，然後就是月球火箭。美國人趕緊急起直追，後來美國首先登陸月球。登月確實非常了不起。圖 9-5 是人類踩在月球上的第一個腳印。這個飛行員在登上月球的時候就說：「我邁出的是一小步，但是對於整體人類來說這是一大步。」

圖 9-5 人類在月面上的第一個腳印

圖 9-6 登月的飛行員

當時，三個飛行員坐著飛船去，圍著月亮轉的時候兩個人下來了，一個人沒下來，留在上面看守那艘飛船。登月艙降落之後，一個人小心翼翼地走下來，先踩了踩底下，確定踩到地了再走。因為當時很怕底下是鬆的，如果一下陷下去，那就麻煩了。結果還好。美國的登月有一次很驚險，他們的阿波羅 13 號飛船，飛上去之後，飛船發生了故障，既去不了月球，也回不了地球，就懸在空中。然後美國總統帶頭祈禱，幸而最後還是回來了。宇宙航行絕對是有風險的。

2. 行星與衛星

地球：我們的家園

我們再來看一看太陽的八顆行星。圖 9-7 是地球。這張照片是在月亮的上空拍的地球照片。底下大的部分是月亮的表面，空中懸著的是我們的地球。

其實地球外面的空間充滿了各種各樣的電磁場（圖 9-8）。來自太陽的粒子流形成太陽風。這些噴射出的粒子流是帶電的，所以它會對地球的磁場產生影響。這一內容是空間科學研究的重點。

圖 9-7 從月亮上看地球

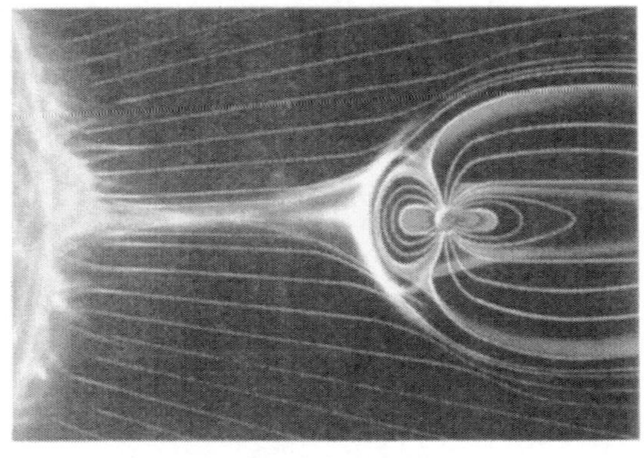

圖 9-8 太陽風與地磁場

水星：離太陽最近的行星

圖 9-9 是水星。假如不認得月亮的人一看，覺得這東西好像是月亮。水星跟月亮很像，也是沒有水沒有空氣，上面有大量的環形山，環形山中間的尖很明顯。這些環形山都是撞擊的結果（圖 9-10）。

圖 9-9 水星

圖 9-10 水星的表面

地球的鄰居：金星與火星

我們來看一下金星（圖 9-11）。我現在講的順序是按照各顆行星離太陽的遠近，從近到遠來講。離太陽最近的行星是水星，然後是金星。金星是我們肉眼看到的天空中最明亮的一顆行星。這顆星早晨和晚上出現，非常明亮。

人類其實看到的都是金星表面的大氣，有很濃厚的雲把它蓋住，但是人類一開始不知道，後來望遠鏡的技術提高了，再加上有了其他的探測手段之

後，人們才知道我們看到的並不是金星的固體表面，看到的只是外面一層很濃厚的雲。

圖 9-11 金星

金星和火星是離地球最近的兩顆行星。火星比地球離太陽稍微遠一點，而金星則稍微近一點，所以這兩顆星更引起人類注意。原因之一是推測它們與地球的狀況可能相近，也許會有高階生命存在。歷史上曾有人猜測是否有火星人和金星人。人類首先注意的是火星，因為火星看得比較清楚。

消逝的火星人

火星的大氣比較稀薄，它表面是紅色的，南北兩極都有白色的東西，而且夏天的時候這白色的極冠會縮小，而冬季的時候極冠會加大（圖 9-12）。

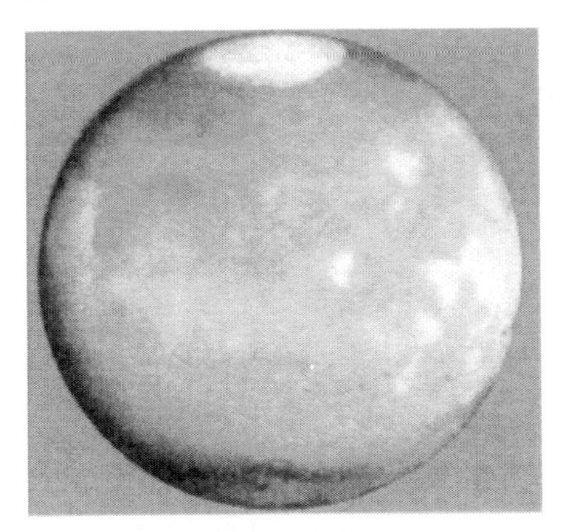

圖 9-12 火星極冠

人們以為那些白色的東西是冰雪。當時望遠鏡不太好，感覺在火星表面似乎有很多條紋。有一些東西走向的，還有一些南北走向的。最初以為是火星人修的運河。有些天文學家認為火星上這麼紅，肯定比較乾燥。看來火星人科技還是很發達的，他們用兩極融化的雪水來灌溉。後來望遠鏡比較好的時候就看清楚了，那些「線條」不是運河，只不過是火星上的地貌。那是很多小黑點，只不過誤看成連在一起了。火星兩極處的白色極冠後來也搞清楚了，那不是水形成的冰，而是二氧化碳形成的乾冰。

人們在看東西看不清楚的時候，往往覺得它像什麼，越看它就越像什麼。後來發現火星的條件比較惡劣，不像我們人類原來想像的那麼好。大概有點像南極洲的那種溫度，但是大氣要稀薄得多，有高階生命的可能性很小。

火星探測器發射以後，大家看清了，火星的表面，就跟戈壁灘一樣（圖9-13）。但是人類覺得，火星的表面似乎有被水、被液態的東西沖刷過的跡象，還有很多人寄予希望，在火星的表面底下是不是有大量的水。

圖 9-13 探測器在火星表面

如果有水，就可能有生物，而且就可能有比較高階的生物，比病毒要高階一些的。因為宇宙當中有很多病毒，這種最低等的生物肯定廣泛存在。

但人類感興趣的不是那些東西，而是比較高階一點的，特別是有沒有外星人的問題。

此外，火星有兩顆衛星，剛開始看不太清楚，發現火星的衛星都不大，有人就猜測它們是不是火星人發射的人造衛星。看清以後，其實就是兩塊大石頭，比較小，形狀不規則（圖 9-14）。

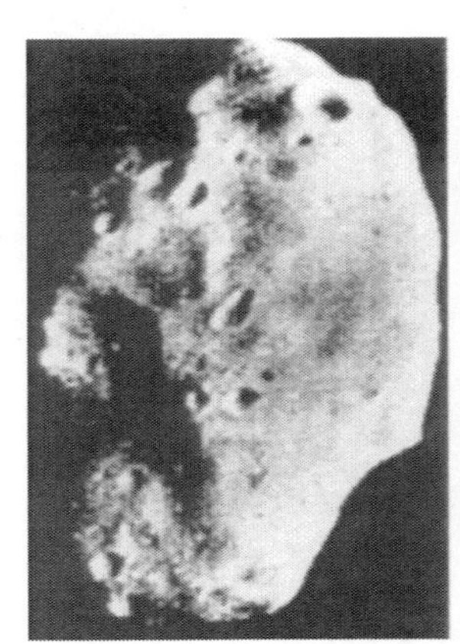
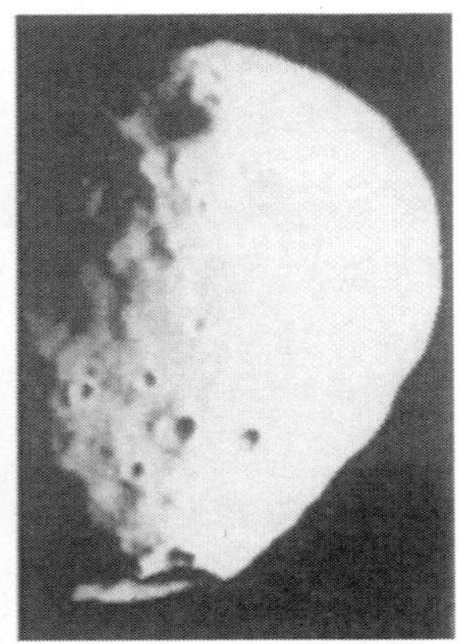

圖 9-14 火衛 1 與火衛 2

我有一講曾經講過，克卜勒曾猜測火星有兩顆衛星。他的理由是，地球有一顆衛星，木星當時看到四顆衛星，火星位於地球和木星之間，他認為應該有兩顆衛星。他認為上帝在創造宇宙的時候肯定有想法，應該有個規律，上帝一定不會亂造。他推測火星衛星應該有兩顆。結果，他還真說對了，火星的衛星還真是兩顆。

金星：大氣的高壓與高溫

後來人們認識到，火星上的自然條件比地球惡劣得多，火星人肯定是不存在了。火星上有高階生物的可能性幾乎為零，不會有植物、動物。於是，人們就把注意力集中到金星。那時候已經知道金星表面有一層很濃厚的雲，

看不見金星的地表。而且金星的大氣很濃，主要成分是二氧化碳。這不是什麼大問題，地球歷史上也曾經有過大氣成分主要是二氧化碳的時期。

後來，蘇聯發射了金星探測器，實現了軟著陸。探測器落下去以後才發現，那裡條件特別惡劣。金星的表面有 90 個大氣壓，480 開高溫，根本沒有液態的水，當然在大氣當中還是有水的成分。而且探測器在降落的時候，還要穿過一層濃硫酸構成的雲，所以金星上面有生物的可能性微乎其微。大家很失望，看來金星也沒有高階的生命。

圖 9-15 是金星上的山，這是探測器在金星上降落以後，在金星表面拍攝的。

圖 9-15 金星的地表

木星：「木紋」與「大紅斑」

下邊我們再來看一下木星。伽利略使用望遠鏡的時候，就觀測到在木星上邊有「木紋」（意為木星上的條紋）。木星影像（圖 9-16）中一根一根的橫紋，還真的有點像木頭紋似的，這是一種巧合。另外，木星左下部有一塊大紅斑，從伽利略時代就發現的這一塊大紅斑，一直保持到現在。

圖 9-16 木星

後來知道，木星不是一顆固體星，而是一顆流體星。外邊的大氣，主要由氫組成，還有一些氦。大氣下面，有氫組成的海洋，大概有五六萬公里深，都是液態的分子氫或者金屬氫構成的。中心有鐵和矽構成的固體核，跟海洋比，體積就小了不少。木星主要是一顆流體星。人們還發現了木星的幾顆衛星。那幾顆大的衛星，伽利略的時候就發現了，所以叫作伽利略衛星。

木星既然是一顆流體星，為什麼會有一個大紅斑老是在那個位置上不動呢？後來人們才知道，那是一個旋風。木星上的大旋風。這個大旋風已經存在幾百年了。這個斑為什麼是紅色的呢？因為含有大量的磷的化合物。這個紅斑很大，可以把地球包進去。

木星的衛星：是否存在生命？

我們現在對大木星的衛星很感興趣。這些衛星都是固體星。這些固體星，有的表面底下可能有水。有些探測器從木星旁邊飛過的時候，收集過一些資料，覺得下面可能有液態的水，而且，這些液態水可能有鹽分，這樣就有了存在生命的可能性。當然，有特別高階生命的可能性並不大。

圖 9-17 是木衛一，圖 9-18 是木衛二上的冰縫和隕石坑，圖 9-19 和圖 9-20 是木衛三和木衛四的表面。未來大概會加快對木星衛星的探測，因為那些地方應該是可以降落的。木星表面都是流體，無法降落，只可以圍繞它轉。不過木星的這些固體衛星是有可能降落的。

圖 9-17 木衛一

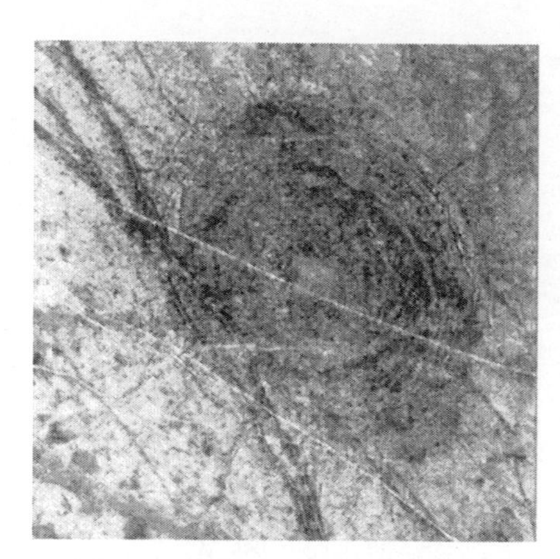
圖 9-18 木衛二上的冰縫和隕石坑

近年來，大家對木星有一個懷疑，天文觀測發現，木星放出去的熱量比它吸收的熱量要多，所以有人懷疑木星實際上是一顆恆星。它要真是一顆恆星，太陽和木星就構成一個雙星系。但是這個觀點並沒有引起太大的響應，還需要進一步研究。

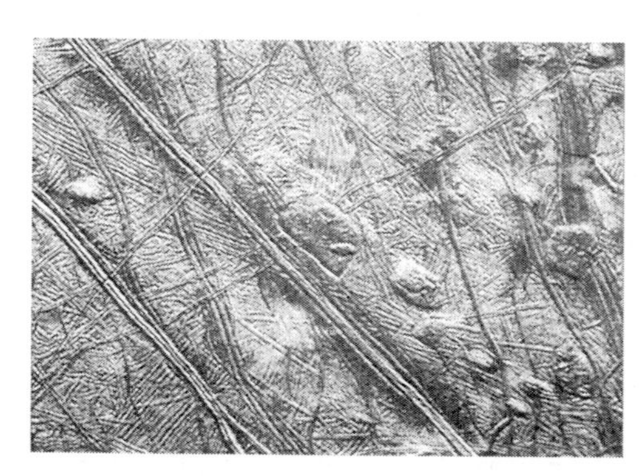
圖 9-19 木衛三的局部表面

圖 9-20 木衛四的地貌

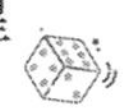

土星和它的光環

我們再看一下土星（圖 9-21）。土星特別引人注目的是它的光環（圖 9-22）。這個光環是伽利略首先發現的。但是伽利略沒有認出這是光環，只知道土星有附屬物。

圖 9-21 土星

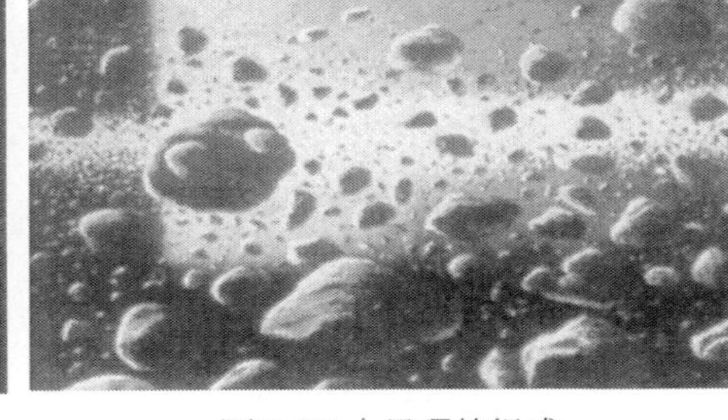

圖 9-22 土星環的組成

後來有一個叫惠更斯的人認出來了。惠更斯看出這個附屬物是光環的時候，非常高興，編了一個密語。過了三年，確認是光環以後就公布了密語。過了一段時間之後，這個光環沒有了。

為什麼光環會沒了？因為這個光環很薄，當盤面朝向我們的時候，我們就可以看見光環。當盤面側過去，完全從側面看，是很薄很薄的一層，望遠鏡不太好的時候就看不清楚，所以光環又沒了。

那個時候報紙上就開始登，說光環碎了，碎片正在飛向地球。駭人聽聞，這樣報紙可以賣得好一點。後來觀測時又看見光環了。流言便不攻自破。

光環是什麼東西呢？主要是由冰塊、石頭塊組成的東西（圖 9-22）。因為這些碎塊太多了，所以從遠處看像光環。

天王星：用望遠鏡發現的第一顆行星

在土星之外是天王星。天王星是用望遠鏡發現的。肉眼看見的就是金、木、水、火、土五顆行星。金、木、水、火、土這五顆星裡，比較難以看見的是水星；我們最容易認出的是金星，一般人都認得，早晨叫啟明星，黃昏叫長庚星，都是它；火星有點發紅，也容易看出來；木星和土星也能看到，它們顏色差不多，不夠熟悉天文的人常常搞混。

水星是很難看得到的，它離太陽太近了。據說哥白尼一輩子都沒見過水星。主要是因為東歐時常陰天，特別是在黎明和黃昏的時候都有雲，看到水星的可能性就很小。

有了望遠鏡之後，人們發現了天王星。圖 9-23 是用哈伯望遠鏡拍攝的天王星照片。天王星很有意思，它的自轉軌道和公轉軌道是垂直的。也就是說它的自轉軸是沿著它的公轉軌道面的，結果它就躺在公轉的軌道上了。

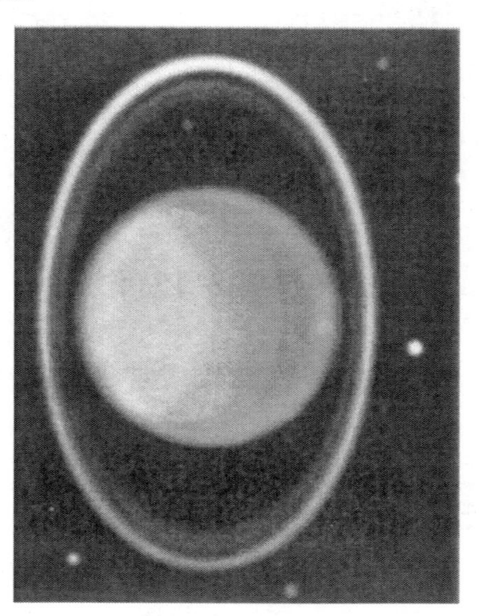

圖 9-23 天王星

海王星：萬有引力定律預測的行星

下面談一下海王星。在第二講中我們談到過海王星是先預測後發現的，是勒威耶和亞當斯分別根據萬有引力定律預測的。

海王星發現以後，萬有引力定律就得到了全面的肯定。因為一個真正的定律出來以後，不僅應該能解釋已有的現象，最好還能預測新的現象。當時

已經知道萬有引力可以解釋哈雷彗星的軌道，這個時候又把海王星算出來了。

圖 9-24 是從海王星的衛星上看海王星，高處的是海王星，這顆衛星是紅色的，你看還有一個火山正在爆發，這張照片只是一張示意圖，是一張想像的圖。

圖 9-24 從海王衛星上看海王星

冥王星：被除名的大行星

海王星算出來以後，又有人用類似的方法去預測更遠一些的行星。找了半天，後來找到一顆冥王星。但有人說，這個冥王星其實是偶然找到的。在預測的位置沒有看見，就往旁邊搜尋。找來找去，最後終於找到一個。

但是後來的研究證明像冥王星這樣的星太多了，有好幾個，而且有的比它還大。另外還有其他的原因，總之國際天文學會把冥王星的大行星資格給取消了。對這一決定，美國人很沮喪，因為他們就只發現了冥王星，而這個大行星現在又被取消了。這是因為美國的科學發展比較晚，在大行星的發現上，歐洲國家就捷足先登了。

美國崇尚技術，先發展技術，然後才發展科學理論。美國人熱愛動手做實驗;德國人則喜歡思考，想一想這個問題該怎麼解決。有人打了一個比方，說前面有一條路，是個迷宮，一個美國人和一個德國人走到那裡。美國人毫不猶豫就往裡面走，走到前面一看，堵住了，就回來了;然後再走，堵住了，又回來；再重新走，就一直嘗試。而德國人則坐在路口想，應該怎麼走。兩

國人的風格不一樣。美國的科學真正領先大概是在二戰前後，因為那時大批歐洲的一流學者跑到了美國。

圖 9-25 是冥王星，現在已經被取消了大行星的資格。照片中底下這個天體是冥王星的衛星，叫冥衛。懸在遠方的是冥王星。這兩顆星挺有意思，它倆面對面地轉。它們的自轉角速度和公轉角速度都是一樣的。兩顆星的自轉角速度一樣，這兩顆星的自轉角速度還和公轉角速度一樣，所以它們倆總是面對面，誰都看不見誰的背面。非常有趣。

圖 9-25 從冥王衛星上看冥王星

太陽的大家庭

我們來看看這八顆行星的軌道。現在對行星是這樣稱呼的。原來說是九大行星，把冥王星資格取消以後，不就是八大行星了嗎！但是國際天文學會決定不再稱呼「大行星」，以後就稱「行星」。行星只有兩類，一類是「行星」，就這八顆；另外還有一類小天體，包括如冥王星大小的矮行星，以及為數眾多的「小行星」。

圖 9-26 右側是太陽和幾個類地行星，類地行星質量小，密度大，都是固

體星。左側這些主要是跟木星相似的類木行星，它們質量大、密度小，其中兩顆最大的（木星與土星）是流體星。類地行星的軌道分布範圍很小。再往外就是木星、土星這樣一些星的軌道。

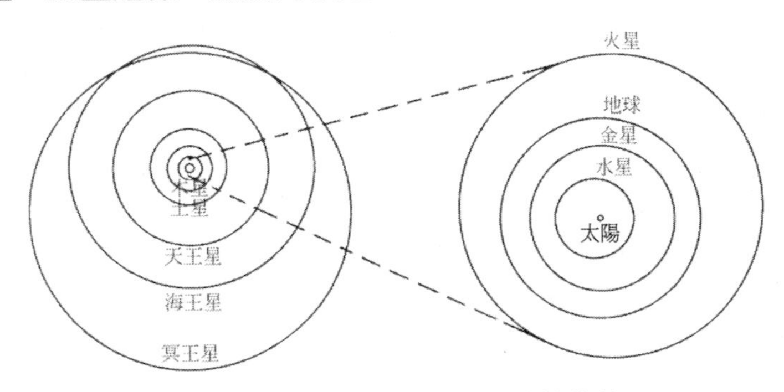

圖 9-26 八顆行星及冥王星的公轉軌道

表 9-1 是八顆行星的有關資料，大家注意，光環不是土星獨有的，木星、天王星、海王星也有，但是不明顯。行星的體積是木星最大，土星其次。衛星的數目呢？水星、金星沒有衛星，地球有 1 個，火星有 2 個，木星有 79 個，土星有 62 個。這項數據還在不斷更新，現在發現木星和土星的衛星都在六、七十個以上，還在不斷發現新的。編寫課本的時候，有人說要用最新的數據。一查資料，木星有幾個新發現的衛星，就加上去了。加上去了之後，又看到報導說看錯了，那些新發現的不是。所以也不能跟得太緊。還是要等一段時間才能確定。

表 9-1 八顆行星的資料

行星	日星距離 / 萬公里	公轉週期 / 地球日	赤道半徑 / 公里	質量 /1024 千克	平均密度 /（克 / 公分 3）	逃逸速度 /（公里 / 秒）	衛星數目	光環
水星	5791	88	2440	0.33	5.42	4.25	0	
金星	10820	225	6052	4.87	5.25	10.36	0	
地球	14960	365	6378	5.98	5.52	11.18	1	
火星	22794	687	3397	0.64	3.94	5.02	2	
木星	77833	4333	71492	1900	1.33	59.56	79	有
土星	142940	10760	60268	569	0.69	35.49	62	有
天王星	287099	30685	25559	86.9	1.29	21.30	27	有
海王星	450430	60190	24746	102	1.64	23.50	14	有

3. 小行星

神祕的提丟斯—波德定律

現在我們來講一下小行星的事情。18 世紀德國有一個中學教師叫提丟斯，他發現，所有的行星到太陽的距離都有一個規律，什麼規律呢？他給出了一個公式，叫提丟斯定律。後來柏林天文臺的波德又得到了波德定律，波德定律跟提丟斯定律本質上是同一個，只不過兩人給出的公式樣子不大一樣。提丟斯得到的是這麼一個公式：

$$D=(n+4)/10$$

單位是「天文單位」，地球的平均軌道半徑在天文學中經常用，叫作一個天文單位。對於水星，把 n=0 代進去。金星把 n=3 代進去；然後加倍，地球

n=6，火星 n=12。代進去算出來的值，就是相應行星的軌道平均半徑。表 9-2 是根據該公式算出來各行星的值與觀測值。結果發現水星算出來的值 0.4 跟觀測到的值 0.39 非常接近。金星算出來的 0.7，也跟觀測到的 0.72 接近。地球是規定的，是 1.0；火星算出的是 1.6，測量值是 1.52。中間有一個 n=24 的地方，算出了一個 2.8，但那裡沒有行星。n=48 的地方有木星。然後有土星，還有天王星。海王星就算得不太準了。但是到天王星為止，都算得很準。天王星還沒有發現的時候，這個規律就已經總結出來了。很多人不信，認為這東西是碰巧湊到的。天王星發現以後，一看，居然是對的。於是大家才相信了。

表 9-2 提丟斯—波德定律

行星	水星	金星	地球	火星	小行星帶	木星	土星	天王星	海王星
n	0	3	6	12	24	48	96	192	384
D（計算值）	0.4	0.7	1.0	1.6	2.8	5.2	10.0	19.6	38.8
D（測量值）	0.39	0.72	1.00	1.52	2.3~3.3	5.20	9.56	19.3	30.2

上帝會浪費這片空間嗎

不過 n=24 這兒怎麼是空的啊？波德說過一句有名的話：「難道上帝會浪費這片空間嗎？絕對不會。」別的天文學家覺得，上帝未必跟波德想的一樣。

不久之後，在那個位置，真的發現了一顆星，命名為穀神星。但這個穀神星比月亮還小很多。不久又發現了一個，命名為智神星。智神星和穀神星加在一起，還是比月亮小很多。

這是怎麼回事呢？有些聰明的人就開始想像：這是不是一個大行星碎了。如果是一個大行星碎了的話，這兩顆星的橢圓軌道的交點，就應該是這個大行星碎裂的地方。所以只要把望遠鏡對準這兩個橢圓軌道的交點，等著，這些碎片走著走著，一定會返回。那麼你在原地等著，一定可以等到其他的小行星。

這首先是由一位醫生提出來的。這位醫生是個天文愛好者，他在病床旁邊照顧病人的時候，就思考這個問題。然後，晚上的時候，他就用望遠鏡找。等了好長時間，終於等到了一個，就是婚神星。不久，有人就報導，另外一個人也找到一個，那人跟他的想法一樣，但是望遠鏡指向的是另外一個交點，也找到了一個小行星，就是灶神星。但是這四顆星加在一起比月亮還是小很多。所以大家覺得，可能還有很多碎塊。

現在我們知道，碎塊確實非常多，在這個位置有一個小行星帶，大概是在 D=2.3 ～ 3.3，就是在 D=2.8 的附近，確實是有大量的小行星存在。

撞擊地球的危險

當然，這種小行星要是撞上地球可不得了。你看圖 9-27 顯示的這些小行星的軌道，非常亂，說不定哪天就會撞上地球。要是撞上地球，影響會是很大的。圖 9-28 是小行星撞在地球上的示意圖。這一撞上，觸發大規模的地震和火山爆發那是肯定的。而且大量的水汽和灰塵會飛上天空，飛上天空之後就會擋住太陽光，形成連續若干年的冬天。

在研究核武戰爭的時候，研究過核武器對人類會造成什麼損害。除去直接的殺傷、放射性和衝擊波外，很有可能是大量的原子彈扔下來之後，會形成核冬天，連續幾年的冬天。因為灰塵和水汽都飛到天上去以後，把陽光遮住了，植物不能生長，吃的都沒有了，生物必定大量滅亡。

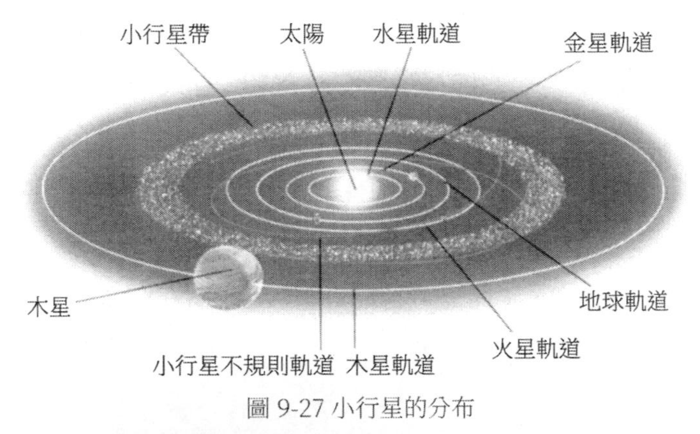

圖 9-27 小行星的分布

圖 9-28 小行星撞擊地球

蘇美兩國都研究過，如果他們開啟核武戰爭會怎麼樣，雙方都有不少的原子彈可以扔過去，除去直接殺傷外，必定會造成長期的「核冬天」，甚至可能造成人類的滅亡。所以核武戰爭一般人也不敢輕易打。現在，比較負責任的國家，都是很謹慎的，絕不輕易使用核武器。

地球上生物的滅絕，有好多種說法。其中一個說法就是小行星撞擊地球。小行星撞擊地球以後，會引起長時間的冬天，爬行類動物就不行了。恐龍存在的時候，哺乳類很可憐啊！當時都只能躲在洞裡，晚上才敢出來，白

天根本不敢出來。爬行類比它們凶猛多了，體積也比它們大得多。行星撞擊地球形成的綿延不斷的冬天，使恐龍一下子滅絕了。

當然，也有人認為是超新星爆發，射線過來了，造成恐龍滅絕。不過認為恐龍滅絕是因為小行星撞擊或彗星的頭部撞擊地球，引起大的地震和火山爆發，造成長時間的冬天，持這種觀點的人現在是多數。因為我們確實在地球上看到幾個地方有大的隕石坑，比如說在美洲的一些地方，還有一些撞擊的痕跡，那都是人類文明出現之前的撞擊。

4. 彗星

彗星從何而來

現在再來看一下彗星。哈雷彗星現在已經沒有古時候那樣大了，不那麼明顯了。1986 年，哈雷彗星的彗尾已經開始有一些斷裂，它已經比原來小多了。圖 9-29 是 1997 年的一顆彗星的情況。彗星其實就是一些髒雪球（圖 9-30），它們就是水冰、塵埃、乾冰等東西組成的一個個髒雪球。

在海王星的軌道之外，有一片彗星的倉庫，存在很多的彗星，因為某種擾動，彗星就會從外面掉進來，穿過其他行星的軌道，朝太陽飛過去，然後再繞太陽一圈返回去。彗星的軌道有的是橢圓，有的是雙曲線，有的是拋物線。軌道為雙曲線和拋物線的彗星回去肯定就再也不會回來了，但是橢圓軌道的彗星還要回來，比如說哈雷彗星就會返回。

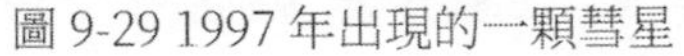
圖 9-29 1997 年出現的一顆彗星

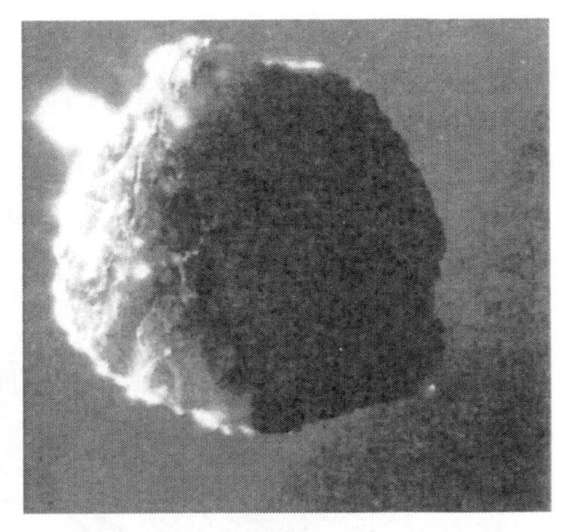
圖 9-30 彗星是一個髒雪球

當彗星飛近太陽的時候，被太陽上的光給照化了，照化了以後，氣體就出來了。氣體出來後，最初以為是光壓，光子的壓力，讓氣體背對著太陽出現一個尾巴。現在認為光壓不夠大，彗尾主要是太陽風造成的，太陽風就是太陽噴射的粒子流。太陽不斷向外噴射粒子流，把彗星周圍的氣體向反方向壓，所以彗尾總是背對著太陽。

彗星的撞擊

彗星的尾巴很長。1910 年的時候，大概是哈雷彗星，它的尾巴要掃過地球。當時有個天文學家知道了，覺得這下完了，這麼亮的一個尾巴掃過去，不是會燒掉地球嗎？結果沒事。為什麼呢？因為彗尾非常稀薄，比我們實驗室抽的最好的真空還要空，所以掃過去也沒事。但是彗頭撞上來可很厲害，我原本不太相信，以為彗頭不過是一個冰球，它能怎麼樣。

1994 年讓地球人大開眼界，有一個彗星的頭碎了，碎成 20 多塊砸在了木星上，在木星上面砸出一個大洞（圖 9-31）。砸的能量有多大？這二十幾

個碎塊砸下去以後，相當於 20 億顆原子彈（以廣島那顆原子彈為準）那麼大的威力。砸後的黑斑存在了好長時間。注意，木星是一個流體星，它不是固體星，但是砸完之後還是留下一個洞。在流體上砸的那個洞，可以把地球放進去。所以彗頭要是撞在地球上，還真是不能小覷。

圖 9-31 彗木相撞

歷史上的彗星

在人類歷史上，彗星的出現是很引人注目的事情，往往都有一些記錄，而且一般的民族都認為，彗星的出現是不吉利的，或者是要打仗了，或者是要有瘟疫了，中國人說彗星是掃把星。

比如說漢朝時，有一本書叫《淮南子》，裡面說，武王克商的時候，周武王的軍隊向商的首都殷和朝歌那一帶前進的時候，出現了彗星。這彗星的「把」朝著殷人，殷人要倒楣了。

後來這段記錄被用來研究武王克商的年份。因為中國最早的、比較完整

的編年史是《資治通鑑》，《資治通鑑》是從西元前 403 年，韓、趙、衛三分晉國開始往後記的。這一年也被現代歷史學家認為是中國進入封建社會的開始。那以後的編年史一年一年的非常清楚。當然還有其他很多史料可以追溯到西元前 841 年，但是更早以前的記錄就不太清楚了。

近來開展的夏商周斷代研究就在考察這個問題。考察的時候，專家們注意到《淮南子》對彗星的這一記錄。研究發現，如果這顆彗星是哈雷彗星的話，它出現的時間應該是西元前 1057 年。現在根據很多資料研究後，認為武王克商最可能的年份是西元前 1046 年，差了一點。《淮南子》這本書，不是一本專門的史書，它是一本雜書，很有可能是在武王克商的前後有彗星出現。因為彗星出現是一件大事。當時來講，不論是老百姓，還是帝王，都很重視，都在考慮這東西是吉利還是不吉利。所以古人印象深刻。

天文用於考古

現在我們判定歷史上很多事件的時候，往往要利用天文資料，利用天文學的一些記錄和研究成果。

比如說，在判定中國古代歷史的時候，有本叫《竹書紀年》的書很重要。《竹書紀年》很奇怪，它的真偽長期存在爭議。現在我們知道是魏國的史書，作為陪葬品埋在魏王墓裡，躲過了秦始皇的焚書坑儒。

後來在晉朝的時候，有一個盜墓賊，名叫不準。他把墓掘開去偷東西的時候，火把燒完了，沒有照明的東西了，發現旁邊有好多竹片，他就拿來點火照明。他把好東西拿走，走出來就把竹片一扔，逃跑了。當地的一些文人一看，這竹片上面有很多古字啊。因為是在秦始皇之前的那些文字，也不太認識。後來他們就把這個墓挖開了，拉出好多車竹簡。那些竹簡上有許多歷

史記載。

比如說就記載了：周懿王元年，「天再旦於鄭」。就是說周懿王的元年，在鄭這個地方，也就是河南，天亮了兩次。很多人都認為這是胡說，天怎麼會亮兩次呢。現代天文學家研究以後，認為如果是在太陽即將出來的時候，發生日全食，就會出現「天再旦」現象。然後中國人就研究了，研究這次日全食發生在什麼時間，提出了一個年份。結果日本人提出不同意見：「你們說得不對，你們說的那一次日全食，中國看不見，在太平洋上的人才能看見。」

日本人認為中國能看到的那次日全食，應該發生在西元前 899 年。於是天文考古就確定了，周懿王元年是西元前 899 年，這就把中國歷史上有確切紀年的時間推到了周懿王元年。

現在的確切紀年已上推到了武王克商的年份，即西元前 1046 年。《竹書紀年》上還有一段話很有用，說商把首都從別的地方遷到殷以後，273 年沒有動位置。由此可以把盤庚遷殷的年份定出來，在周武王克商以前 273 年。所以天文對歷史研究很重要。

俄羅斯人也利用天文進行歷史研究。歷史上，蒙古軍西征的時候，曾經跟俄羅斯聯軍進行了一場決戰，俄羅斯聯軍全軍覆沒。這場敗仗在什麼時候打的不清楚。後來根據歷史的記載，俄羅斯聯軍在渡過一條大河迎擊蒙古軍的時候出現了日全食，根據這次日全食就推算出了這一仗是哪年，甚至哪天打的。這在他們歷史上是很重要的一件事。

5. 隕石與流星

通古斯隕石之謎

再給大家講一顆隕石 —— 通古斯隕石。通古斯這個地方位於西伯利亞，西伯利亞原意為「鮮卑人的故鄉」。

圖 9-32 通古斯隕石

十月革命之前，在 1908 年 6 月 30 日早晨，七點多鐘的時候，在西伯利亞的上空出現了一顆火流星，轟轟響著從天空飛過（圖 9-32）。周圍的一些居民（那裡居民不是很多，不過還是散居了不少），看到一個大火球從高空飛過去，進入到森林裡，一聲巨響，在那裡升起了沖天的雲柱。在西伯利亞大鐵路火車上的人也都看見了。這個火流星砸在森林裡，爆炸的規模非常之大。沙皇政府當時沒有空管這件事。

十月革命以後，蘇聯政府想起要研究這件事，就派了考察隊到那兒去考察。找到了那個地方，爆炸的半徑十幾公里。在爆炸半徑的範圍內，所有的樹木都被摧毀。圖 9-33 就是撞擊後的景象。

圖 9-33 撞擊後的景象

大家對這顆隕石究竟是什麼東西搞不清楚。有人認為這是一顆小行星撞過來了。但是在那裡挖了很久也沒有挖到什麼。而且剛開始負責挖的這位科學家，因為戰爭爆發參軍，後來在前線犧牲了。戰後又有新的考察隊來考察，在那個地方工作了很久，始終找不到隕石碎塊。要是個大隕石，砸了之後總會有東西啊！可是隕石坑底下和周圍什麼都沒有留下，幾乎什麼東西都沒有。樹全都倒了，燃燒起來。當時歐洲的很多地方，包括德國的氣壓計都測到了大氣壓力的變化，而且爆炸的空氣震盪波繞地球一週後（30 小時後），再次被德國波茨坦的氣壓計記錄到，可見這次衝擊是非常厲害的。

但為什麼沒有殘留物呢？於是各種科幻小說就出來了。有人說，這是一艘外星人的原子飛船，在這兒失事了，外星人本來想要軟著陸，沒想到硬著陸後一下爆炸了。因為是核爆炸，所以後來沒有什麼東西留下來，這個地方也確實有放射性，但非常微弱。黑洞理論出來以後，又有人說是小黑洞砸在那裡面了，從這兒砸進去，從太平洋飛出去了。所以大家誰也沒看見它出來。說什麼的都有。現在大家比較相信的說法，認為可能是彗星頭。

50、60 年代，蘇聯的天文學家就說這是彗星頭。因為彗星的頭一撞，它

都是塵埃啊，冰啊什麼的，當然就沒有殘留物了。後來還有爭議，多數人認為這可能是彗星的撞擊。

流星和流星雨

除去彗星以外，還有流星和流星雨。圖 9-34 顯示天空中有一顆流星劃過。圖 9-35 是流星雨。現在的流星雨都不是很壯觀，說是流星雨，你等半天才有一顆流星過來，再等半天，又有一顆。反正你得看半天，才能看到一顆。圖 9-35 是一張流星雨的照片。圖中弧線都不是流星，而是天上的恆星。這些劃出直線的才是流星。拍攝的方法是把照相機固定，然後長時間曝光。由於天上的恆星都在圍著北天極轉，所以曝光以後，天上的恆星都劃出弧線。在長時間曝光中，突然過來一顆很亮的流星瞬間劃過天空，劃出一段直線，相機拍了下來。再過來一個，又拍下來。

古代的時候，出現過密集的流星雨。圖 9-36 是 1833 年的獅子座流星雨，這是一張版畫。我相信當時規模可能是比較大，要不然不會叫它流星雨。如果等了 5 分鐘才出現一顆，那叫雨嗎？我有一次就打算看流星雨，等了好半天才看見一顆，後來也就不想看了。

流星雨是什麼，就是地球穿過流星群碰到的微粒。怎麼會有流星群呢？流星群就是彗星頭碎了以後形成的大量小碎片（圖 9-37）。形成流星雨的微粒在大氣中都燒光了，一般不會落到地面上。大的彗頭則不一樣，那落下來是很厲害的。

圖 9-34 流星

圖 9-361833 年的獅子座流星雨

圖 9-35 獅子座流星雨

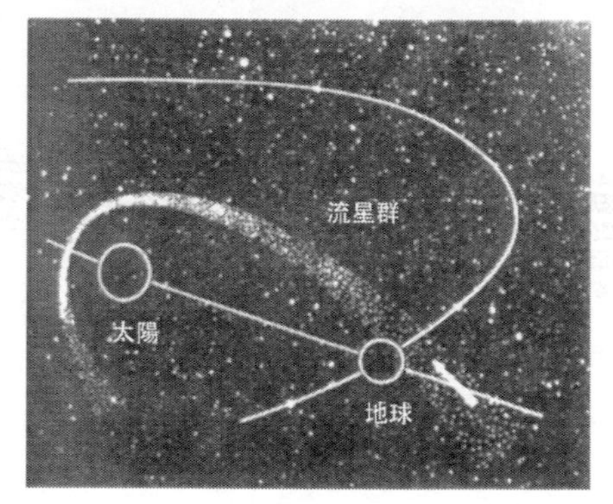

圖 9-37 流星群與地球軌道相交示意圖

隕鐵與隕石

圖 9-38 是美國亞利桑那州的隕石坑。這塊隕石好像是一塊隕鐵。美國的一些科學家感興趣，想研究這個，他們覺得隕鐵可能在坑下邊，但又沒錢去挖，就去跟鋼鐵大王商量，說：「你們要是把這塊鐵全部挖出來，就不用再煉鐵了，這是多大的一塊鐵啊！」

圖 9-38 亞利桑那州的隕石坑

企業老闆就派了勘探人員來，鑽了半天，沒有！他們也沒辦法。後來科學家們又說：「我們搞錯了，不是在正下方，隕石可能是斜著撞過來的，隕鐵可能位於坑的斜下方，你們再繼續挖。」

勘探人員又按照學者們的指點往下鑽，鑽了 400 多公尺深後，鑽頭似乎碰到了鐵。但是這麼深的鐵如何才能取出來呢？商業價值已經沒有了，資本家們失去了興趣，不再出資了，因此這塊可能存在的隕鐵至今還沉睡在地下深處。

天上掉下來的隕石主要是鐵。石質的隕石比較少。圖 9-38 是亞利桑那州的隕石坑，你看在太陽照耀下多美啊。所以你們如果到美國去的話，可以到那裡看看。圖 9-39 是新疆的一塊隕鐵，重 32 噸。圖 9-40 是南非的霍巴隕鐵，重 60 噸，是已經發現的世界上最大的隕鐵。圖 9-41 是隕石。

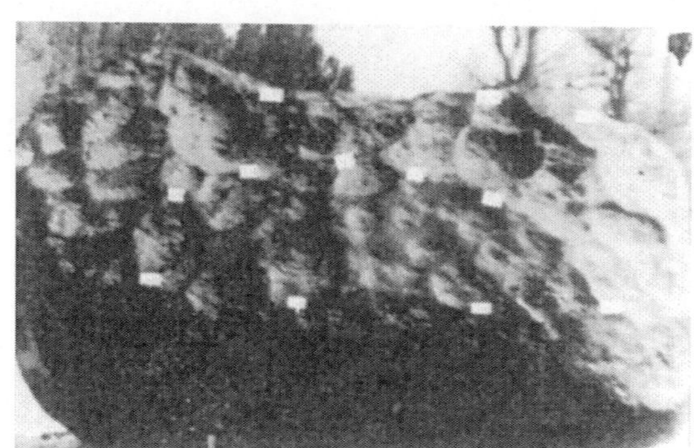

圖 9-39 新疆隕鐵

圖 9-40 南非霍巴隕鐵

圖 9-41 隕石

6. 天文觀測簡介

太陽系有多大！

我再簡單回顧一下太陽系，地球的半徑是 6,400 公里，月球的半徑是 1,700 公里，太陽的半徑是 70 萬公里，日地距離是 1.5 億公里，叫一個天文單位。光大概走七八分鐘的樣子，就可以從太陽到達地球。冥王星距太陽是 40 個天文單位，光走 5 小時。太陽系的直徑是多少？大概是 1 光年。太陽的引力的控制範圍（半徑）大概是半光年。

天文臺與望遠鏡

簡單說幾句天文儀器。圖 9-42 是天文望遠鏡，圖 9-43 是接收無線電波的裝置，叫無線電望遠鏡。它組成一個陣，有時是成十字的陣，組成陣列。還有一種是利用地形修的，反射型的接收無線電的天文望遠鏡。圖 9-44 是波多黎各的直徑 308 公尺的巨型無線電望遠鏡，它就是利用山谷地形修建的。它曾經是世界最大的無線電望遠鏡，現在已經報廢。

圖 9-42 國家天文臺的 2.16 公尺望遠鏡

圖 9-43 密雲的無線電望遠鏡

圖 9-44 波多黎各的巨型無線電望遠鏡

圖 9-45 目前世界最大的電波望遠鏡

我還要重複一句，望遠鏡不止是在看遠方，而且是在看歷史。你看到的太陽是 8 分鐘以前的太陽。太陽要是爆炸了，我們 8 分鐘以後才知道它爆炸了。天狼星距離我們 9 光年，是離我們比較近的一顆恆星，它的光到達地球要走 9 年，所以我們看到的天狼星是 9 年前的模樣，如果它出現問題，我們 9 年以後才會知道。

第十講　時間之謎

現在我們來講《時間之謎》。

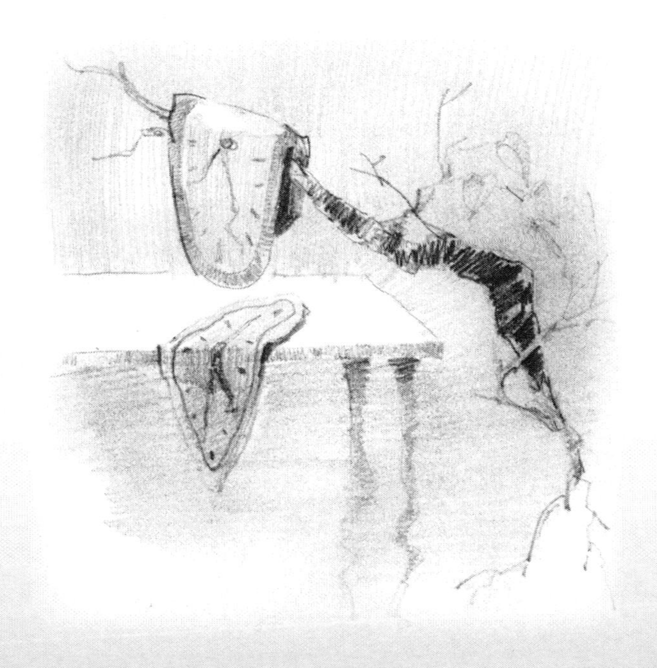

1. 時間是什麼？

這一講我主要講時間。大家看，第一個問題：「時間是什麼？」這個問題不好回答。第二個問題：「時間有沒有開始與終結？」這是因為潘洛斯和霍金在其中做了研究工作，所以我從一個學物理的人、學相對論的人的角度，來給大家介紹他們究竟證明了什麼，以及這個問題究竟應該怎麼解決。另外一個問題就是：「時間怎麼測量？」你們會看到，時間測量也絕非易事，下面我就給大家講。你們會覺得這些怎麼都成了問題！看來不像問題，但是又確實都是問題。

你們看，一位生活在中世紀的基督教著名學者聖．奧古斯丁說：時間是什麼？人不問我，我很清楚；一旦問起，我便茫然。你們想是不是這樣？這個問題真是不好回答。

百花齊放，百家爭鳴

首先給大家介紹一下，人類文明出現以後，在出現思想家之後，就有人開始思考時間問題了，比如柏拉圖等人。

在人類文明史上，根據現在的記載，什麼時候就出現了非常傑出的思想家呢？研究表明，從西元前 600 年到西元前 300 多年這一段時間，是人類歷史上非常重要的時期。

西元前 600 年，誕生了猶太教。當時猶太人被巴比倫人抓到了巴比倫城下，逼著他們住在那兒，成為「巴比倫之囚」。當時的猶太人因為亡國了，不得不生活在那個地方，但他們相信耶和華會派人來救他們，也就是他們心目中的上帝會來救他們。於是在那個地方誕生了猶太教，那是西元前 600 年左

右的事。猶太教是天主教、基督教和東正教的鼻祖。後來的這些宗教都來自於猶太教。伊斯蘭教也受它們的影響。

西元前 500 多年，對於東方來說是非常重要的時期。歷史上影響華人思想的三個最偉大的思想家，都生活在那個時代。一個是孔子，一個是老子，還有一個是釋迦牟尼。對華人影響最大的宗教是佛教和道教。佛家又叫釋家。道教的話，雖然有點牽強，但它和老子可以說是有點聯繫。老子是老莊學說的創始人，道家學說是他最早提出來的。孔子的思想不是宗教，但是有人叫它儒教，其實就是孔子的儒家。這是對華人影響最大的三套學術理論。

這一歷史時期，東、西方都處在戰國時代，伴隨著刀光劍影，都出現了百花齊放，百家爭鳴的局面。

在我們中國，諸子百家出現在春秋到戰國的那段時間，西元前 500 多年到西元前兩三百年的時候。

同樣的，在西方，希臘也出現了很多的思想家。比如說蘇格拉底。蘇格拉底是一位智辯家，主張跟學生自由討論問題。他後來遭到政敵的攻擊，說他是「無神論者」，在當時，這個罪名很嚴重。同時說他帶壞青年，最後當局判他死刑，逼他服毒酒自殺。他服毒酒自殺的時候，看守的人都想讓他跑，說：「你若要逃走，我們不管。」但是他還是自殺了。

蘇格拉底有一個非常傑出的學生，叫柏拉圖。據說，他在收柏拉圖做學生的第一天晚上，夢見有一隻小天鵝落在了他的膝蓋上，很快地羽毛就豐滿起來，然後唱著優美動聽的歌飛上了藍天。第二天就見到了柏拉圖，收了柏拉圖這個學生。蘇格拉底的著作不是他本人寫的，是他的學生整理的。這點很像孔子的《論語》，不是本人寫的，而是後來他的學生根據記錄整理出來的。

柏拉圖是非常著名的思想家。大家經常談到的，就是他曾經提到過的理想國，也就是烏托邦。那當然是奴隸社會的理想國。他認為理想的國家應該由哲學家來治理，由哲學家來制定法律，除去哲學家以外，所有的人都必須遵守法律。他認為這是最理想的國家。

柏拉圖還提到大西洲的事情。說在海峽的對面有一個繁榮的國家，後來由於火山爆發和地震，一下子就淹沒在大海的波濤之中了。這個海峽的對面，指的是哪個海峽？沒有說清楚，這個故事對西方世界影響很大。我們現在也都聽說過這個大西洲的故事。

據說柏拉圖本來很關心政治，後來在他的老師蘇格拉底被誣陷致死以後，他對政治大失所望，於是就遠離政治。他周遊列國到了埃及，在埃及的神廟裡，聽祭司給他講了有關大西洲的故事，他把它記錄了下來。

柏拉圖：時間是永恆的影像

現在來講柏拉圖的哲學觀點。柏拉圖對時間有一個論述：時間是「永恆」的「影像」。這是什麼意思呢？柏拉圖認為：真實的「實在世界」是「理念」，是一種叫理念的抽象東西。我們接觸到的萬物和整個宇宙，都不是真實、實在的東西，都不過是「理念」的「影子」。「理念」完美而永恆，它不存在於宇宙和時空中。而萬物和宇宙是不完美的，是在不斷變化的。

大家注意，「理念」是真實存在的東西。我們看見的萬物都不過是「理念」的影子。「理念」是永恆的，而萬物是變化的。那麼理念在永恆，萬物在變化，萬物就需要有一個跟永恆對應的東西，那就是時間。

所以「時間是永恆的影像」。非常深奧的一句話。造物主給「永恆」創造了一個「動態相似物」，就是時間。

總體來說，柏拉圖的觀點就是：時間是「永恆」的影像；時間是「永恆」的動態相似物；時間不停地流逝著，模仿著「永恆」；時間無始無終，迴圈流逝，大概 36000 年是一個週期。希臘人的時間觀是週期的，柏拉圖和他的很多優秀的學生都這樣認為。

亞里斯多德：時間是運動的計數

亞里斯多德是柏拉圖最優秀的學生，但不是他的學說最滿意的繼承人。因為亞里斯多德反駁了不少柏拉圖的學說。他認為我們看不見的東西都不是真實的，我們看見的萬物才是真實的東西，他不承認有「理念」這個東西。從我們今天的觀點來看，柏拉圖的理論是唯心的，亞里斯多德的理論是唯物的。

亞里斯多德這個人學問很好。柏拉圖曾經創立了一個叫阿卡德米的學院，英文的 academy 這個單詞就是從這兒來的，學院這個詞就是從這來的。而亞里斯多德又建立了一個呂克昂學院，也就是所謂逍遙學院。亞里斯多德願意一邊走，一邊跟他的學生討論，因此歷史上管他們叫逍遙學派。亞里斯多德這個人非常聰明，個子不高，說話尖刻，常常得罪人。他對時間有一套論述：時間是運動的計數；時間是運動持續的量度；他也認為時間是迴圈的。這點跟他的老師是一致的。這就是亞里斯多德的時間觀。

走向統一的世界

亞里斯多德是西方著名的君主亞歷山大大帝的老師。亞歷山大大帝的父親 —— 腓力二世，是馬其頓的國王，腓力請亞里斯多德給自己的幾個孩子當老師，包括亞歷山大。不久之後，腓力二世被刺死。據說是亞歷山大的母親派去的刺客，因為他又娶了一位年輕漂亮的王妃，威脅到亞歷山大母子的利益與安全。腓力二世被刺以後，亞歷山大就繼承了王位，當上馬其頓的國王。

亞歷山大很快就統一了希臘。然後進入小亞細亞地區，進入阿拉伯半島，進入了亞洲。後來又進入非洲。軍隊還一直往東前進到達印度河流域。他在西元前 300 多年時建立了一個橫跨歐、亞、非三洲的大帝國。

當亞歷山大走到埃及北部海岸的時候，他站在地中海邊，遙望對面的希臘故鄉，下令在這個地方建一座城市，以他的名字命名；又下令在這兒修建一座燈塔，也以他的名字命名。讓燈塔遙對著大海對面的希臘，他要讓航船在老遠的地方就能看到這座燈塔，這就是著名的世界七大奇蹟之一的亞歷山大燈塔。

亞歷山大死後，他的部將托勒密在埃及建立了一個以希臘人為統治民族，埃及人為被統治民族的國家，並按照大帝的遺願，修建了亞歷山大城，修建了亞歷山大燈塔。而且托勒密一世、托勒密二世熱愛科學，他們還建立了亞歷山大科學院和圖書館。亞歷山大大帝的遺體就被安葬在那座城市。

亞歷山大統一西方是在西元前 300 多年。過了不到 100 年，阿育王統一了印度，他推崇佛教。阿育王死後 11 年，秦始皇統一了中國。這三塊人類文明最早發展的地區，基本都在西元前兩三百年的時候分別實現了統一。

孔子：逝者如斯夫

再來看中國古代的時間觀。《論語》說：「子在川上曰：『逝者如斯夫！不舍晝夜。』」什麼意思？就是孔子坐在河邊說，時間，就像這河流一樣永遠不停地流逝。孔夫子把時間叫作「逝者」，這是很高明的！因為時間除去有

一個可以測量的特性以外，它還有一個流逝的特性。時間是不可逆的。對不對？這句話裡包含流逝、發展，有這層含義。所以他這樣講是很高明的。

螺旋發展的時間

中國古代受三種思想的影響，一個是釋家（佛教），一個是道家，一個是孔子即儒家，所以中國古代知識分子的思想是很複雜的。一般來說，他們認為時間是有周期的，但不是簡單的重複，而是螺旋發展的。比如唐朝劉庭芝的詩：年年歲歲花相似，歲歲年年人不同。

從中可以看到時間週期的相似性和不斷發展性。更妙的是宋朝晏殊的詞：

一曲新詞酒一杯，

去年天氣舊亭臺，

夕陽西下幾時回。

無可奈何花落去，

似曾相識燕歸來，

小園香徑獨徘徊。

「去年天氣舊亭臺」，這是講迴圈的相似；「夕陽西下幾時回」，時間不停地向前流逝；「無可奈何花落去」，萬物都必須與時俱進；「似曾相識燕歸來」，也是講迴圈的相似。

牛頓的時間觀：永遠平靜流逝的河流

我們再來看看近代西方的時間觀。大家都知道，牛頓認為有一個絕對空間和一個絕對時間，不過他還認為存在相對空間和相對時間，但他認為絕對空間和絕對時間是根本的。絕對空間就像一個空的箱子，絕對時間就像

河流一樣流逝。時間和空間是各自獨立的，時空和物質及其運動也沒有聯絡，這就是牛頓頭腦中的時間與空間。牛頓曾經用水桶實驗論證過絕對空間的存在，但是沒有論證過絕對時間的存在。目前沒有任何人論證過絕對時間的存在。

按照牛頓的觀點，時間是均勻的，有方向的，沒有起點和終點的，是永遠存在的「河流」，沒有漲落也沒有波濤。如果物質消失了，時間和空間還會繼續存在。這是牛頓的想法。

不同的聲音

和牛頓同時代的萊布尼茲說：時間和空間都是相對的；空間是物體和現象有序性的一種表現；時間是相繼發生的事件的羅列；沒有物質的話，根本就沒有時間和空間；不存在脫離物理實體的時間和空間。這種觀點跟牛頓完全對立。這兩種觀點一直持續到現在都存在。

到了愛因斯坦那個時代，馬赫對牛頓的觀點提出了尖銳的批判，他認為牛頓的說法不對。馬赫認為不存在絕對時間和絕對空間。馬赫這個人，只能算一個三流物理學家，雖然不是特別厲害，但也有一些成就。他的觀念對愛因斯坦影響極大，愛因斯坦認為，正是馬赫對牛頓絕對時空觀的批判，引導自己建立了狹義相對論和廣義相對論。

時空的維數

時間是幾維的呢？跟牛頓同時代的哲學家 —— 洛克說：時間是一維的。時間為什麼是一維的呢？不清楚。反正大家覺得時間是一維的，你也想像不出它是二維或更高維的情況。

空間是幾維的呢？空間是三維的，為什麼呢？這倒是有一個論證。庫侖定律表明，力和距離的平方成反比。如果力和距離的平方成反比的話，空間就一定是三維的，這是其他學者講過的。所以，對於「空間是三維的」是有實驗支持的，那就是庫侖定律，力和距離的平方成反比。

愛因斯坦：時空是一個可彎曲的整體

愛因斯坦的狹義相對論認為，時間和空間是一個整體，是不能分割的。能量和動量也是一個整體，也是不能分割的。他開始把時空連在一起了，叫四維時空；把能量動量連在一起了，叫四維動量。在相對論的研究中，常用這兩個概念。

愛因斯坦的廣義相對論進一步認為：時空和能量動量之間存在關係。能量動量的存在，造成了時空的彎曲，時空的彎曲反過來影響物質的運動。但是在愛因斯坦的理論中，如果物質消失了，時空依然存在，只不過時空從彎曲的變成了平直的。這是愛因斯坦相對論最後的結果。

愛因斯坦：時空是物質廣延性的表現

不過，愛因斯坦晚年的時候對自己的這種描述產生了懷疑。愛因斯坦本人沒有寫過幾本書，他寫過一本科普讀物，叫《狹義與廣義相對論淺說》，還寫過一本學術著作叫《相對論的意義》，大概一共就兩三本。他主要是發表論文。

愛因斯坦在《狹義與廣義相對論淺說》1952 年第 15 版的說明裡說了一句話：「空間和時間未必能看作是，可以脫離物質世界的真實客體而獨立存在的東西。並不是物體存在於空間中，而是這些物體具有空間廣延性。這樣看來，『關於一無所有的空間』，就失去了意義。」大家注意，他的物理理論（相對論）認為物質可以跟時空脫離。物質沒有了，時空依然存在，只不過時空變平了，不再彎曲了。現在，他懷疑自己的這個理論，覺得自己的理論還應該進一步往前發展。

在 1955 年逝世前，愛因斯坦一直堅持認為，時空是物質伸張性和廣延性的表現；不存在一無所有的時空；時空應該和物質同生同滅。這個觀點跟萊布尼茲的觀點有些接近了。他最初的想法體現在狹義相對論與廣義相對論中，跟牛頓的觀點接近，然後新的哲學思考又跟萊布尼茲的觀點接近。我們看到，偉大學者的思想不是永恆不變的，而是在思考中不斷發展的。偉大思想家的觀點對後世的影響可以延伸很久很久。

量子引力：時間的泡沫與浪花

現在，物理學家正在試圖把引力場量子化。大家知道，電磁場、電子場等物質場都已量子化了，而且都很成功。唯獨引力場的量子化遇到了極大困難。引力場是時空彎曲的表現，它能不能量子化呢？一直有人在嘗試做這方面的研究，但到現在為止都沒成功。引力場量子化的各種方案雖然都能取得一定進展，但是最後都會遇到一些難以克服的困難。

所謂量子引力，就是把引力場量子化。在這個理論中，時空是和物質同生同滅的。確實能做到和物質同生同滅，但是又有其他很多困難。比如說，時空在大範圍內，我們看著是很平的，就像圖 6-14 上面這個圖。但是在很小的範圍，10^{-30}cm，你就會覺得它有一點波浪式的起伏。10^{-13}cm 是原子核的大小，10^{-30}cm 就更小了。如果是 10^{-33}cm 那就非常非常小了。在這麼小的範圍內，時空泡沫和浪花之類的東西就都會顯現出來（圖 6-14）。時空絕不像

大家原來想的那麼平滑。

2. 時間有沒有開始與終結？

我們現在來介紹另外一個問題，就是時間有沒有開始和終結。這個問題，自古以來就有一些人討論，但主要是神學家和哲學家。

現在研究物理的人跳出來說了，說時間有開始和結束，所以這個問題就引起科學界的重視了。我對這個問題感興趣，一方面也是因為潘洛斯和霍金這些物理學家在研究這一問題。

時空的奇點

時間有沒有開始和終結。這個問題是怎麼在物理界引起注意的呢？是從研究時空曲率的奇點引起的。

相對論中早就發現，在靜態球對稱黑洞的中心 r=0 的地方，有一個奇點，那個地方時空彎曲的曲率是無窮大，物質的密度也是無窮大，所以是一個奇點。在旋轉的黑洞中心，有一個奇環（圖 4-2），那裡密度是無窮大，時空的彎曲程度也是無窮大。

大霹靂的宇宙理論有一個初始奇點。如果這個宇宙將來會塌縮回來的話，還會有一個大終結的奇點。廣義相對論中最重要的幾個解都有奇點。我們知道，點電荷的密度也是無窮大，所以奇點問題並不是只有廣義相對論才有的，其他的物理理論也有，只要模型太理想化了就會有。

那麼奇點是不是廣義相對論本身必然有的東西呢？對於廣義相對論中的

奇點，有兩種看法。一種是蘇聯的幾個物理學家認為，廣義相對論中的奇點是因為我們把時空的對稱性想得太好了所致，如果時空對稱性不是太好，就不會形成奇點。比如說一個星體塌縮，如果不是標準的球對稱塌縮的話，構成星體的物質就會在中間錯過去，就不會集中形成奇點。如果星體不是標準的旋轉對稱地塌縮，那它也不會形成奇環。

奇點：時間的起點與終點

但是英國的數學家——潘洛斯，認為這種看法是不對的。他認為，奇點是廣義相對論理論本身造成的，是不可避免的。他對這個問題進行了深入研究，而且，他把奇點看成是時間開始和結束的地方，這是他很重要的貢獻。

什麼意思呢，比如說黑洞的中心有一個奇點，如果你把這個奇點挖掉，時空還是奇異的嗎？這個時空是不是就沒有奇異性了？他說：不是。挖掉奇點後，時空仍然有奇異性。因為你挖掉之後，時空會留下一個「洞」，這個洞你補不上。你補上去，奇點就恢復了。你要是在時空中把它挖掉的話，任何一根曲線到這兒就斷掉了。所以他把描述時間發展的曲線看得很重要，時間發展的曲線會不會斷掉，非常重要。他認為有奇點的話，時間發展的曲線就會斷掉。這條曲線代表的時間過程就走到了盡頭，所以他就提出了一個定理，並給出了一個證明。因為時間關係，我就不多講證明過程了。

這個定理大致上是這樣的：一個時空如果它的因果性是正常的，如果它有一點能量，如果它有一點物質，如果廣義相對論是正確的，只要滿足這些看來合理的條件，就一定會有一個過程，時間是有開始的，或者有結束的，或者是既有開始又有結束的。也就是說時空必定至少有一個奇點。

這個定理的證明是沒有問題的。你如果仔細想，這個定理的結論還真是

一個大問題，因為它等於證明了一個合理的物理時空，一定有一個時間開始或結束的過程。這是物理學家對時間有沒有開始和結束的第一次表態。這個問題當然很重要。

能否避免奇點？

但是為什麼會出現這種結論呢？絕大多數人都認為，這是因為在做這個證明的時候，沒有把引力場量子化。如果你把引力場量子化的話，就不會出現這個結論。引力場量子化就肯定能避免奇點出現。

我注意到一個現象，就是：凡是有奇點出現的時候，都伴隨著溫度出現發散，或者是溫度出現絕對零度。所以我非常懷疑，奇點定理的證明是違背了熱力學第三定律的。我曾經在一些論文中討論了這個問題，我和我的研究生曾經發表了一些論文，專門討論這個東西。但是目前這個問題還沒有解決，每個人往往持不同的觀點。

我的觀點是：如果熱力學第三定律正確的話，時間應該沒有開始和結束。就是說如果不能通過有限次操作，使系統溫度達到絕對零度或升高到無窮大的話，時間就不應該有開始和結束。這是我的一個猜想，據此我也作了很多論證。這個證明是比較困難的，要用微分幾何來求證。

3. 時間的測量

時間的流逝性與測度性

現在來討論第三個問題：時間測量的問題。時間有兩個基本性質，一個是測度性，就是它能不能測量；再有一個就是它的流逝性。現在我們談到時間性質的時候，往往著眼點都在它的流逝性上。流逝性是跟熱力學第二定律有關的，就是表示時間總是不停地、有方向地、不可逆地向前流逝著。

我們知道，在一個孤立系統中，熵總是增加的，在一個絕熱的過程中，熵也總是增加的；就是說時間發展有一個方向。大量搞物理的人都在討論時間的流逝性。但是我現在更感興趣的是時間的測度性。這方面我有點新的想法。

測度性是什麼呢？就是怎麼測量時間。我們都知道，用週期運動可以測量時間，這是自古就知道的。比如說，地球的週期運動，自轉一圈就是一天，自轉兩圈就是兩天，圍太陽公轉一圈就是一年。單擺，擺動一下就是一個時間單元，再擺動一下又是一個時間單元。

用週期運動測量時間帶來的疑問

有人提了一個問題：你怎麼知道週期運動中的第一個週期和第二個週期是嚴格相等的呢？長度的相等容易弄清楚，比如這一段長度和那一段長度是否相等，可以拿一根尺，量量這段，然後再量量那段，容易弄清這兩段是否相等。

但是時間，你能把已經過去的週期挪回來嗎？你能把未來的週期挪過來嗎？你無法做到這一點。所以相繼的時間段是否相等的問題，是個不能證明的問題。跟牛頓同時代的哲學家洛克就認為，這是不能證明的，你只能規定它們相等。我們只能認為它們相等，實際上是不能證明的。

但是我們搞物理的人對這樣的回答無法滿意，還是希望知道對這個問題有沒有什麼辦法解決。而且那個時候還產生了一些很混亂的思想，有些哲學

家認為時間跟空間不一樣，時間帶有主觀成分，它屬於意識的範圍，不屬於物質。他們認為時間的週期是否相等只能憑直覺，兩個鐘是否對準了時刻，也只能憑直覺。在相對論誕生之前，這個問題就引起過一些爭論。

異地時鐘的校準：先約定光速

相對論誕生的前夜，數學家龐加萊曾經談過：時間必須變成可測量的東西，不能被測量的東西不能成為科學的物件。龐加萊認為時間的測量有兩個方面：一個是兩個地方的鐘，你怎麼把它們對好，怎麼校準，也就是怎麼讓它們同時或者同步；再有一個就是我前面說的，同一個鐘的第一個週期和第二個週期，你怎麼知道它們相等，你要想辦法去證明這一點。

龐加萊當時認為，這兩個問題還真不好辦，他在自己的書中就講：設想巴黎有一個鐘，柏林也有一個鐘，怎麼把這兩個鐘對好。他說可以拍一個電報過去，告訴柏林的人，巴黎現在是幾點，柏林的人趕緊把鐘擰到那個時刻，這不就對好了嗎！這件事說來容易，可是你想過沒有，這個電報從巴黎傳到柏林還是需要時間的。你知道傳過去要用多少時間嗎？你要知道電報從巴黎傳到柏林所需要的時間，就要首先把兩個地方的鐘對好，你對好兩個鐘又需要先知道電報傳遞的時間，所以這個問題構成邏輯迴圈，無法精確解決。

那麼怎樣才能解決呢？他說這恐怕要事先有一個「規定」（即「約定」）。我們知道，現在傳播速度最快的是電磁波，也就是光波，可以規定光從巴黎傳到柏林和從柏林傳到巴黎，所用的時間是相同的，可以做這個「規定」，規定真空中的光速是各向同性的。有人說：「你怎麼知道光速各向同性？」我並不知道，但是我可以這樣「規定」。許多學者仔細研究過這個問題，結論是：

只能「規定」。我們規定了真空中光在兩個方向的速度是一樣的，然後就可以對鐘了，就可以把鐘校準。他談了這個問題，但是我沒有看到他的書中有特別詳細的探討。

龐加萊對愛因斯坦的啟發

真正看到的詳細討論是在愛因斯坦的文章中。愛因斯坦應該知道龐加萊的上述想法。因為在相對論誕生之前，他和他的朋友在「奧林匹亞科學院」的活動中，曾讀到過龐加萊的書《科學與假設》。很可能也讀過龐加萊的另一篇文章《時間的測量》。

在這篇文章中，龐加萊寫了自己對時間校準的上述想法。但是愛因斯坦沒有談他知道龐加萊的這一想法。這件事比較複雜，因為他們的關係不太好。愛因斯坦本來指望龐加萊支持他的相對論，但龐加萊沒有，而且對愛因斯坦的評價不高。

有一次開會，他跟龐加萊見了面，他與龐加萊可能只見過那一次。回來後他就沮喪地對朋友們說:「龐加萊根本不懂相對論。」大概他跟龐加萊談過，龐加萊沒有支持他。

尤拉的「好鐘」

還有一個問題，就是相繼的時間段，怎麼知道它們相等。另外一位數學家尤拉，在龐加萊之前就想了一個辦法，這個辦法是比較怪異的。他說，怎麼才能知道鐘的第一個週期和第二個週期走得嚴格相等呢？可以這樣判斷：作為一個公理，我們可以認為，或者規定慣性定律是正確的，然後就用這個鐘來測量走過每一段距離所需要的時間。那時認為長度是可以量的，因為尺

可以來回挪動，長度的測量是沒有問題的。

然後你用你的鐘來計量時間，用尺來量長度，看一個作慣性運動的物體是不是在相同的時間段走過相同的距離。如果是的話，就說明你的鐘是好的。這個鐘是「好鐘」。

後來又有人延伸了一下，不過本質上仍是尤拉的思路。他們認為，一個好的鐘應該使運動顯得簡單。什麼意思呢？就是說「好鐘」計量的時間應該使能量守恆定律成立，電磁學定律等也成立。但是什麼叫運動簡單，這個事情也很難說。尤拉他們對這個問題提供了一個思路，很具有啟發性，但我覺得這個問題還沒有很好解決。

相對論中如何確定「同時」

現在我們來看一看愛因斯坦怎樣來校準不同地點的鐘。在 A、B 兩點，分別有一個鐘，A 鐘與 B 鐘。怎麼校準這兩個鐘呢？圖 10-1 左邊是空間圖，右邊是時空圖，在空間圖中 A 鐘發出光訊號到 B 鐘，B 鐘上有一個鏡子把光訊號反射回去。在時空圖中，橫座標是 A、B 兩個鐘的空間距離，縱座標是時間。鐘 A 在 tA 時刻發一個光訊號到 B 鐘，B 鐘在時刻 tB 接收到，同時有一個鏡子將它反射回去，訊號在 t’A 回到 A 鐘。愛因斯坦規定光訊號從 A 走到 B 的時間，與從 B 走到 A 的時間相等，即 tB-tA= t’A-tB。移項之後 tB 就應該等於 tA+t’A2，於是他就把 tA 與 t’A 的中點 t～A 定義為跟 B 鐘的 tB 同時的那個時刻。就用這個辦法來把 A、B 兩個鐘對好。其前提就是規定了光從 A 走到 B 的時間和從 B 走到 A 的時間相等。

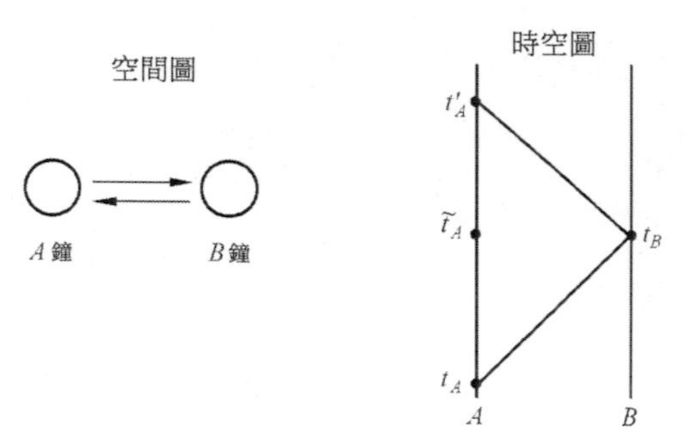

圖 10-1 慣性系中異地時鐘的校準

愛因斯坦假定：「同時」可以傳遞

接著愛因斯坦又說：我假定同步性的這個定義是沒有矛盾的。

第一，我從 A 發射光訊號到 B 再反射回來，和從 B 發射光訊號到 A 再反射回去是一樣的，用這兩種方式定義的「同時」是一樣的，不會有矛盾。

第二，假如有好幾個相同的鐘，放在不同地點，你用這種方法把 A 鐘和 B 鐘對好，再把 B 鐘和 C 鐘對好，那麼 C、A 兩個鐘就自然對好了，不會有矛盾。

在愛因斯坦創立相對論的第一篇論文中，他就談到了上述內容。這裡特別值得注意的是第二條假定，我再重複一下。這條假定是說有三個鐘，A 鐘、B 鐘、C 鐘，A 鐘發一個光訊號到 B 鐘反射回來，把這兩個鐘對好。B 鐘再發射一個光訊號到 C 鐘再反射回去，把 B 和 C 對好。那麼 C、A 這兩個鐘就自然對好了，不會出現矛盾。

這是愛因斯坦在論文當中講的，他的這段敘述在相對論發表之後很長一段時間沒有引起大家的注意，大家覺得當然是這樣，他講的都對。大家都覺得沒有問題。後來發現還真有問題。但愛因斯坦本人並沒有說錯，他說的上

述內容都對，因為他當時是在慣性系中討論問題。後來發現在彎曲的時空中，或者在平直時空的非慣性系中，「假設二」還真的會出問題，不過在慣性系中沒有問題。

朗道：「同時」不一定能傳遞

蘇聯著名物理學家朗道提出懷疑，他說 *A* 鐘的時刻和 *B* 鐘的時刻對好，*B* 鐘的時刻和 *C* 鐘的時刻對好，A、C 鐘就自然對好了。真是這樣嗎？在任何情況下都對嗎？他在非慣性系或彎曲時空進行探討，用彎曲的時空座標來研究，比如說一個轉動的圓盤。在一個轉動圓盤的邊沿上，你放三個鐘，盤如果不轉，那是慣性系，愛因斯坦說的內容都對。盤要一轉，就不是慣性系了，你把 A 鐘和 B 鐘對好，把 B 鐘和 C 鐘對好，你就會發現 A 鐘和 C 鐘並沒有對好。居然還有這種事，A 鐘和 B 鐘對好了，B 鐘和 C 鐘對好了，A、C 兩個鐘居然就沒對上。

怎樣才能對上呢？朗道說你的時間軸，必須跟空間軸垂直。轉盤上時間軸和空間軸沒有完全垂直，有一個傾斜角度。我們通常看不見時間軸，你如果按相對論，把時間軸和空間軸都畫出來，就會發現在轉盤情況下，它們不垂直了。如果垂直的話就一定能夠把鐘對好。

你看 A、B、C 三個鐘，A 發射光訊號到 B，然後反射回來，對準 A、B 兩個鐘。然後 B 鐘再與 C 鐘對好，C 呢再來對 A。對完以後，朗道就發現 A 鐘和 B 鐘對好了，B 鐘和 C 鐘對好了，C 鐘再跟 A 鐘一對，它沒有對到 *A* 鐘原來那個時刻 t_A （圖 10-2），而對到了另一個時刻 t'_A。什麼情況下才能對回這個 t_A 呢？就是時間軸必須跟空間軸垂直才行。這是朗道和利夫希茨著的《經典場論》上的內容。你看這個結論，真是非常奇怪。

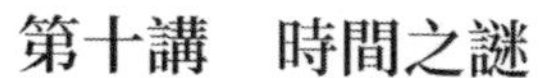

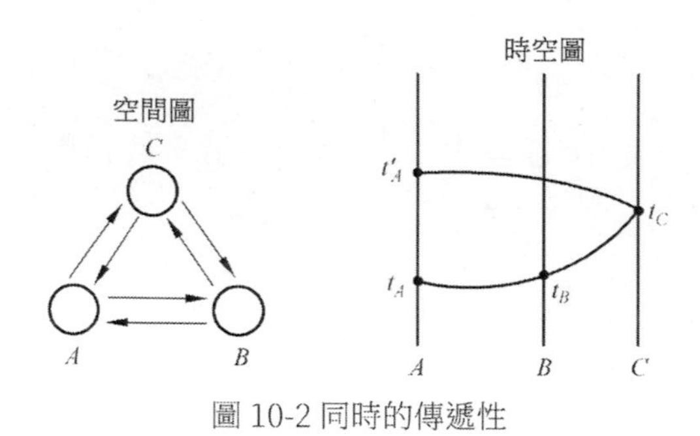

圖 10-2 同時的傳遞性

時間的定義與熱力學定律有關嗎？

我剛讀研究生的時候，對這個問題特別感興趣。*A* 和 *B* 對好，*B* 和 *C* 對好，*A* 和 *C* 兩個卻對不好。真令人匪夷所思。我當時想，物理學中還有沒有別的東西是這樣的？想來想去，我猜想熱力學第零定律是不是和這個有點關聯。

熱力學第零定律說什麼呢？學物理的人都知道，這條定理說：*A*、*B* 兩個系統達到熱平衡，*B*、C 兩個系統也達到熱平衡以後，A、C 兩個系統就自動地達到了熱平衡。這條定律就是說「熱平衡是可以傳遞的」。

朗道把他們的研究內容叫作「同時的傳遞性」，我就懷疑「同時的傳遞性」和熱力學第零定律之間是不是有關係，就在研究黑洞的同時，不時地考慮這個事情，並真的動手去做了一些證明。

「鐘速同步」的傳遞性

當時我的猜測是，如果在一個參考系中熱力學第零定律是正確的話，那麼在該參考系中鐘就能夠對好，如果熱力學第零定律不正確的話，鐘就對不好，反過來也應該這樣，如果在一個參考系中對鐘對不好，那麼熱力學第零

定律在這個參考系中就不正確。

但是我做這個證明之時，發現把時刻對好，這個要求太高了。第零定律只需要把三個鐘的速率對好就行，不必要求把時刻也對好。我不要求三個鐘的時刻能對好，只要求這三個鐘的快慢能對好：如果 *A* 鐘走得跟 *B* 一樣快，*B* 鐘跟 *C* 鐘走得一樣快，那麼 *A*、C 兩個鐘就一樣快，我稱這個性質為「鐘速同步的傳遞性」，並給出了「鐘速同步具有傳遞性」的條件，這個條件是我首先給出來的。這項研究已經確定是正確的了。

後來，有其他學者在他們的書和文章裡做了推廣和發展。表明這是一個新的對鐘等級，跟朗道提出的不一樣。我認為我給出的這個條件是和熱力學第零定律等價的，當然這項討論還沒有結束。因為熱力學在彎曲時空裡怎麼討論，現在仍是個困難的問題。

所謂鐘的快慢，就像圖 10-3 中線段的長短，如果這一段 $t_{A2} - t_{A1} = t_{B2} - t_{B1}$，$t_{B2} - t_{B1} = t_{C2} - t_{C1}$，是不是轉回來的這一段 $t'_{A2} - t'_{A1}$ 和這一段 $t_{A2} - t_{A1}$ 是一樣的。如果是一樣的，就滿足了「鐘速同步具有傳遞性」條件，熱力學第零定律就會成立。比如說等速轉動的圓盤，雖然「同時不具有傳遞性」，不能把 A、B、C 三個鐘的時刻對好，但卻能把這三個鐘的鐘速對好，也就是說「鐘速同步具有傳遞性」。於是熱力學第零定律就在等速轉動的圓盤上成立，如果圓盤不是等速轉動的，一般就不行了，這個條件就滿足不了，鐘速同步就不再具有傳遞性，因而熱平衡也不會具有傳遞性。

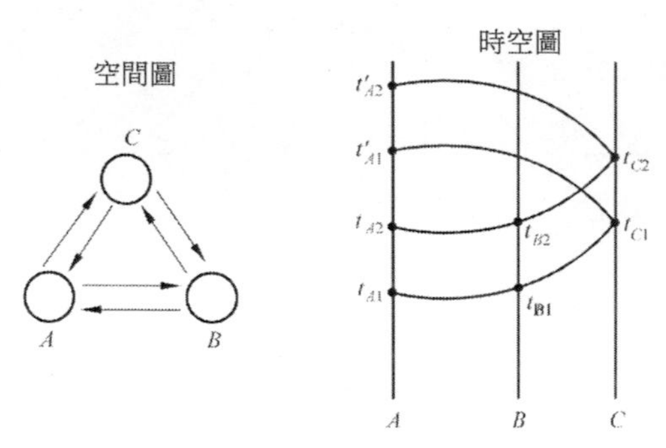

圖 10-3 鐘速同步傳遞性的討論

約定光速：尋找相等的時間段

我還要指出一件事：在「鐘速同步具有傳遞性」的時空中，我們可以用這一對鐘的方法，解決「相繼時間段相等」的問題。大家再看一下圖 10-3，在此圖中，把時間段 $t_{A2} - t_{A1}$ 與 B、C 兩處的鐘速（表現為時間段的長短）相繼校準，即使得 $t_{B2} - t_{B1} = t_{A2} - t_{A1}$，$t_{C2} - t_{C1} = t_{B2} - t_{B1}$。再把 C 鐘的鐘速與 A 鐘的鐘速校準，即得時間段 $t'_{A2} - t'_{A1} = t_{C2} - t_{C1}$。這時，原來的 t_{A1} 沒有對回到原處，而到達了 t'_{A1}，t_{A2} 也未對回到原處，而到達了 t'_{A2}，但滿足了 $t'_{A2} - t'_{A1}=t_{A2} - t_{A1}$，這兩個時間段相等了。如果我們調節 $t_{A2} - t_{A1}$ 的長短，使其經 B、C 兩處再對回 A 處時，t'_{A1} 恰好與 t_{A2} 重合（圖 10-4），則線段 $t_{A2} - t_{A1}$ 與 $t'_{A2} - t'_{A1}$ 恰好連線，於是我們得到了相等的「相繼時間段」。這正好解決了定義「相繼時間段」相等的困難。

事實上，操作可以更簡化，只需要對一個時刻即可。如圖 10-5 所示，讓 A 鐘的 t_{A1} 經過與 B、C 鐘的時刻對好，回到 A 鐘的時刻為 t_{A2}。然後把 t_{A2} 再做一次與 B、C 鐘校對，再次對回 A 鐘的時刻為 t_{A3}，顯然 $t_{A3} - t_{A2}$，即圖 10-4 中的 $t'_{A2} - t'_{A1}$，也就是說「鐘速同步的傳遞性」可以保證 $t_{A3} - t_{A2}=t_{A2} - t_{A2}$，也就保證了「相繼時間段」的相等。

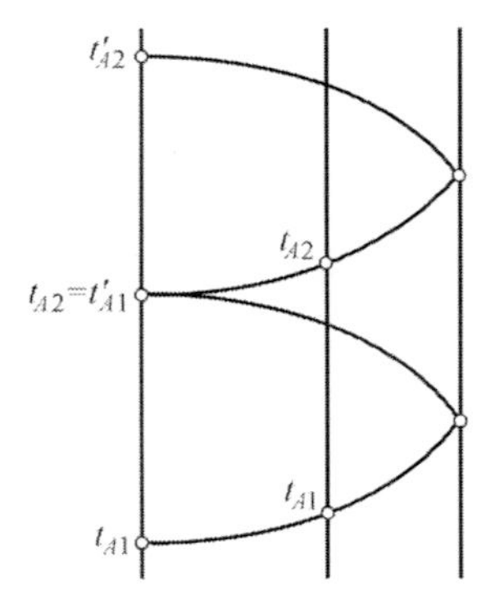

圖 10-4 相繼時間段的相等（I）

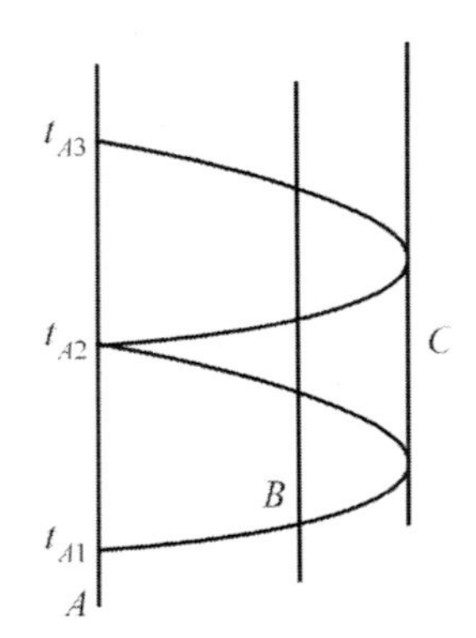

圖 10-5 相繼時間段的相等（II）

時間的性質與熱力學密切相關

注意，這一使「相繼時間段」相等的操作，與異地時鐘校準（包括鐘速校準與時刻校準）的操作，用的是同一個「約定」（規定）：往返光速相等（即光速各向同性）。這樣，我們就用同一個約定，解決了時間測量的兩個問題。

一般人都知道熱力學跟時間之間是有關係的。隨便問一個學物理的人，他都會告訴你熱力學跟時間有關係，但大家主要指的是熱力學第二定律。

熱力學第二定律告訴我們時間是流逝的，有方向的。另外，學物理的人還知道，熱力學第一定律是能量守恆。能量守恆是和時間的均勻性有關係的。我們現在討論了兩個新問題，時間的無限性是不是和熱力學第三定律有關；鐘速同步的傳遞性是不是跟熱力學第零定律有關。我認為是的。

學生提問：您能不能講一下，物理學家對「時間是什麼」這個問題是怎樣回答的？愛因斯坦是怎樣認識這個問題的？謝謝。

答：其實，物理學家到現在為止，對時間是什麼，沒有給出很清楚的正面解答。但是你可以從一些物理學家的著作中看出他們的一些想法。

按照牛頓的觀點，時間是一條均勻流動的河流，是可以脫離物質而存在的東西；愛因斯坦把時間和空間連到了一起，但是他的相對論也認為時空可以脫離物質而存在。在他的廣義相對論中，有物質存在的時空是彎曲的，沒有物質存在的時空是平直的。物質如果消失，時空就變平直，但依然存在。當然，在晚年，愛因斯坦的看法有轉變，認為物質消失的話，時空也不應該存在。目前很多研究量子引力的人，採用了這一看法。

學生提問:老師，假如時間是有開始和結束的，那麼什麼使時間開始呢？在時間開始之前是什麼樣的，因為在時間開始之前是沒有時間的。

答：你說得對。在時間開始之前是沒有時間的，所以就不存在「時間開始之前是什麼樣的問題」。至於「什麼使時間開始」，有這方面的研究，但還沒有得到清楚的答案。

時間是比空間更加值得讓人深思的東西。然而，由於絕大多數物理分支都不考慮時間的流逝性，這樣時間跟空間就相似了。所以很多學哲學的人就批評學物理的人，說你們把「時間」空間化了。

後來我在自己的文章中答覆他們，在物理學的大多數分支裡，確實是這樣，把時間與空間等同看待了，但是熱力學第二定律是個例外。第二定律強調時間的流逝性和方向性。第二定律沒有把時間空間化。而且，我們現在所知道的幾種時間箭頭，比如說宇宙學的時間箭頭，熱力學的時間箭頭，心理學的時間箭頭，還有什麼其他的時間箭頭，所有這些時間箭頭根本上都起源於熱力學第二定律，都可以歸結為物理學的時間箭頭。所以物理學的熱力學分支是描述時間的流逝性的。而且所有其他的，對時間流逝性的論證，本質上都依賴於物理學的熱力學分支，也就是說都是依賴熱力學第二定律的。

我以前講過，物理學中，除了熱力學第二定律比較特殊以外，還有就是

廣義相對論比較特殊。因為其他理論都認為時空是平的，物質的存在對時空沒有影響。只有廣義相對論認為時空是彎曲的，物質的存在對時空的彎曲程度有影響，時空的彎曲也會反作用於運動的物質。

插頁詩句的註釋與隨想

1. 讀趙嘏詩《聞笛》

唐代趙嘏（ㄍㄨˇ）的詩《聞笛》，優美高雅，令人讚歎。而且該詩文字樸素，易於欣賞。詩曰：

誰家吹笛畫樓中？

斷續聲隨斷續風。

響遏行雲橫碧落，

清和冷月到簾櫳。

興來三弄有桓子，

賦就一篇懷馬融。

曲罷不知人在否，

餘音嘹亮尚飄空。

由於《全唐詩》中無此詩，有人懷疑它不是趙嘏所作。然而，不管作者是誰，首先應該肯定，它是一首難得的好詩。

本書中那些對科學做過重大貢獻的人，就像一個個吹笛的演奏家，時而吹出影響歷史程序「響遏行雲」的卓越成就，時而吹出增進人類幸福的美妙和聲。他們自身的生活，有時曲折、悲壯，有時快樂、優雅，也像一曲曲跌宕起伏、婉轉動人的笛音。因此我將趙嘏的這幾句詩放在扉頁，以饗讀者。

詩中「碧落」二字是指道教主張的天的最高層，此句是說，美妙的音響把天上的行雲都遏止了，使它們橫停在碧落天上，傾聽這優美的笛聲。

「興來三弄有桓子」中的桓子是指東晉時的桓伊，他善於吹笛，曾任淮南太守，在淝水之戰中立過功。一次，在江邊遇到書法家王羲之的兒子王徽

之，徽之請他吹一曲笛子給自己聽，桓伊越吹越起勁，一連吹了三遍。王羲之的幾個兒子書法都很好，最好的是小兒子王獻之。不過他們都不及其父。

「賦就一篇懷馬融」中的馬融是東漢的大學問家，對《尚書》和《漢書》都頗有研究，他是伏波將軍馬援的姪孫，馬續的弟弟。馬續應班昭之邀，為《漢書》寫了〈天文志〉。馬融後來隨班昭學《漢書》，學問大增。馬融曾寫過一篇《笛賦》，很有名。此句詩寫作者聽到如此優美的笛聲，不由得想起馬融的《笛賦》，自己也想寫一篇類似的作品來表達感受。

2. 讀王陽明詩《月夜二首》

這兩首詩的標題下面有王陽明（即王守仁）自注：「與諸生歌於天泉橋」。據王的學生記載，那一年的中秋之夜，王陽明在天泉橋講學，飲酒、奏樂、唱歌、吟詩、演講、討論。這樣的講學場面，真是別具一格，令人深思，令人嚮往。王陽明即興寫了這兩首詩。第一首是：

萬里中秋月正晴，

四山雲靄忽然生。

須臾濁霧隨風散，

依舊青天此月明。

肯信良知原不昧，

從他外物豈能攖。

老夫今夜狂歌發，

化作鈞天滿太清。

王陽明是唯心主義哲學家，認為「心」和「良知」是最根本的東西。「靄」指雲霧，「昧」是灰暗的意思，「攖」是觸犯、擾亂的意思；「鈞天」是天上的音樂，「太清」即太空、天空。前四句非常美好，末尾兩句最有氣魄，表現了王陽明自信、狂放的性格。

第二首是：

處處中秋此月明，

不知何處亦群英？

須憐絕學經千載，

莫負男兒過一生。

影響尚疑朱仲晦，

支離羞作鄭康成。

鏗然舍瑟春風裡，

點也雖狂得我情。

此處談談我對此詩的理解。

前兩句的意思是，處處中秋都有此明月，但不知何處也像我們這裡一樣，聚集著才華橫溢的青年。詩中充滿了自信、自豪，感覺自己和自己的學子都是世間才俊。第三、四句是勉勵年輕人：應珍視這從遠古流傳、發展起來的學問，男子漢不要辜負了自己的一生。

第五、六句中的朱仲晦即南宋的理學家朱熹，鄭康成即東漢的大學問家鄭玄。朱熹主張「格物致知」、「格物窮理」。所謂格，就是去「想」，去「感通」。王陽明曾和朋友一起，按照朱熹的主張，坐在竹子面前「格」竹子，「格」了三天後那位朋友受不了了，退了下去。王陽明格了七天，什麼也沒有

格出來，還差一點休克了。此後王陽明對朱的觀點有了懷疑，所以「影響尚疑朱仲晦」。

鄭玄是馬融的學生，對《尚書》有很深的研究。《尚書》自古就有「今文《尚書》」和「古文《尚書》」兩個版本，歷史上一直存在兩派學者的爭論。鄭玄寫了《尚書注》，大大推進了「古文《尚書》」的研究、教學與宣傳，不過他的《尚書注》有許多觀點不同於他的老師馬融等老一輩學者，還有一些錯誤，後來遭到不少人批評。也許王陽明對他評價不高，覺得他的理論有點破碎，所以「支離羞作鄭康成」。

最後兩句引用的是《論語．先進篇》中曾點言志的典故，曾點又名曾皙，是曾參的父親。一次，他和子路、冉有、公西華一起陪老師孔子坐，孔子讓他們談談自己的志向，其他三人談的志向都比較具體，談話時，曾點一直在彈瑟。最後孔子讓他也談一談，他放下瑟，說自己嚮往的就是在暮春三月，陪著親友和孩子，在河邊洗澡，在祭天求雨的舞雩臺上吹風，然後唱著歌走回來。孔子十分讚美這超脫、瀟灑的精神境界，表示「吾與點也」，他與曾點的觀點一樣。王陽明認為這種自信，狂放，輕視物質慾望，追求精神高雅的志向與自己完全一樣。

此詩的前四句最好，極有氣魄，極有抱負。

王陽明是唯心主義的哲學家，提倡主觀唯心主義。我不贊同他的哲學思想，但十分欽佩他的為人和治學精神。王陽明敢於批判學術權威，並獨樹一幟地建構新的學術思想，建立新的學派。

王陽明不是一個只會做學問的人，他關心世事，為官清廉，能文能武。不僅把地方治理得不錯，打仗也很在行。無論是鎮壓農民起義還是平定藩王叛亂，他都做得很好。

今天來看，王陽明做的事不一定都對；但從歷史的角度看，他稱得上是一位偉人。世界上沒有完人，只有偉人，而偉人是可以通過奮鬥來達到的。

王陽明的這兩首優美、豪放的詩，充分闡釋和表達了他的治學態度、奮鬥精神，以及他對年輕人的勉勵。本書中那些做出成就的科學偉人，都具有與王陽明類似的批判精神和奮鬥精神。我希望藉此機會，把王陽明的這種精神和他對後來學子的勉勵介紹給讀者。

主要參考書目

[1] NEWTON I. Mathematical Principles of Natural Philosophy［M］. Cambridge： Cambridge University Press，1934.

[2] WALD R M. General Relativity［M］. Chicago and London： The University of Chicago Press，1984.

[3] HAWKING S W， ELLIS G F R. The large scale structure of space-time［M］. Cambridge： Cambridge University Press，1973.

[4] BIRRELL N D， DAVIES P C W. Quantum Fields in Curved Space［M］. Cambridge： Cambridge University Press，1982.

[5] MILLER A I. Albert Einstein』s Special Theory of Relativity［M］. London： Addison-Wesley Publishing Company Inc，1981.

[6] RINDLER W. Essential Relativity［M］. New York： Springer-Verlag，1977.

[7] MISNER C W，THORNE K S，WHEELER J A. Gravitation［M］. San Francisco： Freeman W H Company，1973.

[8] LINEWEAVER C H，DAVIS T M. Misconceptions about the big bang \[J\]. In Scientific American， 2005（3）， 36.

黑洞裡的時間旅行者

穿越奇點、探索未來，物理學家的超時空冒險記！

作　　者：趙峥
發 行 人：黃振庭
出 版 者：崧燁文化事業有限公司
發 行 者：崧燁文化事業有限公司
E-mail：sonbookservice@gmail.com
粉 絲 頁：https://www.facebook.com/sonbookss/
網　　址：https://sonbook.net/
地　　址：台北市中正區重慶南路一段六十一號八樓 815 室
Rm. 815, 8F., No.61, Sec. 1, Chongqing S. Rd., Zhongzheng Dist., Taipei City 100, Taiwan
電　　話：(02)2370-3310
傳　　真：(02)2388-1990
印　　刷：京峯彩色印刷有限公司（京峰數位）
律師顧問：廣華律師事務所 張珮琦律師

定　　價：480 元
發行日期：2022 年 4 月第一版

國家圖書館出版品預行編目資料

黑洞裡的時間旅行者：穿越奇點、探索未來，物理學家的超時空冒險記！/ 趙峥著 . -- 第一版 . -- 臺北市：崧燁文化事業有限公司, 2022.04
面；　公分
ISBN 978-626-332-270-7(平裝)
1.CST: 物理學 2.CST: 通俗作品
330　　111003716

電子書購買

臉書

蝦皮賣場